高木秀夫［著］

【増補改訂版】
量子論に基づく無機化学

群論からのアプローチ

名古屋大学出版会

はじめに

　化学は経験を重視する学問であると言われる。膨大な量の反応例を実験事実として記憶し合成技術や観測／測定技術を体験として修得することは，化学を学ぶ際に欠かせないものである。また，多くの化学研究では，新しい反応や現象を，過去の実験事実や経験的事象に基づいて解釈することが多いのも確かである。しかし，化学は自然科学である以上，単なる経験的事実の羅列ではない。20世紀初頭の量子力学の成立以来，多くの物理学者が量子力学的手法を用いて化学反応や化学物質の構造に関する考察を展開した。もちろん当初の理論は簡単な分子にしか適用できなかったが，色々な角度からアプローチして，より複雑な分子の構造と反応を量子力学的原理で理解する努力を行った。このような人たちのなかには H. Gray, R. G. Pearson, B. E. Douglas, J. K. Burdett といった無機化学研究者も含まれている。

　日本では，1つのことを深く考えるよりも，適当な段階で納得して思考を停止し，知識を増やすことの方が重宝されるようである。この風潮は，明治以来の「技術立国を目指す」という社会体制に関係しているのかもしれないが，その結果，この国には無機化学を論理的に記述した専門書がほとんどない。著者が大学で受けた教育も，一般的な教科書に沿った各論的な記憶事項ばかりであり，理論的な側面に触れたのは錯体化学の一部だけであった。

　大学院学生のときに英国に留学する機会を得て，現地の教育と研究に触れた。当時の英国の大学は，サッチャー政権のもとで大改革が行われはじめた時期であったが，まだ古き良き時代の伝統が完全には損なわれていなかった。同じフロアに S. F. A. Kettle 先生や R. K. Harris 先生，R. D. Cannon 先生をはじめとする各分野の著名な先生方がいて，同年代の英国人学生たちとともに薫陶を受けた。そのころから暇を見つけては群論や化学構造論に関する原書を買い集めて読み始めた。もちろん，自分が最も知りたかった「化学構造と化学反応はどこまで理論的に説明できるのか？」という疑問に答えを出したかったからである。

本書はそれ以降，若干長い年月がかかったが，この疑問に対して著者が導きだした答えをまとめてみたものである。

　書きたかったことを全て記述できたわけではないし，力不足な箇所も至る所に見られるであろう。また，本書に記述された内容には，著者が日本の大学で学んだものはひとつもないので，本書で使用した専門用語の中には適当でない訳語が含まれているかもしれない。ご容赦，ご指摘頂ければ幸いである。

　残念ながら，英国においてはサッチャー政権による大改革ののち，多くの大学から Academic Science は淘汰され，今では過去の栄光は見る影も無い。著者は大学院修了後，カナダにおいて T. W. Swaddle 博士や T. Chivers 博士など，教育と研究の両面に秀でた無機化学者にお会いすることができた。その後赴任した名古屋大学では，古川路明先生や柏原和夫先生，野々山松雄先生と出会うことができ，無機化学の本質を極める姿勢を学ばせて頂いた。本書の記述は，これら内外の無機化学者の影響を強く受けている。色々な原著から事例も借りているので，著者単独の著書というよりは「編著書」とすべきなのかもしれない。

　著者は 1999 年に T. W. Swaddle 博士の無機化学の教科書の翻訳（東京化学同人）に関わった。その教科書の序章には「量子力学は学生が使う時間と労力ほどには化学の理解に役立たない」と書かれている。しかし，それはあくまでも「研究者ではない実務化学者／化学技術者」を対象とした場合の話であって（Swaddle 博士の教科書は工学部における無機化学教育に基づくものである），現代化学の論理的理解には量子力学の知識は必須である。化学構造や化学反応を，量子論を基礎として半定量的に理解することができれば，化学現象の理解は飛躍的に深まるはずだからである。

　本書では，最初に第 I 部で「化学構造と化学反応に関する量子論的考察」を学ぶために必要な「化学群論」を取り扱っている。分子の構造と反応性は，「対称性」と深く関係しており，その対称性を取り扱うのが群論である。数学的な定義は極力省いて，直感的に理解できるようにした。その結果，厳密さが損なわれている点は否めないが，化学を学ぶ上で必要な最小限の内容は押さえたつもりである。その後の第 II 部で，群論の知識を用いた「遷移金属錯体のス

ペクトル項」と「化学構造に関する量子論的考察」について記述した。これらの部分は，著者が名古屋大学理学部化学科／大学院理学研究科物質理学専攻で担当している講義の内容と，著者の研究室や早稲田大学において行ったセミナーの内容に基づいて執筆した。第Ⅲ部（溶液論，化学反応速度論と機構論，電子移動反応論）は，著者が専門とする研究分野に関連する記述である。これらの項目についても，他の専門書とは違う切り口で記述した。さらに，前半の「群論の基礎」に基づいて，著者が最も記述したいと願っていた「化学反応に関する量子論的考察」とそれに関連する「配位子置換／交換反応論」について記述した。

　本書を読み進めるために必要な数学的知識は，高等学校で学んだものだけで十分である。逆に，無機化学についてはある程度知識があることを前提にしており，細かい定義の説明はだいぶ省いてある。必要に応じて他書を参照されたい。なお，本書は無機化学に関するテーマを中心に扱っているが，多くの部分は有機化学をはじめとする全化学分野に共通する。

　本書は，無機化学的な考え方を即席で理解したいと思う学生のために書かれたものではない。「時間をかけてでも，無機化学を論理的に理解したい」と考える学生のために執筆したつもりである。考え方の道筋を平易に解説したつもりであるが，その結果，不適当な記述や解釈の間違いがあるかもしれない。それは，著者の力の至らぬところである。ご容赦，ご指摘頂ければ幸いである。

増補改訂にあたって

　本書の初版が刊行されてからもう8年になる。この間に著者が担当する学部生対象の講義「無機化学特論」や大学院生対象の「コア無機化学」の内容も徐々に拡充され，同時に担当する留学生ならびに大学院生対象の英語開講科目（Core Inorganic Chemistry と Structural Chemistry）もさらに深化した。これらの経験に基づいて今回の改訂では，群論に関わる数学的な内容の拡充と，初版では書ききれなかった項目の詳細な説明を付録の形で増補した。

　具体的には，縮重のない系における1次と2次の摂動論に基づくヤーン–テラー式の導出法，縮重のある系に関する1次の摂動から非交差則を導く方法の

ほか，時間に依存する波動関数を用いて電子遷移の選択則（遷移双極子モーメント）を導出する方法，電子配置に対応する電子状態（項）を求める方法などが加えられている．また，プロジェクションオペレーターと部分群に関する説明，数学的な空間の概念と群論の関係についての記述も追加した．これらは付録 A としてまとめているが，節ごとに独立した話題となっているので，本文で対応する箇所が出て来るたびに適宜参照してほしい．

　本文では，第 4 章で分子内座標を用いた分子振動の分析法について節を設けて追加した．第 6 章の 2 次のヤーン-テラー効果と第 10 章の非交差則の関係についても加筆修正し，より見通しのきく記述にした．第 9 章では電子移動反応における非断熱性に関する記述を追加して，実践的理解に役立つように配慮した．第 10 章の化学反応を理解する上で重要な「非交差の原理」の説明では，ペリサイクリック反応の例を増やし，シグマトロピー転位反応も含めることにした．また，光反応過程についても記述した．その結果，本書を読むことによって無機化合物の構造と反応に関する知識のみならず，有機化合物の反応についても一通りの知識が得られるようになったと思う．

　初版に引き続き，拙文や誤字／脱字の修正，全体の整合性と体裁に関するご指摘はもとより，数式の誤りから記述の論理性に関する問題点の修正作業まで，名古屋大学出版会の神舘健司氏に関わって頂いた．本書は神舘氏と二人三脚で作り上げたと言っても過言ではない．ここに感謝の意を表したい．

　2018 年に小学生になる息子が本書を手にとってくれる日が訪れることを祈りつつ．

目次

はじめに　i

第 I 部　群論の基礎

第 1 章　群論入門 … 3

- 1-1　対称操作と対称要素　4
- 1-2　点群の表記とその例　5
- 1-3　ショーンフリース記号とインターナショナル記号の対応　8
- 1-4　指標表（character table）の構成と読み方　10
- 1-5　既約表現と直積　14

第 2 章　指標表の見方と使い方 … 17

- 2-1　指標表に現れる軌道多重度と群軌道の概念　17
- 2-2　群軌道の作り方　26
- 2-3　数学的演算と指標表　33
- 2-4　既約表現と指標表の性質 1　38
- 2-5　既約表現と指標表の性質 2：ちょっと数学的な関係　43

第 3 章　錯体の対称性によって変化する軌道の帰属 … 49

- 3-1　Kugel 群とその部分群　49
- 3-2　正 8 面体型錯体よりも低対称な錯体における d 軌道分裂　53

第Ⅱ部　構造とスペクトル

第4章　群論と分子の振動 …………………………………… 61
- 4-1　基準振動　61
- 4-2　赤外分光法とラマン分光法　62
- 4-3　分子の基準振動モードの解析　66
- 4-4　分子内座標に基づく分析法と基準振動の表記　74

第5章　遷移金属錯体のd-d吸収スペクトル ………………… 83
- 5-1　多電子系の合成スピン角運動量と合成軌道角運動量　84
- 5-2　遷移金属自由イオンのスペクトル項　85
- 5-3　spin factoring によるスペクトル項の導出法と配位子場によるスペクトル項の分裂　86
- 5-4　強配位子場（strong field）における項　94
- 5-5　中間配位子場における各状態のエネルギー　98
- 5-6　低対称場における半定量的取扱い　100
- 5-7　スピン-軌道相互作用　104

第6章　化学構造を支配する物理学的理論 ………………… 107
- 6-1　MO理論による直接的方法：Walshの方法　108
- 6-2　ヤーン-テラー効果と構造変化経路　110
- 6-3　2次のヤーン-テラー効果を用いた安定構造の解析法　115
- 6-4　2次のヤーン-テラー効果を用いた安定構造解析の具体例　118
- 6-5　遷移金属錯体の構造に関する考察　121

第Ⅲ部　無機化学反応

第7章　無機化学における溶液論 … 131

- 7-1　液体の定義　131
- 7-2　溶液に関する理論1：理想溶液／無熱溶液／正則溶液　132
- 7-3　溶液に関する理論2：希薄溶液と電解質溶液論　135
- 7-4　イオン会合　139
- 7-5　反応速度定数のイオン強度依存性　141
- 7-6　標準状態の考え方　142

第8章　溶液内の反応速度論 … 149

- 8-1　反応速度論に関係する用語　149
- 8-2　反応速度定数の求め方　151
- 8-3　拡散律速反応（diffusion-controlled reaction）　154
- 8-4　遷移状態理論　156
- 8-5　核磁気共鳴法を用いた化学交換速度定数の測定原理　163

第9章　電子移動反応とその理論 … 171

- 9-1　外圏型電子移動反応に関するマーカス-ハッシュ理論と外圏活性化自由エネルギー（ΔG^*_{OS}）　172
- 9-2　内圏活性化自由エネルギー（ΔG^*_{IS}）　183
- 9-3　二状態理論（two state model）と調和性（harmonicity）　186
- 9-4　マーカスの交差関係　188
- 9-5　半古典論的拡張　190
- 9-6　外圏型電子移動反応に関わる軌道と非断熱性　195
- 9-7　内圏型電子移動反応に関する理論と非断熱性　196
- 9-8　非断熱的電子移動反応とプロトン移動反応の類似性　200

第 10 章　化学反応を支配する物理学的理論 ……………… 205

- 10-1　反応の断熱性とそれを保証する条件　206
- 10-2　2次のヤーン-テラー効果と反応の活性化エネルギー　209
- 10-3　principle of least motion（PLM）　211
- 10-4　単分子解離反応　212
- 10-5　軌道対称性の要請に基づく反応性の判断1：基礎的な反応　216
- 10-6　軌道対称性の要請に基づく反応性の判断2：複雑な反応　232
- 10-7　活性化エネルギーと反応座標に関するより深い考察　262
- 10-8　非断熱的反応過程：軌道対称性禁制反応の抜け穴　264

第 11 章　溶媒交換反応と配位子置換反応 ……………… 267

- 11-1　反応機構に関する一般論　267
- 11-2　理論的なアプローチ　271
- 11-3　低対称錯体の反応　275

付録 A　本文への補足解説 ……………… 279

- A-1　プロジェクションオペレーターの役割：群軌道と基準振動　279
- A-2　時間に依存する波動方程式の取扱いと遷移双極子モーメント　283
- A-3　数学的な色々な空間の概念と，線形変換に関わる変換行列の性質　286
- A-4　パウリの排他原理と電子スピン　293
- A-5　電子配置に対応する状態／スペクトル項の帰属法　296
- A-6　摂動理論とヤーン-テラー理論および断熱反応における非交差則　299
- A-7　光化学反応過程　305

付録 B　周期表に見られる相対論的効果 ……………… 310

- B-1　非相対論的量子論　310
- B-2　相対論的量子論　312
- B-3　相対論的量子論が記述する化学の世界　314

付録 C　遷移金属錯体に関連する色々な対称性の分子の
　　　　基準振動モード……………………………………………… 318

付録 D　正 8 面体と正 4 面体における結晶場分裂エネルギー…… 321

 D-1　結晶場の考え方　321
 D-2　正 8 面体型結晶場　323
 D-3　正 4 面体型結晶場　325
 D-4　テトラゴナルに歪んだ結晶場　326

 参考文献　329
 索　　引　331

第Ⅰ部

群論の基礎

第1章
群論入門

　群論（group theory）は，化学の本質を理解する上で最も重要な概念である。このことは本書を最後までお読み頂ければご理解頂けると思うが，多くの化学系学生は，あまりにも数学的な群論の教科書に触れて，志なかばにして挫折してしまうようである。その結果「学生のなれの果て」である化学系の教員にも群論を理解している人は少ない。著者も例外ではなく，数学的に厳密な取扱いは苦手である。著者が留学した1980年代初頭は，英国では分光学の教育が盛んであり，必然的に群論に関する教育が重点的になされていた。当時大学院生であった著者は，学部の無機化学実験のインストラクターとして必要な群論に関する知識をかき集めたものである。

　当時の苦労をもとに，「誰にでもわかる」化学群論を目指して，本章を執筆した。本章を通読して群論の基礎を固めておけば，後の章に記述する化学構造と化学反応に関する理論をご理解頂けると考えている。

　ある分子を，分子内の特定の軸や面に対して，回転したり射影したりすること（正確には後述する回転または回反操作のみで定義される）によって，もとの分子とぴったり重ね合わせることができるとき，その分子は，ある特定の点群（point group）に属するという。点群を表す記号表記法には，本書で用いるショーンフリース（Schoenflies）記号とインターナショナル（International あるいは Hermann-Maguin）記号の2つがある。ショーンフリース記号は物理，化学の両面で広く用いられているが，結晶学ではインターナショナル記号が使われる。

1–1 対称操作と対称要素

対称要素（symmetry element）
　対称操作（軸の周りに回したり面に対して射影したりする操作）に関わる軸（axis），面（plane），あるいは点（point）などを対称要素とよぶ。次に述べる対称操作は，対称要素に基づいて行われる1つあるいは複数の操作に対応する（より厳密には38ページの類（class）の項目参照）。対称要素と対称操作は密接に関係しているので，区別して考えるのは適当ではない。本書では，煩雑さをさけるために，「対称要素」と「対称操作」という用語は，あえて区別しないで用いることにする。

対称操作（symmetry operation）
次の5つの対称操作がある。
(1)　分子を貫く軸に対して $2\pi/n$ の角度だけ回転する（proper rotation＝狭義の回転）。
　　⇒対称要素は C_n 軸と表記され（n 回回転軸ともいう），この操作（C_n 操作と称する）を n 回繰り返すともとと完全に一致する。
(2)　分子を横切る平面に対して写像を作る（reflection）。
　　⇒対称要素は σ で表すが，σ_h は主軸（(1)で触れた軸と考えて概ね正しい）に垂直な対称面を，σ_v は主軸を含む対称面を表す。他に σ_d 面があるが，これについては後述する。各操作は対称要素を用いて表す。
(3)　分子内の点に対して全ての原子を写映（反転）する（inversion）。
　　⇒対称要素並びに対応する操作は i という記号で表す。
(4)　C_n 軸の周りに回転してから，C_n 軸と直交する対称面に対して写像を作る。あるいはその逆に，C_n 軸と直交する対称面に対して写像を作ったのちにそれを C_n 軸の周りに回転する。下の式のように，それぞれの操作は，対称要素を用いて表記し，その積で操作の順番を表す（後ろに書いた方の記号の操作を先に行う約束である）。

$C_n \times \sigma = \sigma \times C_n$ ⇒ 回映，回反，広義の回転（improper rotation）という。
⇒ 対称要素は S_n で表し，この操作を S_n 操作と称する（擬回転（pseudo rotation）とは異なる。擬回転については，124 ページを参照）。
(5) 何もしないという操作。これを恒等変換とよび，その要素と操作は E という記号で表す。

1-2　点群の表記とその例

　様々な点群があるが，次に化学構造に関わりの深い代表的な例を見ながら，点群表記に慣れてみよう。以下の例に見られるように，n が最も大きい回転軸を主軸と考えて識別する。各点群を代表する分子を一緒に覚えてしまうと，比較的簡単に理解することができるので，代表的な分子を一緒に示しておく。各群（点群も群の一種である）において，全ての対称要素の数を足し合わせたものをその群の位数（order）とよぶ。

(1)　C_{nv} 群
　n 回回転軸を主軸とし，主軸を含む n 個の対称面だけを有する。
⇒ 群の位数は $2n$ である。例えば，水分子は C_{2v} 群に属するが，2 回回転軸が 1 本で，主軸を含む互いに直交する対称面が 2 つあり，恒等操作（E）の要素を加えて，位数は 4 である。
　例：水分子（C_{2v}）やアンモニア分子（C_{3v}）

(2)　C_{nh} 群
　n 回回転軸を主軸にし，主軸に垂直な 1 つの対称面だけを有する。
⇒ 例えば，右に示すようなレニウムの硫酸塩クラスターは C_{4h} 群に属する。C_{nh} 群の位数は $2n$ である。

(3) D_n 群

主軸として C_n 軸を持ち,それに垂直な n 本の C_2 軸がある。この点群に属する分子を具体的に考えるよりも,次の D_{nh} と D_{nd} 群の分子を理解し,それらの中間的な構造を有する「主軸に対して少しねじれた構造を持つ」分子として理解した方がわかりやすい。

(4) D_{nh} 群

主軸 C_n に垂直な n 本の 2 回回転軸を持つとともに,主軸に垂直な対称面を有する。

例として,ベンゼン (D_{6h}),[PtCl$_4$]$^{2-}$ (D_{4h}) などの平面正 n 角形構造の化合物のほか,右図のような正 n 角柱構造の化合物[上下の環が主軸に垂直な平面に対して対称的に配置した構造のフェロセン(eclipsed configuration)]がある。

(5) D_{nd} 群

主軸 C_n に垂直な n 本の 2 回回転軸を有し,さらに 2 本の 2 回回転軸の間の角を 2 等分するような対称面 (σ_d 面とよぶ) を持つ。

この点群に属する化合物はアンチプリズム型である。すなわち,右図のように正 n 角柱の上下の平面をねじって staggered configuration にした構造を持つ。例としては,trigonal anti-prism 構造の W$_2$X$_6$ (X=CH$_2$SiMe$_3$,2 つのタングステン(Ⅲ)イオンの間にはメタル-メタル結合がある),staggered 型のフェロセンなどがある。

(6) S_n 群

他のより高い対称性の帰結としてではなく,純粋に n 回回転後に主軸に垂直な面で写映する型に対応する対称性しか持たない分子。例えば,正 4 面体構造の T_d 群の分子は明らかに S_4 軸を持っているが,これは高い対称性の帰結で生じた

ものであるため，S_4 群ではない．

この点群に属する分子の例は少なく，どの教科書にも前ページ右下の tetra-methylcyclooctatetraene がでている．

(7) 直線状分子の属する点群

(7-1) N≡N やアセチレンのような A-B-B-A 型分子を考えると，窒素 (dinitrogen) では N-N 結合を左右に貫く主軸があり，それは C_∞ 軸である．

また，C_∞ 軸に垂直な対称面（窒素分子では，2 つの N 原子の真ん中）がある．しかも，主軸に垂直に無限個の C_2 回転軸（対称面の中にある）があることがわかる．従って，このような構造は D_{nh} 群と同じである（ただし $n = \infty$）．すなわち，このような分子は $D_{\infty h}$ 群に属する分子である．

(7-2) C≡O のような A-B-C-D 型分子

C-O 結合は窒素分子と同じように C_∞ 軸を有している．しかし，このように左右非対称な分子には C_∞ 軸に垂直な C_2 軸はなく，主軸を含む ∞ 個の対称面があるだけである．このような分子は C_{nv} 型であることがわかる．ただし $n = \infty$ になっているので，$C_{\infty v}$ 群に属する分子である．

ここまでの話では C_n, σ, i, S_n のような対称操作の組み合わせで分子の対称性を見てきた．しかし，よくよく考えてみると，S_n という操作は意味のない操作のような気がする（C_n 軸で回してその軸に垂直な面で写映するなら σ と C_n 操作のみを定義するだけで良いはずである）．

これは逆に考えれば，C_n, σ, i, S_n の操作は，C_n と S_n という 2 種類の回転操作（proper rotation と improper rotation）のみで全て表せるということでもある．こう考えると S_n の操作の重要性が見えてくる．

座標 (x,y,z) を C_2 軸（この場合は z 軸）に対して回転すると，x と y の符号のみが反転するので，この操作後の座標を $(\bar{x},\bar{y},z)$ で表すと，

$$C_2(x,y,z) = (\bar{x},\bar{y},z)$$

と書くことができる．同様に，

$$\sigma_h \times C_2(x,y,z) = \sigma_h(\bar{x},\bar{y},z) = (\bar{x},\bar{y},\bar{z}) = S_2(x,y,z)$$

である。

また，定義から

$i(x,y,z) \equiv (\bar{x}, \bar{y}, \bar{z})$

である。

すなわち，<u>S_2 で i は表されてしまうし，S_1 は σ そのもの</u>という重要な結論が得られる。

$$\begin{cases} S_2 \equiv i \\ S_1 \equiv \sigma \end{cases}$$

この帰結として，「点群を識別することが『proper rotation と improper rotation のいずれかが含まれるか考えること』と等価である」ことがわかる。この帰結は分子の不斉を考える上で，極めて重要な概念を与えてくれる。自分自身の鏡像に重ね合わせることができない分子は不均整（dissymmetric）である。assymmetric（無対称）ではないことに気をつけるべきである。improper な回転軸を持つ分子は $S_1 \equiv \sigma$ と $S_2 \equiv i$ などの回反軸を持つから不均整ではない。すなわち，不均整とは「improper rotation 軸を有さない分子に特有の現象である」と言える。これはほとんどの教科書に記述されている「対称面あるいは対称心を欠く分子は不均整」とする言い方よりも，ずっと適切である。例えば，先に出て来た tetramethylcyclooctatetraene は対称心も対称面も持たないが，S_4 軸を持っているので，不均整ではなく，鏡面関係の分子とちゃんと重ね合わせることができる。

1-3　ショーンフリース記号とインターナショナル記号の対応

結晶学で使われるインターナショナル記号では 32 個の点群があるが，その表記法はこれまでに学んだショーンフリース記号と対応している。以下にその対応の様子を示す。

①　C_n 回転軸について 1，2，3，4，5，6 と番号のみで表す。つまり，数字は回転軸に関する表記である（proper rotation）。

ショーンフリース記号,インターナショナル記号と晶系の関係の表

ショーンフリース記号	インターナショナル記号	晶系(crystal system)
C_1	1	三斜晶系
C_i	$\bar{1}$	(triclinic)
C_s	m	単斜晶系
C_2	2	(monoclinic)
C_{2h}	$2/m$	
C_{2v}	mm	斜方晶系
D_2	222	(orthorhombic)
D_{2h}	mmm	
C_4	4	正方晶系
S_4	$\bar{4}$	(tetragonal)
C_{4h}	$4/m$	
C_{4v}	$4mm$	
D_{2d}	$\bar{4}2m$	
D_4	422	
D_{4h}	$4/mmm$	
C_3	3	三方晶系(菱面体晶系)
S_6	$\bar{3}$	(trigonal (rhombohedral))
C_{3v}	$3m$	
D_3	32	
D_{3d}	$\bar{3}m$	
C_{3h}	$\bar{6}$	六方晶系
C_6	6	(hexagonal)
C_{6h}	$6/m$	
D_{3h}	$\bar{6}m2$	
C_{6v}	$6mm$	
D_6	622	
D_{6h}	$6/mmm$	
T	23	立方晶系
T_h	$m3$	(cubic)
T_d	$\bar{4}3m$	
O	432	
O_h	$m3m$	

② $\bar{1}, \bar{2}, \cdots, \bar{6}$ などの表記はショーンフリース記号における S_n 軸に対応する (improper rotation)。例えば,$\bar{4}=S_4$, $\bar{2}(=C_2\times\sigma_h)=i$, $\bar{1}=\sigma_h$ である。

③ 鏡面を有するときは m で表す。

ⓐ鏡面が回転軸を含む時は Xm (例えば $2m$ など) と書く。

ⓑ鏡面が回転軸と垂直な時は X/m と書く。

X/mmm などと書いてあるときは，m が違う種類の面であることを表す。

ショーンフリース記号の主旨と違って，簡略化が目的なので必要最小限の情報しか含まれていない（自明の面や軸は書かないルールになっている）。

1-4 指標表（character table）の構成と読み方

指標表は化学者が群論を用いて議論する上で最も重要なものである。指標表の構成と読み方さえわかれば，群論に関する理解も半ば達成されたと考えられる。

ここでは，水分子の軌道に関する対称操作を例にして，指標表の構成について解説する。分子の対称性を論じているはずであるのに，いきなり軌道が出て来て奇妙に思われるかもしれないが，指標表とは「その群に属する分子が持つあらゆる性質（もちろん軌道の対称性も含む）を代表する」表であることを理解して頂きたい。

水分子は C_{2v} 群に属する（2回回転軸とその軸を含む2つの対称面を持つ）。この群に固有の対称要素は E, C_2, σ_v (H-O-H を含む面), σ_v' (O原子の真ん中を通り，H-O-H を含む面に垂直な面) である。次ページの図では σ_v 面は yz 平面であり，σ_v' 面は xz 平面である。

ここで中心酸素原子上の 2s, $2p_x$, $2p_y$, $2p_z$ 軌道を考えると（通常 z 軸を主軸である C_2 軸にとる），例えば $2p_y$ 軌道については，各対称操作に対して次のような表ができる。ここでは，各操作によって図に示したような，p 軌道の極性がそのまま保持されれば +1（対称）を，反転すれば -1（反対称）の記号を書くことにする。

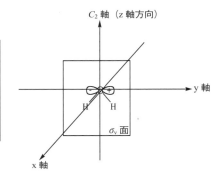

対称操作	$2p_y$ 軌道の受ける効果
E	1
C_2	-1
σ_v	1
σ_v'	-1

　同様に，各対称操作によって $2p_x$，$2p_z$ 軌道と $2s$ 軌道がどのように変換されるかを調べると次のようになる。

対称操作	$2p_x$ 軌道	$2p_z$ 軌道	$2s$ 軌道
E	1	1	1
C_2	-1	1	1
σ_v	-1	1	1
σ_v'	1	1	1

　以上の結果を1つの表にしたものが指標表（character table）とよばれるものであると考えれば，群論は難しくないことがおわかり頂けると思う。

C_{2v}	E	C_2	σ_v	σ_v'	軌道
A_1	1	1	1	1	$2s, 2p_z$
B_1	1	-1	1	-1	$2p_y$
B_2	1	-1	-1	1	$2p_x$

　一番左上の隅に，点群の記号が，その右にその群における対称要素が書いてある。2行目以降には，一番左にマリケン記号（Mulliken symbol）とよばれる記号が，その右に各記号に対応する軌道や状態に関する指標（character）が，さらにその右に，対応する軌道を表す表示や，運動状態を表す表示（後述する振動状態の解析に使う）が記述される。

ここに示した C_{2v} 群の指標表はまだ完全なものではない。それは d 軌道や f 軌道などに関する情報を含んでいないからである。一般的な指標表の例として，C_{3v} 群の指標表を例にとるとわかりやすい。

C_{3v}	E	$2C_3$	$3\sigma_v$		
A_1	1	1	1	T_z, z	x^2+y^2, z^2
A_2	1	1	-1	R_z	
E	2	-1	0	$(x, y)(T_x, T_y)(R_x, R_y)$	$(x^2-y^2, xy)(xz, yz)$

ここはマリケン記号が入る。

ここは1次元の座標軸や軌道と座標軸に沿った並進(T)，座標軸周りの回転(R)の帰属が示されている。

x, y, z は座標軸であり，T_x, T_y, T_z は各軸方向の並進運動を，R_x, R_y, R_z は，各軸の周りの回転を表している。「z 軸（またはこれと同じ対称性を有する p_z 軌道）は A_1（全対称）として変換する」という意味である。つまり z 軸ならびに p_z 軌道は，C_{3v} 群に属する分子では全ての対称操作に対して不変である。また，x と y 軸（p_x 軌道と p_y 軌道と言い換えても同じである）は E として帰属され，2つを分離できない。量子力学的には，このような2つの軌道は同じエネルギーであること（縮重している）を示している。マリケン記号の E に帰属される指標は，2次元の（数学的には2×2マトリックスに対応する）表現（representation）であることを示しているが，このことについては後述する。さらに z 軸周りの分子の回転（R_z）は E と C_3 の対称操作ではそれ自身と同じであるが，σ_v の操作ではその指標が -1 になるという意味も持っているなど，指標表には極めて多くの情報が含まれていることがわかるであろう。

指標表の最後のカラムは，2次の座標／軌道の帰属を表している。2乗あるいは2つの1次式の積がそれぞれの操作でどのように変換されるかを示しているのである。すなわち，xy, yz, xz などの積や，対応する d_{xy}, d_{yz}, d_{xz} 軌道，3次元空間内の x^2+y^2 という関数の他，$d_{x^2-y^2}$ 軌道などが，どのようなマリケン記号（軌道や状態を表す記号）に帰属されるかを示しているわけである。なお，

最後の2つのカラムはまとめて表記することもある。

次に，マリケン記号の表記に関する約束事を示す。

マリケン記号の約束

(1) 1次元の表現（representation）は全てAまたはBで示す。2次元の表現はEで，3次元の表現はTで示す。数学的には「次元」としてマトリックスの次数を示すが，化学的には軌道や状態の多重度に対応すると考えるとわかりやすい。

(2) 主軸であるC_n軸の周りに$2\pi/n$回転した時に，もとと重なるようなときにはAで示し，同じ操作でもとと反対称（指標が-1）になるものはBで示す。

(3) 添字の1と2は，AやBにつけるときは，それぞれ主軸に垂直なC_2軸（そのようなC_2軸がないときは主軸を含む対称面）に対して対称であれば1を，反対称であれば2をつける。

(4) A', B''などの"プライム"記号はσ_h面に対して対称的，反対称的であることを示す。

(5) 対称心を持てば，反転対称（gerade）ならgを，反転反対称（ungerade）ならばuをつける。もちろん対称心がなければ何もつけない。

(6) EやTにつける添字は指標表のコンテンツからは直接決まらないので，一般的には任意の記号と考えておいて差し支えない。

以上，指標表の構成とその読み方についてご理解頂けたであろうか。次に，指標表から得られる様々な情報の使い方と，「直積」という重要な演算法を理解すれば，「化学群論」の基礎がマスターできたことになると思われるので，それらの作業手順を解説する。

1-5 既約表現と直積

C_{2v} の指標表を用いて，指標表の持つ性質を見てみよう。

C_{2v}	E	C_2	σ_v	σ_v'	$h=4$	
A_1	1	1	1	1	T_z	z, z^2, x^2, y^2
A_2	1	1	-1	-1	R_z	xy
B_1	1	-1	1	-1	T_y, R_x	y, yz
B_2	1	-1	-1	1	T_x, R_y	x, xz

A_1 という表現に帰属される状態や軌道は $(1,1,1,1)$ という指標（ベクトル表現）を有することがわかった。また，B_1 表現に対応するものは $(1,-1,1,-1)$ という指標を持つ。それでは，A_1+B_1 という表現に対応する指標というものがあるのだろうか？ 全ての対称操作が独立なものであるならば，それぞれの指標を足し合わせることによって A_1+B_1 に対応するベクトル表現の指標が表されるはずである。

$$A_1+B_1 = (2,0,2,0)$$

A_1 や B_1 のような，指標表に現れる表現は既約表現（irreducible representation）とよばれ，それ以上に分割して，他の表現の和や差などに分けることができないものになっている。ここで新しく作った $(2,0,2,0)$ という表現は，可約表現（reducible representation，既約表現の和で表すことのできる表現）のはずである。

このことを確かめるために，次のような操作を行う。
まず，$(2,0,2,0)$ に A_2 表現が含まれていないことを確かめる。

```
         E   C₂   σᵥ   σᵥ'
         2   0    2    0
   A₂    1   1   -1   -1
  ─────────────────────────
 上下をかけて 2   0   -2    0     横に足すと，2+0-2+0 = 0
```

このように，全ての指標を，上下どうしかけ合わせる演算を「直積（direct

product）をとる」という。ここでは，各群における対称操作が全て独立であるから，各マリケン記号で表される表現間の演算は，それぞれの対称要素に対応する指標どうしの演算になると理解しておけば十分である。

さて，直積をとってできた4個の項を全て足し合わせる（2+0−2+0）と0になってしまう。このことが，「(2,0,2,0)という表現はA_2という表現を含んでいない」ことを示していると理解しよう（ベクトルの内積が0になるときには，2つのベクトルは直交していることと似ている）。これを確認するために，(2,0,2,0)にはA_1が含まれていることを証明してみる。先ほどと同様に，(2,0,2,0)とA_1の直積をとってみると次のようになる。

	E	C_2	σ_v	σ_v'
	2	0	2	0
A_1	1	1	1	1
上下をかけて	2	0	2	0

横に足すと，2+0+2+0=4

直積から得られた結果を横に足すと，今回は4である。この値は，C_{2v}群の位数（全ての対称要素の数）$h=4$に一致している。群論では，このように直積の結果得られる各項の和が位数の整数（n）倍になるとき，「この表現は○○表現をn回含んでいる」という。この例では，「可約表現である(2,0,2,0)は，A_1表現を1回だけ含んでいる」ことがわかった……ということになる。

第2章
指標表の見方と使い方

　先の章では対称要素，対称操作とともに指標表の構成と既約表現について学んだ。この章では，指標表の性質をさらに深く理解し，指標表の化学への応用について習熟することを目的とする。この章で取り上げる例を1つ1つ確認しながら，じっくりと指標表の性質を理解して頂きたい。章末に群論の数学的側面について少し触れておいた。数学が苦手な人も，我慢してご一読頂きたいと思う。後の章を理解する上で役立つ情報が含まれているからである。

2-1　指標表に現れる軌道多重度と群軌道の概念

　ある分子がどのような多重度（degeneracy）の軌道を持つかを知りたいときには，指標表のどこを見れば良いのだろうか。指標表の E 要素（何もしないという操作に対応する）のカラムには，軌道の多重度が現れることに着目すると，(1)その分子がどの点群に属するか調べ，その指標表を探し，(2)指標表の E 要素の部分が，取りうる最大の多重度を表していることから，各軌道の多重度（どの軌道と縮重しているか）がわかる。

　例えば，BF_3 分子はどのような多重度の軌道を有しているかを調べるときには，BF_3 分子の属する点群（D_{3h} 群）について，その指標表の E 要素のカラムと右端の軌道成分を見比べれば良い。D_{3h} 群の指標表は次のようなものである。

D_{3h}	E	σ_h	$2C_3$	$2S_3$	$3C_2$	$3\sigma_v$	\multicolumn{2}{c}{$h=12$}
A_1'	1	1	1	1	1	1		z^2, x^2+y^2
A_2'	1	1	1	1	-1	-1	R_z	
A_1''	1	-1	1	-1	1	-1		
A_2''	1	-1	1	-1	-1	1		z
E'	2	2	-1	-1	0	0		$(x,y)\,(xy, x^2-y^2)$
E''	2	-2	-1	1	0	0	(R_x, R_y)	(xz, yz)

　従って，最大の多重度を表すマリケン記号が E' と E'' なので，最大の軌道多重度は 2 であることがすぐにわかる。E' は p_x，p_y 軌道の組と，d_{xy}，$d_{x^2-y^2}$ の軌道の組を含むこともおわかり頂けると思う。これらの軌道は 2 つ一組で変換され，しかもエネルギー的に縮重していることが読み取れる。一方，A_2'' に帰属される軌道は p_z 軌道のみである。また，2s 軌道は全対称の A_1' に帰属されていることがわかる。このことは，s 軌道が全対称軌道であることから推測できるし，A_1' 既約表現の関数（x^2+y^2 と z^2）の和が球を表すことからも理解できる。このように，指標表からは，軌道多重度は一目瞭然であるが，これらの軌道のエネルギーレベルについての情報（どの軌道のエネルギーがどれほど高いかというような情報）は得られない。

　同様にして，水分子の中心酸素原子の各軌道の帰属を確認することもできる。水分子は C_{2v} 群に属するので，その指標表を調べてみる。

C_{2v}	E	C_2	σ_v	σ_v'		
A_1	1	1	1	1	T_z	z, z^2, x^2, y^2
A_2	1	1	-1	-1	R_z	xy
B_1	1	-1	1	-1	T_y, R_x	y, yz
B_2	1	-1	-1	1	T_x, R_y	x, xz

　E 要素における最大の指標は 1 であるから，最大軌道多重度は 1 である。このことは，最後のカラム内で，多重に縮重している関数がないことにも現れている（縮重していれば，カッコ書きでひとまとめにしてあるはずである）。水分子では s 軌道と p 軌道のみが結合に関与するので，A_2 に帰属される軌道は

ないことがわかる（A_2 既約表現には s 軌道や p_x, p_y, p_z 軌道に対応する関数がない）。

水分子では，中心の酸素原子を取り囲む2つの水素原子（それぞれの 1s 軌道の波動関数を Ψ_A と Ψ_B とする）の作る「群軌道（group orbital）」は $\Psi_1 = \Psi_A + \Psi_B$ と $\Psi_2 = \Psi_A - \Psi_B$ であることが知られている（このことについては後述するが，無機化学の教科書や量子化学の教科書には，その理由を述べずにこのことを自明として取り扱っているものが多いので，既にご存知であろう）。C_{2v} 群では，Ψ_1 は a_1（配置を考えると良くわかる），Ψ_2 は b_1（紙面を σ_v 面としたとき）に帰属されることがわかる（右図参照）。

一方，中心に配置されている酸素原子の原子軌道は，指標表における $x^2+y^2+z^2$ が 2s 軌道に，x, y, z がそれぞれ $2p_x$, $2p_y$, $2p_z$ 軌道に対応しているから，左端にこれらの原子軌道を，右端に2つの水素原子の作る群軌道を描き，真ん中に分子軌道を描くことができる。このとき注意すべき点は，「同じ対称性の軌道どうしだけが相互作用して，結合性の軌道（bonding orbital）と，それに対応する反結合性軌道（anti-bonding orbital）ができる」ということである（量子力学で学んだ変分理論の手法を思い出して頂きたいが，そんなことは知らなくても一向に構わない）。中心酸素原子の原子軌道と2つの水素原子が作る群軌道の間で，対称性が同じでない軌道は非結合性軌道（non-bonding orbital）になる。ここでは，p_x 軌道が非結合性である。非結合性軌道に電子対が入っていれば，それは非共有電子対になっており（結合性軌道よりエネルギーが高い），このような電子対を含む軌道は配位結合の生成に関わる。軌道を表すときには，小文字のマリケン記号を用い，状態を表す時には大文字のマリケン記号を用いる約束である。

次ページの図では，2つの水素原子は yz 平面上に配置されていると考えている。このとき，中心酸素原子の p_x 軌道は明らかに非結合性である。酸素原子の a_1 に帰属される p_z 軌道は，2つの水素原子の作る Ψ_1 群軌道と相互作用して，そのエネルギーが下がる様子が描かれている。しかし，酸素原子の $2p_z$

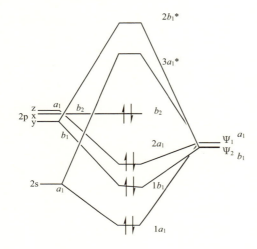

Oの原子軌道　　H₂Oの分子軌道　　2×Hの群軌道

軌道は 2s 軌道ほどには Ψ_1 との相互作用が大きくないことは，水分子の構造から明らかであろう（本当は，相互作用する全ての軌道が 2 つの群軌道との相互作用でどのようにエネルギーが変化するかを考えると水分子の構造がわかる。その意味で，分子軌道理論（molecular orbital theory）は非局在理論である原子価結合理論（valence bond theory）とは一線を画する）。

　この取り扱いによって，分子軌道がどのように組み立てられるかが理解頂けたと思う。原子どうしの単結合を考える場合には（ほとんどの量子化学の教科書はこれしか扱わない），それぞれの原子の原子軌道を左右に描いて，真ん中に分子軌道を描く。このような場合には，分子軌道を描くのは簡単である。なぜなら，個々の原子上の軌道の対称性を考慮する必要がないからである。

　ここで取り扱った多原子分子の分子軌道の描き方は，金属錯体を含むあらゆる多原子分子の分子軌道を考える上で重要である。中心原子（や金属イオンなど）と結合する配位原子（coordinating atom）（ここでは，周りに配置された原

子団上の，中心原子と結合する原子という意味）上の電子（錯体の場合は電子対）の軌道は，「群を作って」中心原子上の対応する軌道と相互作用する。その際，配位原子のそれぞれが本来有していた「個々の配位子内における軌道の対称性」ではなく，あたかも，中心原子の周りにいくつかの水素原子（金属錯体のときにはヒドリドイオンを想定すれば良い）が特定の対称性を持って配置され，これらが群軌道を作ると考えるわけである。もちろん，軌道の数は増えたり減ったりしないので，σ結合しか考慮しないときには，配置された配位子と同じ数だけ（結合の数だけ）群軌道が存在する。

群軌道の帰属

次に，ある分子の中心原子に結合するいくつかの原子が作る群軌道がどのような帰属になっているのかを，指標表を使って調べる方法を説明する。そのためには，まずその分子が属している点群を知り，指標表を準備することからはじめる。次に，知りたい軌道の組み合わせがその群の各対称操作で，それぞれどのように変換されるかを調べてその群軌道の指標を作成する。最後に，作成された指標（ベクトル）が，指標表の中のどの表現に帰属されるかを調べればよいわけである。

例えば，NO_2 分子において Ψ_A が O 原子上の $2p_x$ 軌道であり，Ψ_B はもう 1 つの O 原子上の $2p_x$ 軌道であるとする。これら 2 つの酸素原子上の群軌道である $\Psi_1 = \Psi_A + \Psi_B$ や $\Psi_2 = \Psi_A - \Psi_B$ が，どのような既約表現で表されるのかを知れば，NO_2 分子における結合の様子などが判断できるわけである。

NO_2 は C_{2v} 群に属する分子である。従って，水分子の時と同じ指標表を用いて調べることができる。このように，全く違う分子であっても，同じ点群に属するものは，同じ指標表を用いて論じることができるのが群論の特徴であり，利点である。分子の対称性を考えるとき，最も n が大きな C 軸や S 軸を主軸にとる。また，通常は主軸を z 軸にする。それ以外の要素（x と y 軸や z 軸を含む対称面）の取り方は任意である。その結果，各軌道などに対応するマリケン記号は，軸や面の取り方によって入れ替わることがあるので気をつけよう。しかし，このようにマリケン記号が入れ替わっても，それらの間には互換関係

が成り立っている。

　この場合も，主軸を z 軸にとり，主軸上に窒素原子を，2つの酸素原子を yz 平面上に配置したとすると，中心の窒素原子に結合した2つの酸素原子の p_x 軌道の位置がわかる。下の中央と右端の図は z 軸上方から xy 平面を眺めたものである。このとき，$\Psi_1 = \Psi_A + \Psi_B$ は中央の，$\Psi_2 = \Psi_A - \Psi_B$ は右端の図のようになっていることがわかる。

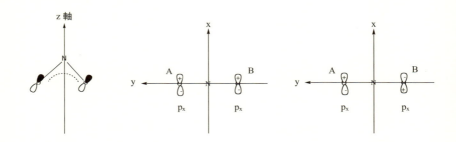

　z 軸（主軸）は紙面に垂直な方向であることに注意して，$\Psi_1 = \Psi_A + \Psi_B$ と $\Psi_2 = \Psi_A - \Psi_B$ が，C_{2v} 群の対称操作である E，C_2，σ_v，σ_v' の操作でどのように変換されるかを調べる。ここで，σ_v は yz 平面，σ_v' は xz 平面であることに気をつけると，関数 Ψ_1 と Ψ_2 の指標はそれぞれ (1, -1, -1, 1) と (1, 1, -1, -1) であることがわかる。従って，$\Psi_1 = \Psi_A + \Psi_B$ と $\Psi_2 = \Psi_A - \Psi_B$ の群軌道は，それぞれ b_2 ならびに a_2 に帰属されることがわかる。すなわち，Ψ_1 群軌道は中心の窒素原子の p_x 軌道と同じ対称性を有するので，結合（π結合）に関係することがわかる。一方，Ψ_2 群軌道には，それに対応する窒素原子上の軌道がないことがわかる。

　次に同じような考え方を用いて，4配位平面正方形錯体の4個の配位子が作る群軌道の1つを考えてみる。4個の配位原子上の軌道（例えばアンモニア分子における窒素原子上の非共有電子対の軌道）が作る群軌道の1つとして，例えば，平面正4角形に配置された $\Psi_A - \Psi_B + \Psi_C - \Psi_D$ 群軌道がどのような帰属になっているかを調べるために，先ほどと同じ手順で分析を進めれば，中心金属

（例えば Pt(II) イオン）のどの軌道がこの群軌道と結合するのかがわかる。

平面正方形は D_{4h} 群に属する。D_{4h} 群の指標表は次に示すようなものである。

D_{4h}	E	$2C_4$	C_2	$2C_2'$	$2C_2''$	i	$2S_4$	σ_h	$2\sigma_v$	$2\sigma_d$	
A_{1g}	1	1	1	1	1	1	1	1	1	1	z^2, x^2+y^2
A_{2g}	1	1	1	−1	−1	1	1	1	−1	−1	
B_{1g}	1	−1	1	1	−1	1	−1	1	1	−1	x^2-y^2
B_{2g}	1	−1	1	−1	1	1	−1	1	−1	1	xy
E_g	2	0	−2	0	0	2	0	−2	0	0	(xz, yz)
A_{1u}	1	1	1	1	1	−1	−1	−1	−1	−1	
A_{2u}	1	1	1	−1	−1	−1	−1	−1	1	1	z
B_{1u}	1	−1	1	1	−1	−1	1	−1	−1	1	
B_{2u}	1	−1	1	−1	1	−1	1	−1	1	−1	
E_u	2	0	−2	0	0	−2	0	2	0	0	(x, y)

$\Psi_A - \Psi_B + \Psi_C - \Psi_D$ の群軌道（波動関数の1次結合）に対応する配置（右回りに A〜D の窒素原子を配置した）を図のように取ったとき，

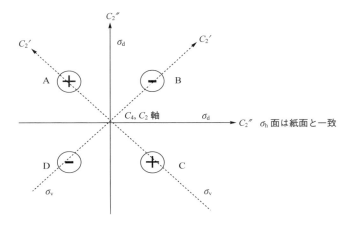

このときの配置が，D_{4h} 群の各対称操作に対応する指標を調べると，次のような表ができ上がる。

E	$2C_4$	C_2	$2C_2'$	$2C_2''$	i	$2S_4$	σ_h	$2\sigma_v$	$2\sigma_d$
1	−1	1	1	−1	1	−1	1	1	−1

この指標と同じ表現になる既約表現を指標表の中から探し出すと，それは B_{1g} 表現であることがわかるので，群軌道 $\Psi_A-\Psi_B+\Psi_C-\Psi_D$ と相互作用できる中心金属（例えば Pt(II) イオン）の軌道は b_{1g} に帰属される $d_{x^2-y^2}$ 軌道であることがわかる。また，上の配位子の配置を 45° ずらすと，この群軌道は b_{2g} (d_{xy})と同じ対称性を有し，このような配置のときには，中心にある Pt(II) イオンの b_{2g} (d_{xy}) 軌道と相互作用することがわかる。

中心原子の原子軌道と相互作用する群軌道

次に，中心に配置された原子（あるいは金属イオンなど）に着目して，どの軌道が周りの配位原子の群軌道と相互作用するかを考える。メタン分子では，中心の炭素原子の電子配置は $2s^22p^2$ である。従って，周りの 4 つの水素原子と σ 結合するときには，2s 軌道と 2p 軌道の全て（全部で配位原子数の 4 と同じ数）を使うと考えることができる。T_d 群の指標表を用いると，これら 4 つの軌道の帰属は a_1（2s 軌道）+ t_2（3 つの 2p 軌道）である。従って，メタン分子が正 4 面体構造であれば，周りの 4 個の水素原子の s 軌道が作る群軌道は，a_1+t_2 として表現されるはずであることがわかる。

T_d	E	$8C_3$	$3C_2$	$6\sigma_d$	$6S_4$	$h=24$
A_1	1	1	1	1	1	$x^2+y^2+z^2$
A_2	1	1	1	−1	−1	
E	2	−1	2	0	0	$(3z^2-r^2, x^2-y^2)$
T_1	3	0	−1	−1	1	(R_x, R_y, R_z)
T_2	3	0	−1	1	−1	$(x,y,z)(xy,yz,xz)$

同じ正 4 面体構造の遷移金属イオンを考えてみると，例えば $[CoCl_4]^{2-}$ では，σ 結合に 3 個の d 軌道（t_2）が参加していることがわかっていると考える（正 4 面体型結晶場を思い出して頂きたい。実際には t_2 と e のいずれの群軌道

もσ性とπ性を有している）。このとき，これらの3重に縮重した軌道はt_2に帰属されることが指標表からわかる。従って，σ結合性だけを考慮すると，$[CoCl_4]^{2-}$錯イオンでは，4個の配位塩化物イオンの作る群軌道はt_2である。実際には全対称の配置であるa_1との相互作用（結合）もあるので，全群軌道はa_1+t_2となり，メタンと同じ群軌道を有していることがわかる。もちろんa_1に帰属される群軌道と相互作用して結合性軌道を作るのは中心にあるCo(II)イオンの4s軌道（空）であり，それに対応する4個の塩化物イオンの電子対が作る群軌道は全対称の$\Psi=\Psi_A+\Psi_B+\Psi_C+\Psi_D$である。

π結合を考慮しない場合には，$d_{x^2-y^2}$とd_{z^2}軌道はe表現に帰属されるので非結合性軌道となる。

6配位正8面体型の遷移金属錯体においては，金属イオン上の6個の軌道は，6個の配位原子上の非共有電子対が作る6個の群軌道とσ性の相互作用をしていると考える（ここではπ相互作用は考えないことにする）。これら6個の群軌道は$a_{1g}+e_g+t_{1u}$であることが知られている。中心金属イオン上のどの軌道が結合に参加するかを考えると，このことが良くわかる。すなわち，中心金属イオンで配位子から電子を受け取ることのできる軌道はd軌道とその上のsならびにp軌道だからである。このうち，軸上に配置された配位子の軌道と相互作用できるd軌道は$d_{x^2-y^2}$とd_{z^2}軌道のみであり，金属イオンと配位原子間に6個の結合ができることから，s軌道と3つのp軌道も結合に参加することが容易に理解できる。O_h群における中心金属イオンのs軌道，（$d_{x^2-y^2}$, d_{z^2}）軌道，（p_x, p_y, p_z）軌道は$a_{1g}+e_g+t_{1u}$で表されることが指標表からわかる。このとき，軌道分裂の様子と電子配置は次ページの図のようになっている。ここでは，Mn(II)高スピン錯体の電子配置を示した。

例えば$[Mn(OH_2)_6]^{2+}$錯体がこれに対応するが，配位子の群軌道上（右端）には，6個の配位水分子上の非共有電子対である12個の電子が存在する様子と，金属イオン上（左端）には5個のd電子が描かれている。

その結果，Mn(II)高スピン錯体では，基底状態において$a_{1g}{}^2 t_{1u}{}^6 e_g{}^4 t_{2g}{}^3 e_g{}^{*2}$の電子配置になっていることが容易に理解できる。

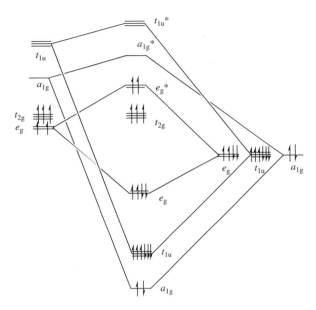

中心金属の原子軌道　　金属錯体の分子軌道　　配位子の群軌道

O_h	E	$8C_3$	$6C_4$	$3C_2$	$6C_2'$	i	$8S_6$	$6S_4$	$3\sigma_h$	$6\sigma_d$	$h=48$
A_{1g}	1	1	1	1	1	1	1	1	1	1	$x^2+y^2+z^2$
A_{2g}	1	1	−1	1	−1	1	1	−1	1	−1	
E_g	2	−1	0	2	0	2	−1	0	2	0	$(3z^2-r^2, x^2-y^2)$
T_{1g}	3	0	1	−1	−1	3	0	1	−1	−1	(R_x, R_y, R_z)
T_{2g}	3	0	−1	−1	1	3	0	−1	−1	1	(xy, yz, xz)
A_{1u}	1	1	1	1	1	−1	−1	−1	−1	−1	
A_{2u}	1	1	−1	1	−1	−1	−1	1	−1	1	
E_u	2	−1	0	2	0	−2	1	0	−2	0	
T_{1u}	3	0	1	−1	−1	−3	0	−1	1	1	$(T_x, T_y, T_z) (x, y, z)$
T_{2u}	3	0	−1	−1	1	−3	0	1	1	−1	

2-2　群軌道の作り方

次に，既に水分子の結合に関する記述で述べた「2つの水素原子 H_A と H_B

の 1s 軌道が作る群軌道」がなぜ $\Psi_A+\Psi_B$ と $\Psi_A-\Psi_B$ で表されるのかを，指標表に基づいて説明する。この方法が理解できれば，指標表を用いて，複雑な分子やイオンにおいて配位原子が作る群軌道がどのような関数形になっているかを知ることができる。

そのためには，まず分子の形から，群軌道を形成する 1 つの配位原子上の軌道（全対称原子軌道）が，属する群の各対称操作によってどのように変換されるか（どの位置に移動するか）を調べ，次にその関数行列が各表現でどのような直積（関数）になるかを調べる。水分子は C_{2v} 群に属するから，まずその指標表を準備する。

C_{2v}	E	C_2	σ_v	σ_v'		
A_1	1	1	1	1	T_z	z, z^2, x^2, y^2
A_2	1	1	-1	-1	R_z	xy
B_1	1	-1	1	-1	T_y, R_x	y, yz
B_2	1	-1	-1	1	T_x, R_y	x, xz

Ψ_A, Ψ_B をそれぞれ H_A, H_B 2 つの水素原子の 1s 軌道（全対称）を表す波動関数とする。Ψ_A は C_{2v} 群の各対称操作で右表のように変換される。

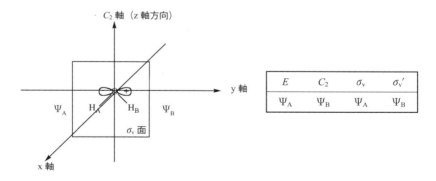

すなわち，各対称操作によって Ψ_A は $(\Psi_A, \Psi_B, \Psi_A, \Psi_B)$ という表現に変換されることがわかる。次に，この関数行列が各表現（$A_1 \sim B_2$）でどのような関数形に変換されるかを直積の値として求める。

（ⅰ）A_1 表現では

	E	C_2	σ_v	σ_v'
	Ψ_A	Ψ_B	Ψ_A	Ψ_B
A_1	1	1	1	1

上下をかけて　$\Psi_A + \Psi_B + \Psi_A + \Psi_B = 2\Psi_A + 2\Psi_B$

（ⅱ）A_2 表現では

	E	C_2	σ_v	σ_v'
	Ψ_A	Ψ_B	Ψ_A	Ψ_B
A_2	1	1	-1	-1

上下をかけて　$\Psi_A + \Psi_B - \Psi_A - \Psi_B = 0$

（ⅲ）B_1 表現では

	E	C_2	σ_v	σ_v'
	Ψ_A	Ψ_B	Ψ_A	Ψ_B
B_1	1	-1	1	-1

上下をかけて　$\Psi_A - \Psi_B + \Psi_A - \Psi_B = 2\Psi_A - 2\Psi_B$

（ⅳ）B_2 表現では

	E	C_2	σ_v	σ_v'
	Ψ_A	Ψ_B	Ψ_A	Ψ_B
B_2	1	-1	-1	1

上下をかけて　$\Psi_A - \Psi_B - \Psi_A + \Psi_B = 0$

このように，2つの水素原子の作る群軌道は，$2\Psi_A + 2\Psi_B$ または $2\Psi_A - 2\Psi_B$ であり，これらの群軌道は，それぞれ A_1 ならびに B_1 に帰属されるものであるとともに，水分子では A_2 と B_2 に対応する軌道間相互作用がないこともわかる。最終的に，これらの群軌道を規格化すれば正しい群軌道が求められる。これら2つの群軌道が直交していることは，指標表の性質から自明である。

　ある点群に属する多原子分子について，中心原子の有する軌道のうちどの軌道が結合に関与しているのかを知ることや，配位原子のどのような群軌道が結合に関与しているのかを知ることは，分子によっては非常に容易なことである（例えば上の例）。しかし，いくつかの分子ではこのことを知るのは容易でない

ことがある。

ここではアンモニア分子を例にとってアンモニア分子の中心の窒素原子上の軌道群のうち，どの軌道が周りの水素原子3個が作る群軌道と関わっており，また，3個の配位水素原子はどのような群軌道関数で記述されるのかを考察する。アンモニア分子は C_{3v} 群に属する。

C_{3v}	E	$2C_3$	$3\sigma_v$	$h=6$
A_1	1	1	1	z, z^2, x^2+y^2
A_2	1	1	-1	
E	2	-1	0	$(xy, x^2-y^2)\,(x,y)\,(xz,yz)$

指標表から窒素原子上の p_z 軌道と s 軌道は A_1 表現で，p_x と p_y 軌道はともに E 表現であることがわかる。最外殻電子配置から，これらの軌道のうち3個が3個の水素原子の 1s 軌道が作る群軌道と相互作用していることが推測できる。

それでは，3個の水素原子の作る群軌道はどんな関数で表されるのであろうか？　これがわかれば，必然的に中心窒素原子のどの軌道が結合に関与しているかも特定できるはずである。

3つの水素原子の 1s 軌道に対応する波動関数を a，b，c として，下図のように3つの水素原子を配置する。

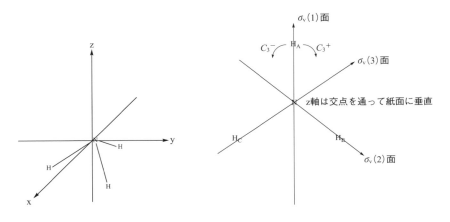

3個の水素原子のうち,例えば,$H_A(a)$ が各対称操作でどのように変換されるかを考えてみる。ここでは,C_3 要素には独立した2つの操作があり(C_3^+ とそれとは反対回りの C_3^-),対称面としては等価な3つの面が存在することを考慮しなければいけない(全て独立した操作であることがわかるであろう。詳しくは,38ページにおける,類(class)の項を参照すること)。

要素に対応する対称操作	E	C_3^+	C_3^-	$\sigma_v(1)$	$\sigma_v(2)$	$\sigma_v(3)$
$a(H_A)$ はどこに移動?	a	b	c	a	c	b

水分子のときに行ったのと同じようにして,このようにしてできた関数行列 (a, b, c, a, c, b) が,各表現でどのような関数形になるのかを調べてみると,

(i) A_1 表現では

対称操作	E	C_3^+	C_3^-	$\sigma_v(1)$	$\sigma_v(2)$	$\sigma_v(3)$
	a	b	c	a	c	b
A_1	1	1	1	1	1	1

$$a + b + c + a + c + b = 2(a+b+c)$$

(ii) A_2 表現では

対称操作	E	C_3^+	C_3^-	$\sigma_v(1)$	$\sigma_v(2)$	$\sigma_v(3)$
	a	b	c	a	c	b
A_2	1	1	1	-1	-1	-1

$$a + b + c - a - c - b = 0$$

したがって,C_{3v} では,A_2 表現の群軌道(相互作用)はないことがわかる。

(iii) ところが,E 表現では,水分子の場合とは違って,困ったことが起こる。

対称操作	E	C_3^+	C_3^-	$\sigma_v(1)$	$\sigma_v(2)$	$\sigma_v(3)$
	a	b	c	a	c	b
E	2	-1	-1	0	0	0

$$2a - b - c + 0 + 0 + 0 = 2a - b - c$$

E 状態は2重に縮重しているはずなので,すくなくとも,a, b, c を入れ替えた関係も全て考慮しないといけない。この操作を繰り返すと,最初の解と同

様に，$2b-a-c$ および $2c-a-b$ も波動関数の候補として得られることがわかる。このように2重に縮重した軌道群に3個の軌道が存在するときには，これらの軌道は互いに直交していないことを示している（ここで言う直交とは，ベクトルとして直交しているという意味である）。E 既約表現の2重に縮重した軌道（軌道群）は量子力学的に直交している必要がある。これら3つの波動関数の組から，2つの直交した軌道関数を求めるためには，次のように考えるとわかりやすい。

これらの3つの関数形は，互いに120度ずれた方向のベクトルに対応するから，直交した2つのベクトルを得るには，右図の関係を用いて，例えば関数 $(2a-b-c)$ と直交する関数を作ればよいことが理解できる。

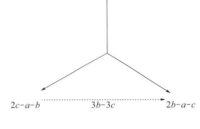

この図から明らかなように，$(2b-a-c)-(2c-a-b)=3b-3c$ が，関数 $(2a-b-c)$ と直交する関数である。

以上をまとめると，

(1) A_1：規格化して $(a+b+c)/\sqrt{3}$
(2) E：規格化して $(2a-b-c)/\sqrt{6}$ と $(b-c)/\sqrt{2}$

ということがわかる。このことは，これらの既約表現で表される軌道以外の軌道は結合に関与しないことも示している。次ページにこの関係を用いて，ここで求めたそれぞれの群軌道を描くとともに，アンモニア分子の分子軌道を示す。

ただし，アンモニア分子では結合のs性が高く，水素原子3個が作る平面に対して，中心の窒素原子は上下に反転しやすいので，エネルギーレベルはそれに応じて変化するため，ダイヤグラムは単なる参考程度に見て頂きたい。この様子は，破線で示した窒素原子の p_z 軌道（a_1）が，3個の水素原子の作る a_1 群軌道が分子の xy 平面に対してどのくらい上または下にあるかによって，全く相互作用しない場合（a_1 群軌道が xy 平面上にある場合）から強く相互作用する（a_1 群軌道が xy 平面の上または下にシフトする）場合に変化することを考慮すれば容易に理解できる。アンモニア分子の基底状態の構造は，ある程度

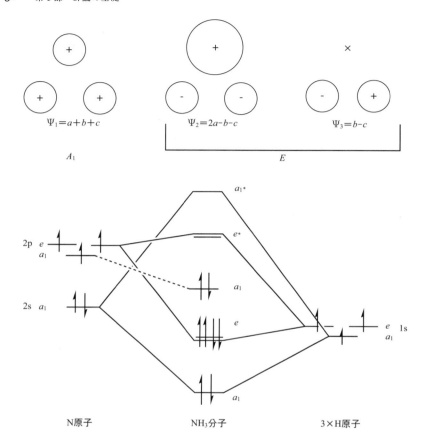

　この相互作用のある（この相互作用が大きすぎると他の相互作用のエネルギーが低下して，全体としては不安定化する）方が，安定と考えられるので，アンモニア分子における3個の水素原子が作る面は，xy平面からずれていることも予想できる。

　ここに記した群軌道関数の求め方は，プロジェクションオペレーター（射影演算子）と関係している。詳しくは付録A-1参照（ただし，2-5節まで読み終えてからの方がよい）。

2-3 数学的演算と指標表

　指標表を眺めると，指標表は空間内の x，y，z や xz，z^2 などの関数に関する情報も含んでいることがわかる。このことは，数学的演算に関する情報も，指標表を用いて得ることができることを示唆している。例えば，f＝x という関数を全空間（x を $-\infty$ から $+\infty$ までの領域）で積分するとゼロになることは，奇関数を全空間で積分した時にゼロになることから推測できる。同様にして，ある点群を想定したときに，その群の全空間で積分すれば，全対称の既約表現に属する関数だけがゼロでない積分値を持ち，それ以外の関数は空間積分がゼロになることが演繹される。この性質を用いると，化学に関わる多くの定性的な情報を指標表から得ることができる。

　例えば，関数 f＝xy が原点を中心とする正三角形の全領域にわたって積分したときにゼロになるか否かを考えてみる。第一と第三象限では，f の値は正であり，第二と第四象限では負である。従って，正三角形の図形内では，右半分と左半分の積分値は相殺されてゼロになることがわかる。言い換えれば，正三角形は D_{3h} 群に属

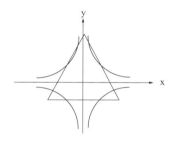

するため，D_{3h} 群の全空間における積分では，f＝xy の積分値はゼロになることが自明である。上図では，xy＝f の等高線の 1 つが描いてある。

　指標表を用いると，関数の具体的な形（どのように複雑な関数形であっても）を知らなくても，このことが簡単（定性的）に確認できる。

　D_{3h} の指標表で，関数 f＝xy がどの既約表現で表される関数形であるか調べてみると，これは E' に帰属される関数型であることがわかる。従って，先ほどの演繹的証明と照らし合わせることによって，E' に帰属される関数は空間積分がゼロになることがわかる。同様にして，指標表に現れる色々な関数を当てはめながら検討すると，「全対称の A_1（あるいは A_1' など）に帰属される関数以外は空間積分はゼロになる」と言う結論に至る。同様の方法で，他の全て

の群においても同じ結論に至ることを示すことができる。もちろん，このような「控えめな」証明は数学的には意味を持たないが，群論を化学に適用して化学現象を理解する上では，数学の命題を証明するのに時間を浪費する必要はないので，結論を知っていれば十分であろう。そこで，化学的により興味のある話題を例にして，「どの点群においても，全対称の A_1（あるいは A_1' など）に帰属される関数以外は空間積分はゼロになる」という性質の重要性を考えてみたい。

D_{3h}	E	σ_h	$2C_3$	$2S_3$	$3C_2$	$3\sigma_v$	$h=12$
A_1'	1	1	1	1	1	1	z^2, x^2+y^2
A_2'	1	1	1	1	-1	-1	R_z
A_1''	1	-1	1	-1	1	-1	
A_2''	1	-1	1	-1	-1	1	z
E'	2	2	-1	-1	0	0	(x,y) (xy, x^2-y^2)
E''	2	-2	-1	1	0	0	(xz, yz) (R_x, R_y)

手始めに，次のような問題を考えてみよう。例えば，C_{2v} 群において E，C_2，σ_v，σ_v' に対する指標がそれぞれ 8, -2, -6, 4 で表される関数 f があったとする。この関数（どんな関数形か数学的なことがさっぱりわからなくても良いところがミソである）の空間積分が値を持つかどうか判断したいときには，この可約表現を既約表現の和に直して判断すれば良い。

まず表現 $(8, -2, -6, 4)$ を既約表現の和で表す。前出の例に従って，A_1 との直積をとり，$(8, -2, -6, 4)$ が A_1 を含むかどうか確かめる。

	E	C_2	σ_v	σ_v'
	8	-2	-6	4
A_1	1	1	1	1
上下をかけて	8	-2	-6	4

横に足すと，$8-2-6+4=4$

従って $(8, -2, -6, 4)$ は，A_1 を 1 回だけ含むことが証明される。このような操作を繰り返すと，可約表現 $(8, -2, -6, 4)$ は $A_1+2A_2+5B_2$ のような既約表現の和で表されることがわかる。これを C_{2v} の全空間で積分すると，A_2 と B_2 についてはゼロになり，A_1 の部分のみがゼロでない値を有することから，「C_{2v} 群に

おいて，可約表現(8, -2, -6, 4)で表される関数の空間積分はゼロでない値を有する」と結論できるわけである。もちろん，積分値などの定量的情報は全く得られない。

このような考え方を拡張すると，次のような問題も容易に解決できることがわかる。例えば，何らかの理由で C_{2v} 対称の分子内における中心原子の軌道の d_{z^2} 軌道を表す関数と d_{xy} 軌道を表す関数と関数 $f=x$ の積の空間積分が値を持つかどうか判断しなければいけない必要が生じたとする（この演算は後述するように電子吸収スペクトルの許容と禁制に関わる重要な問題であるから，ここでは「なんでこんなものの積？」という疑問は忘れよう）。C_{2v} の指標表は次のようなものである。

C_{2v}	E	C_2	σ_v	σ_v'		
A_1	1	1	1	1	T_z	z, z^2, x^2, y^2
A_2	1	1	-1	-1	R_z	xy
B_1	1	-1	1	-1	T_y, R_x	y, yz
B_2	1	-1	-1	1	T_x, R_y	x, xz

d_{z^2}，d_{xy}，f はそれぞれ，A_1，A_2，B_2 既約表現で表される関数であることがわかる。これら3つの関数の積の帰属は，3つの既約表現の直積で表されるので，

		E	C_2	σ_v	σ_v'
d_{z^2}	A_1	1	1	1	1
d_{xy}	A_2	1	1	-1	-1
$f=x$	B_2	1	-1	-1	1
上下をかけて		1	-1	1	-1

従って，これら3つの関数の積は，B_1 に帰属することがわかる。このことは，この3つの関数の積は A_1 既約表現を含まないので，その空間積分はゼロになることを意味している。すなわち $\int d_{z^2} \times d_{xy} \, d\tau \equiv 0$ なのである。このような積分が，実際に化学の分野で極めて重要であることを次の例で説明する。

電子遷移は遷移双極子モーメント（transition dipole moment）μ が値を有する

かどうかで、その遷移が許容か禁制かが判断できる。遷移双極子モーメントのz成分は例えば $\mu_z = \langle \Psi_2 | -ez | \Psi_1 \rangle$ として表される。波動関数の添字の1は電子が飛び出す軌道、2は電子の行く先の軌道を表している。$-ez$ は電子遷移に関係する双極子モーメントのz成分である（詳しくは付録A-2参照）。

3次元空間では $-ex$, $-ey$, $-ez$ の全てについてそれぞれ μ_x, μ_y, μ_z を計算してみなくてはならない。このような空間積分のどれか1つでも値を持てば、その方向に偏光した（例えば $-ex$ の成分に対する積分が値を持つときにはx方向に偏光した）光の吸収または発光が許容されると判断される。

具体的な例として、T_d 群に属する分子における $p_x \to p_y$ 遷移が許容されるかどうか判別してみよう。T_d 群の指標表は次のようになっている。

T_d	E	$8C_3$	$3C_2$	$6\sigma_d$	$6S_4$	$h=24$
A_1	1	1	1	1	1	$x^2+y^2+z^2$
A_2	1	1	1	-1	-1	
E	2	-1	2	0	0	$(3z^2-r^2, x^2-y^2)$
T_1	3	0	-1	-1	1	(R_x, R_y, R_z)
T_2	3	0	-1	1	-1	$(x,y,z)(xy,yz,xz)$

従って p_x, p_y と座標 q (x, y or z) は、いずれも T_2 既約表現で表されることがわかる。これら3つの関数の積の持つ可約表現は次の様にして求める。

p_x	T_2	3	0	-1	1	-1
p_y	T_2	3	0	-1	1	-1
q	T_2	3	0	-1	1	-1
直積は		27	0	-1	1	-1

関数 $\int p_y \times q \times p_x \, d\tau$ が値を有するためには、この指標 $(27, 0, -1, 1, -1)$ が A_1 表現を含むかどうかを確かめれば良い。

	E	$8C_3$	$3C_2$	$6\sigma_d$	$6S_4$
直積の指標	27	0	-1	1	-1
A_1	1	1	1	1	1
	27	0	-3	6	-6	= 24

24はこの群の位数（order）であるから $p_y \times q \times p_x$ は明らかに A_1 を1回含む

事がわかる。この結果，$p_x \rightarrow p_y$ 遷移は遷移双極子モーメントが非ゼロとなる（空間積分がゼロではない）ので「許容遷移である」と判断される。

ここで，最後の演算において「なぜ対称要素の前の係数までかけているのか」という疑問を持つであろう。ここでは，各対称要素の前の係数は「この数だけ<u>独立した</u>対称操作を持つからである」と考えて頂きたい。このことについては，class（類）という概念で後述する。ここでは，深いことは考えずに，上の例に従って次の問題を解き，この演算方法に慣れて頂ければと思う。

次に，T_d 群に属する遷移金属錯体の d–d 遷移（d–d transition）が許容なのか禁制なのかを判断してみよう。

正4面体型の錯体における配位子場分裂では d 軌道は t_2 と e に分裂している。従って，d–d 遷移の許容と禁制を判断するためには，t_2 と e 及び座標 q（x, y or z）との直積が A_1 既約表現を含むかどうか判断すれば良い。

e	E	2	-1	2	0	0
t_2	T_2	3	0	-1	1	-1
q	T_2	3	0	-1	1	-1
直積は		18	0	2	0	0

この可約表現 (18, 0, 2, 0, 0) が A_1 を含むかどうか判別する。

	E	$8C_3$	$3C_2$	$6\sigma_d$	$6S_4$
直積の指標	18	0	2	0	0
A_1	1	1	1	1	1
	18	0	6	0	0 = 24

和は 24 で群の位数（$h = 24$）と一致している。すなわち，この積は A_1 既約表現を1回含むことがわかる。従って，この積の空間積分はゼロでない値を有するので，T_d 型錯体における d–d 遷移は許容であることが証明されたことになる。

無機化学の教科書には d–d 遷移はラポルテ禁制遷移であるため，その吸収強度は小さい，と書かれているので，全ての d–d 遷移が本質的に禁制遷移（forbidden transition）であると理解している学生が多い。これはある意味正しいのであるが，実際には，上の例で示したように，許容になる d–d 遷移もある。ラ

ポルテ禁制（Laporte forbidden）とは gerade（反転対称）性軌道-gerade 性軌道間の電子遷移が禁制になるという規則であり，このことは，座標 q（x, y or z）が ungerade（反転反対称）であることを考慮すれば，3 つの関数の積が奇関数になり，その結果空間積分がゼロになるという意味である。そのため，上に示したような対称性の低い（正確には対称心を持たない）点群に属する金属錯体における d-d 遷移は，「3 つの関数の直積が A_1 既約表現を含むかどうかを判断して」その許容と禁制を判断しなくてはいけない。

ただし，遷移金属錯体の d 軌道は，基本的に gerade 性の軌道なので，正 4 面体型錯体においても d-d 遷移は完全に許容であるとは言い難い。実際には電子遷移に関与する T_2 には 3 つの d 軌道だけでなく，3 つの p 軌道も帰属されることに注目する必要がある。すなわち，上の正 4 面体型錯体の例で示した 3 つの関数の直積は，d 軌道と p 軌道との混合も含めた直積であると理解すべきなのである。すなわち，本来 gerade 性である d 軌道に，本来 ungerade 性の p 軌道が混合した結果，部分的に禁制が解けて d-d 遷移が若干許容になったと解釈するのが正しい。このことは，4 面体型の Co(II)錯体の d-d 吸収のモル吸光係数がせいぜい数十〜百程度であり，完全に許容な吸収（モル吸光係数が数万）に比べてかなり小さいことからも理解できる。

2-4　既約表現と指標表の性質 1

以上で化学に必要な群論の基礎的利用法についての記述はおしまいである。「これでようやく化学を本格的に理解するための準備ができた」と考えれば良いと思う。そこで，少しばかり，群論のより深い理解に必要ないくつかの話題を提供してみたい。本書のレベルを超える本格的な（数学的な）取扱いについては，多くの書籍があるので，そちらを参考にして頂きたい。

class（類）の話

対称要素と対称操作について，O_h 群などで E，$8C_3$，$6C_4$，$3C_2$……などと，

各対称要素に係数がついている場合があるが，この係数の 8, 6, 3……は何を意味するのだろうか？ $8C_3$ とは，C_3 軸が 8 個ある……というわけではないことは容易にわかる。O_h 群の分子には C_3 軸が 4 本しかないことは，この点群に属する分子を眺めてみれば理解される。実は，時計回りの C_3^+ 操作と反時計回りの C_3^- 操作は同じ操作ではないから，この 2 種類の操作が独立であるために，$4 \times 2 = 8$ 個の操作として区別されるのである。これらの操作に対応する $4 \times 2 = 8$ 個の C_3 要素は 1 つの class（$8C_3$）として考える。もちろん，C_3 操作を 2 回繰り返すと $(C_3^+)^2 = C_3^-$ 操作と同じであり，3 回繰り返すと $(C_3^+)^3 = E$ 操作と同じになるから，これらの操作に対応する要素は重複して数えない。すなわち，対称要素 1 つに対して，1 つまたはそれ以上の対称操作が存在し，それらが組になっているものを類としてまとめる。

$6C_4$ も同じで，C_4^+ と C_4^- 操作は異なる対称操作であり，C_4 軸は 3 本あるから，対応する要素は $3 \times 2 = 6$ となっている。$(C_4^{\pm})^2$ 操作は C_2 操作と同じなので 1 つの C_2 操作として数えるから，独立した操作としては，それぞれの C_4 要素に対して 2 個ずつしかないことが納得できる。

$3C_2$ は C_2 軸が 3 本ある（この場合 C_4 軸と一致する）ので $3C_2$ なのである。このことは C_2 操作と C_4 操作では，1 回の操作で移される原子の場所が異なるので区別されることを意味している。

指標表における orthonormality の関係（直交性と規格化の関係）
指標表の性質として，
①指標表は必ず完全対称の既約表現 $(1, 1, 1, 1, \cdots)$ を含むことは，既に気づかれたことと思う。これは各群における全対称の表現であると記述した。
もうすこし，気をつけて指標表を眺めると，次のことがわかる。
②どの行（横方向）の要素についても，2 乗して和をとればその群の位数 (order) になっている。これは，指標表が規格化されていることを意味している（normality）。ただし，この演算によって規格化されていることを確認するときには，対称要素の class の数（係数）をかけるのを忘れないことが重要である。なぜなら，各対称要素には 1 つ以上の独立した対称操作が存在し，それ

ら全ての対称操作を要素ごとにまとめたものが class の数だからである。

さらに気づくことは，各既約表現が独立（直交）している点であろう。

③異なる既約表現の行について，どの2つをかけ合わせても（ここでも各 class の係数をかけるのを忘れないこと），その総和は必ずゼロである（直交性 orthogonality）。

C_{4v} 群を例にして既約表現の直交性を確認してみよう。

C_{4v}	E	$2C_4$	C_2	$2\sigma_v$	$2\sigma_v'$
A_1	1	1	1	1	1
A_2	1	1	1	-1	-1
B_1	1	-1	1	1	-1
B_2	1	-1	1	-1	1
E	2	0	-2	0	0

例えば，A_1 と A_2 既約表現および E と B_1 既約表現の間の直交性は，次のようにして直積をとることにより確認できる。

$A_1 \times A_2 = 1 \times 1 \times 1 + 2 \times 1 \times 1 + 1 \times 1 \times 1 + 2 \times 1 \times (-1) + 2 \times 1 \times (-1) = 0$

$E \times B_1 = 1 \times 2 \times 1 + 2 \times 0 \times (-1) + 1 \times (-2) \times 1 + 2 \times 0 \times 1 + 2 \times 0 \times (-1) = 0$

④指標表のどの列をとっても（たてに眺めた時）その2乗の和は，常にその群の位数になっている。

例えば，C_{4v} 群における E 要素の列では

$1 \times (1^2 + 1^2 + 1^2 + 1^2 + 2^2) = 8 (= h)$

また，$2C_4$ 要素の列でもこのことが確認できる。

$2 \times (1^2 + 1^2 + (-1)^2 + (-1)^2 + 0^2) = 8 (= h)$

このことは，class の数も含めて，各対称操作は規格化されていることを示している。

⑤指標表のどの異なる列をとっても，その直積はゼロになることがわかる。これは，各対称要素とそれに対応する対称操作も直交していることを示している（要素／操作の orthogonality）。

例えば，C_{4v} 群の指標表において，[$2C_4$ の要素／操作に対する指標の列]×[C_2 の要素／操作に対する指標の列]を見てみると

$$1^2+1^2+(-1)\times1+(-1)\times1+(0\times(-2))=0$$
となっており，これは対称要素／操作の独立性を示すものである。

⑥以上をまとめて，指標表は class でまとめた対称要素の数と既約表現の数が一致した正方行列になっていることがわかる。

指標の数学的意味

ここまで見て来た点群では，指標は全て整数またはゼロであった。例えば各変換操作で，もとと同じになれば数学的には 1 をかければ良いし，もととは逆の符号になっていれば数学的には −1 をかけるという意味では，納得できるかもしれない。しかし，0 という指標は納得しづらいし，ましてや整数ではない数値が出て来たときには面食らってしまうであろう。そこで，そのような指標表に出会う前に，指標表の成り立ちについてもうすこし数学的に説明してみたい。

C_n 操作では，z 軸周りの回転では x と y 軸が何度か回転する。例えば，C_{3v} 群では C_3 の操作は x-y 平面における 120° の回転に相当する。z 軸周りに α° 回転すると，もともと $(x_1, y_1) = (r\cos\theta, r\sin\theta)$ という座標にあった点は $(x_2, y_2) = (r\cos(\theta+\alpha), r\sin(\theta+\alpha))$ という座標に移る。加法定理を用いて展開すると，(x_1, y_1) を (x_2, y_2) に変換する行列は

$$\begin{pmatrix} \cos\alpha & -\sin\alpha \\ \sin\alpha & \cos\alpha \end{pmatrix}$$

であり，C_3 操作の指標はこの行列の trace（対角成分の和）に相当するので $2\cos\alpha$ ということになる（正方行列の性質として，trace は固有値の総和であり，線形変換に対して不変であるため，この値は常に一定である）。もちろん α = 120° であればこの値は −1 になる。この値が指標表の E 既約表現における C_3 要素の指標になっている。なぜ E 表現かと言うと E 表現が 2 次元に対応する表現だからである。D_{4d} や D_{5d} 群の指標表には平方根や cos 72° などの指標が現れるが，驚くことはないことがおわかりであろう。

ときには，虚数表現の指標を見かけることがある。例えば，シクロブタジエン分子は一見 D_{4h} 群に属するが，その結合性 p_π 軌道は正方形平面の上下に出ており，その極性は上下で逆である。従って，厳密に考えれば，シクロブタジエン分子には σ_h 面は無く，従って C_4 群に属する分子とみなすことができる。このように，D_{4h} 群における対称要素の1つである対称面を取り除いてできた，低対称群（部分群）である C_4 群は，次のような指標表を有する。

C_4	E	C_4	$C_2(=C_4^2)$	C_4^3	$h=4$
A	1	1	1	1	$T_z, R_z, z^2, x^2+y^2, z$
B	1	-1	1	-1	x^2-y^2, xy
E	$\begin{cases}1\\1\end{cases}$	$\begin{matrix}i\\-i\end{matrix}$	$\begin{matrix}-1\\-1\end{matrix}$	$\begin{matrix}-i\\i\end{matrix}$	$(T_x, T_y)(R_x, R_y)(x, y)(xz, yz)$

この指標表の E 既約表現を眺めてみると，虚数表現で表された上下の組は，複素共役になっていることがわかる。また，E 既約表現の上の行と下の行のそれぞれは，指標表が示さなくてはならない normality を有していない（規格化されていない）ことがわかる。しかし，上下の関係を複素共役と考えると，ちゃんと規格化されている（上下でかけ合わせる）ことがわかる。

シクロブタジエンにおける4つの炭素上の p_π 軌道を a, b, c, d とすると，既に説明した方法で，その群軌道はそれぞれ次のように書き表されることがわかる。

$\Psi_1 = 1/2(a+b+c+d)$　　(A)

$\Psi_2 = 1/2(a-b+c-d)$　　(B)

$\Psi_3 = 1/2(a-ib-c+id)$　　(E)

$\Psi_4 = 1/2(a+ib-c-id)$　　(E)

もちろん，Ψ_3 と Ψ_4 の軌道は複素共役になっており，

$\Psi_3^* = 1/2(a+ib-c-id) = \Psi_4$

である。

ここでは，虚数表現の指標は「変にねじれている」という意味であると理解しておけば良いと思われる。

2-5　既約表現と指標表の性質2：ちょっと数学的な関係

次に，群論をより深く理解する上では知っておかないといけない数学的な考え方について，簡単に記述する。この部分は，もっと指標表の使い方に慣れてから，あとになって振り返れば良い程度のものと考えて頂いて差し支えないので，飛ばして読んで頂いても構わない。

各指標が，ある対称操作に対応する変換行列の trace であることは既に述べた。一般的な指標表において，k 番目の既約表現における p 番目の対称操作に対応するマトリックスを $\Gamma_k(p)$ とすると，$\Gamma_k(p)$ は行列で記述される。$\Gamma_k(p)$ の次元を l_k としたとき，一般的に次のように書き下せる。

$$\Gamma_k(p) = \begin{pmatrix} \Gamma_k(p)_{11} & \Gamma_k(p)_{12} & \cdots\cdots & \Gamma_k(p)_{1l_k} \\ \Gamma_k(p)_{21} & \cdots\cdots & & \cdots\cdots \\ \cdots\cdots & & & \cdots\cdots \\ \Gamma_k(p)_{l_k 1} & \cdots\cdots & & \Gamma_k(p)_{l_k l_k} \end{pmatrix}$$

ここで，k は1から κ （κ はその群の既約表現の数）の値をとり，p は1から h （h はその群の位数）の値をとる。指標も指標表もベクトルであるから，これまでに取り扱った「直積」という概念は，「内積」に相当することがわかる。

全ての既約表現は直交しているので，指標表はユニタリ行列である（必要十分条件）と考える。ユニタリ行列 U には次のような性質がある。

(1)　$(U^T)^* = U^{-1}$
(2)　固有値は $e^{i\alpha}$ （$-\pi < \alpha < \pi$）の形をとる。実数固有値は1と -1 だけである。
(3)　固有ベクトルは全て直交している。
(4)　ユニタリ変換によって対角化できる。
(5)　行列式は $e^{i\alpha}$ （$-\pi < \alpha < \pi$）である。
(6)　ある行列がユニタリ行列であるための必要十分条件は，各行ベクトル（または列ベクトル）が直交していることである。

(7) 規格直交化したベクトルの組は，変換がユニタリであるときにのみ，線形変換後も規格直交性を保持する。

ここで h 次元のベクトル

$$\Gamma_{k,ij} = \sqrt{l_k/h}\,(\Gamma_k(1)_{ij}, \Gamma_k(2)_{ij}, \Gamma_k(3)_{ij}, \cdots\cdots, \Gamma_k(h)_{ij})$$

を定義する。l_k は k 番目の既約表現の次元であり，k 番目の既約表現にはこのようなベクトルが全部で l_k^2 個存在する（正方行列であるから）。

q 番目の対称操作が class を形成しているとき，q 番目の class に対応する変換行列の trace（対角要素の和 = q 番目の class の指標そのもの）$\chi_k(q)$ を次式で定義する。

$$\chi_k(q) = \sum_i \Gamma_k(q)_{ii}$$

この class には α_q 個のオペレーター（例えば $8C_3$ という q 番目の対称要素の係数 8 が α_q である）があったとすれば次のような新たなベクトルを定義することができる。

κ は，class でまとめたときの，その群の対称要素の数である。それに対して，h は class の数も考慮した全ての要素の数（群の位数）である。

$$\chi_k = \sqrt{1/h}\,(\sqrt{\alpha_1}\chi_k(1), \sqrt{\alpha_2}\chi_k(2), \cdots\cdots, \sqrt{\alpha_\kappa}\chi_k(\kappa))$$

これらの式を用いて，指標表の性質を厳密に表現すると次のように書くことができる。証明はより高度な教科書を参考にしてほしいが，化学の分野で群論を使用する際にはそこまで踏み入る必要はない。

(1) $\Gamma_{k,ij}$ は h 次元のベクトル空間を作っているから，$\sum_{k=1}^{\kappa} l_k^2 = h$ である。

(2) $\Gamma_{k,ij} \cdot \Gamma_{k',i'j'} = \dfrac{\sqrt{l_k l_{k'}}}{h} \sum_p \Gamma_k^*(p)_{ij} \Gamma_{k'}(p)_{i'j'} = \delta_{kk'}\delta_{ii'}\delta_{jj'}$ すなわち，大直交定理が成り立つ。

(3) 既約表現の数は class の数に等しい。すなわち，指標表は正方行列である。

(4) 既約表現の各要素に class の係数の平方根をかけて作ったベクトルどうしも直交している。

$$\chi_k \cdot \chi_{k'} = \frac{1}{h}\sum_{q=1}^{K}\alpha_q \chi_k^*(q)\chi_{k'}(q) = \delta_{kk'}$$

あるいは，class の各要素を個別に考慮して（この場合，$\alpha_q = 1$ で和は，$p=1$ から位数 h までとなる），

$$\chi_k \cdot \chi_{k'} = \frac{1}{h}\sum_{p=1}^{h}\chi_k^*(p)\chi_{k'}(p) = \delta_{kk'}$$

(5) χ をこの群の可約表現であるとし，χ が a_k 個の既約表現 χ_k を含んだものであるとすれば，一般的に

$$\chi = \sum_k a_k \chi_k$$

である。このとき，

$$a_k = \chi \cdot \chi_k = \frac{1}{h}\sum_{q=1}^{K}\alpha_q \chi(q)\chi_k(q)$$

あるいは，(4)と同様に class の各要素を個別に考慮して，

$$a_k = \chi \cdot \chi_k = \frac{1}{h}\sum_{p=1}^{h}\chi(p)\chi_k(p)$$

以上の関係を C_{3v} 群を例にして説明すると次のようになる。

C_{3v} 群の E 既約表現を，trace としてではなく「もともとの」2 次元行列で表したものを下に示す。1 次元表現における [1] や [−1] は，それぞれが 1 次元表現の行列であることを強調して表しただけである。

C_{3v}	E	C_3	C_3^2	σ_v	σ_v'	σ_v''
A_1	[1]	[1]	[1]	[1]	[1]	[1]
A_2	[1]	[1]	[1]	[−1]	[−1]	[−1]
E	$\begin{pmatrix} 1 & 0 \\ 0 & 1 \end{pmatrix}$	$\begin{pmatrix} -1/2 & \sqrt{3}/2 \\ -\sqrt{3}/2 & -1/2 \end{pmatrix}$	$\begin{pmatrix} -1/2 & -\sqrt{3}/2 \\ \sqrt{3}/2 & -1/2 \end{pmatrix}$	$\begin{pmatrix} -1 & 0 \\ 0 & 1 \end{pmatrix}$	$\begin{pmatrix} 1/2 & -\sqrt{3}/2 \\ -\sqrt{3}/2 & -1/2 \end{pmatrix}$	$\begin{pmatrix} 1/2 & \sqrt{3}/2 \\ \sqrt{3}/2 & -1/2 \end{pmatrix}$

上の(1)は，A_1, A_2, E の 3 つの既約表現について，各既約表現の次元の 2 乗の和がその群の位数になっていることを示している。実際，A_1, A_2, E の 3 つの既約表現の次元は 1, 1, 2 であり，それぞれの 2 乗の和は 6，すなわちこの群の位

数になっていることがわかる。

(2)は，行方向のベクトルを次のように書き下すとよくわかる。

$$\Gamma_{A_1} = \frac{1}{\sqrt{6}}(1,1,1,1,1,1)$$

$$\Gamma_{A_2} = \frac{1}{\sqrt{6}}(1,1,1,-1,-1,-1)$$

$$\Gamma_{E_{11}} = \sqrt{\frac{2}{6}}\left(1,-\frac{1}{2},-\frac{1}{2},-1,\frac{1}{2},\frac{1}{2}\right)$$

$$\Gamma_{E_{12}} = \sqrt{\frac{2}{6}}\left(0,\frac{\sqrt{3}}{2},-\frac{\sqrt{3}}{2},0,-\frac{\sqrt{3}}{2},\frac{\sqrt{3}}{2}\right)$$

$$\Gamma_{E_{21}} = \sqrt{\frac{2}{6}}\left(0,-\frac{\sqrt{3}}{2},\frac{\sqrt{3}}{2},0,-\frac{\sqrt{3}}{2},\frac{\sqrt{3}}{2}\right)$$

$$\Gamma_{E_{22}} = \sqrt{\frac{2}{6}}\left(1,-\frac{1}{2},-\frac{1}{2},1,-\frac{1}{2},-\frac{1}{2}\right)$$

これらのベクトルが互いに直交していることは容易に確認できる。

(3) C_{3v} の指標表では，既約表現は A_1, A_2, E の3個である。一方，対称操作（要素）を class で表すと $E, 2C_3, 3\sigma_v$ の3個であり，C_{3v} の指標表は class で表現すれば 3×3 の正方行列である。

(4) C_{3v} の指標表を class で表現すると次のようなものになる。

C_{3v}	E	$2C_3$	$3\sigma_v$
A_1	1	1	1
A_2	1	1	-1
E	2	-1	0

従って，

$$\chi_{A_1} = \frac{1}{\sqrt{6}}(1,\sqrt{2},\sqrt{3})$$

$$\chi_{A_2} = \frac{1}{\sqrt{6}}(1,\sqrt{2},-\sqrt{3})$$

$$\chi_E = \frac{1}{\sqrt{6}}(2,-\sqrt{2},0)$$

であり，これらも全て直交していることがわかる。

なお，class でまとめない場合を考えると

$$\chi_{A_1} = \frac{1}{\sqrt{6}}(1,1,1,1,1,1)$$

$$\chi_{A_2} = \frac{1}{\sqrt{6}}(1,1,1,-1,-1,-1)$$

$$\chi_E = \frac{1}{\sqrt{6}}(2,-1,-1,0,0,0)$$

でやはり直交している。

(5)は可約表現を既約表現の和として表したときの関係式である。この関係を用いて簡約する方法は既に学んだ。

以上，C_{3v} の指標表を例にして群論に関わる数学的な記述について説明したが，完全な証明はより専門的な教科書を参照して頂きたい。

第3章
錯体の対称性によって変化する軌道の帰属

3-1 Kugel 群とその部分群

　この章では，遷移金属錯体の軌道の帰属を例にとって，群論に関係する議論を少し深めてみたいと思う。最初に部分群（subgroup）の概念を説明する。ある群の部分群の指標表は，元の群の指標表の一部（厳密には，元の群の位数の約数と同じ数の対称要素を有する群）になっている。すなわち，一般的に，任意の2つの群の指標表を眺めたときに，位数が小さな方の群の対称要素が，位数の大きな群の対称要素の一部を形成しているようなときには，位数の小さい方の群を位数の大きい方の群の部分群とよぶわけである。数学的に厳密に考えるよりも，具体的な例でその関係を眺めて，直感的に理解する方が本書の目的にはふさわしい。

　例えば，D_2 群と C_i 群は，ともに D_{2h} 群の部分群である。D_2 群と C_i 群の指標表は次のようなものである。

D_2	E	$C_2(z)$	$C_2(y)$	$C_2(x)$
A_1	1	1	1	1
B_1	1	1	−1	−1
B_2	1	−1	1	−1
B_3	1	−1	−1	1

C_i	E	i
A_g	1	1
A_u	1	−1

　これらと，D_{2h} 群の指標表を見比べると，上の2つの群の指標表をそれぞれ

かけ合わせたものになっていることがよくわかる。正確には「D_{2h} 群は D_2 群と C_i 群の直積になっている」という表現を用いる。ここで使用した直積という用語は，正確には，ある群の全ての対称操作ともう1つの群の全ての対称操作の積を取るという意味である。

D_{2h}	E	$C_2(z)$	$C_2(y)$	$C_2(x)$	i	$\sigma(xy)$	$\sigma(xz)$	$\sigma(yz)$
A_g	1	1	1	1	1	1	1	1
B_{1g}	1	1	−1	−1	1	1	−1	−1
B_{2g}	1	−1	1	−1	1	−1	1	−1
B_{3g}	1	−1	−1	1	1	−1	−1	1
A_u	1	1	1	1	−1	−1	−1	−1
B_{1u}	1	1	−1	−1	−1	−1	1	1
B_{2u}	1	−1	1	−1	−1	1	−1	1
B_{3u}	1	−1	−1	1	−1	1	1	−1

もちろん，E のみを対称要素とする群（C_1 群）は，全ての群の部分群であることは言うまでもない。上の例では，D_{2h} 群は D_2 群と C_i 群に一意的に分解することができる。このようにしてできる部分群は正規部分群（invariant subgroup）とよばれている（数学的な概念については付録 A-3 参照）。

部分群の概念を用いると，構造変化（対称性の低下）に伴う金属錯体の軌道分裂の様子と帰属を定性的に記述することが可能になる。そのためには，最も対称性が高く，無限の対称要素／操作を有する球対称の点群から，徐々にその対称性を低下させて（いくつかの対称操作を取り去って），現実の金属錯体の構造に変えていくという操作を行う。

球対称の点群は全ての対称群の親玉みたいなものであり，全ての点群はその部分群になっていることが理解されるであろう。このような球対称の群は Kugel 群（Kugel Gruppe）とよばれており，K_h という記号で表される（K_h 群は全ての対称要素／操作を保有する群である）。K_h 群の対称要素中の対称面／点を全て取り去り，全ての回転操作のみを対称操作として有する部分群（K 群）を作ったとき，K 群は純粋回転群である。K_h，K いずれの群においても，軌道の完全なセットがその群の既約表現に対応している。従って，E 操作に対して

s 軌道は完全対称な 1 次元の表現（対称操作の E 変換において指標 1），p 軌道は 3 次元（= 3 重縮重），d 軌道は 5 次元（= 5 重縮重）の表現になっている。

各軌道の，K_h/K 群における各対称要素に対応する指標は次のように定義される。

角度 ω ラジアンの回転に対して，指標 χ(ω) は，

$$\chi(\omega) = \frac{\sin\left(l+\frac{1}{2}\right)\omega}{\sin\left(\frac{\omega}{2}\right)}$$

で表現する。l は軌道角運動量量子数（方位量子数：s 軌道では $l=0$，p では $l=1$，d では $l=2$，……）である。反転（i）に対する指標は l を用いて，

$$\chi(i) = \pm(2l+1) = \pm\chi(E) = (-1)^l \chi(E)$$

で表される。ただし χ(E) は $2l+1$ であり，軌道の縮重度（E 操作に対応する要素）を表す。鏡映に対する指標は

$$\chi(\sigma) = \pm\sin(l+1/2)\pi = (-1)^l \chi(C_2)$$

である。この定義に従って，Kugel 群のターム（項）に関する指標表の一部を示すと次のようになる。この場合の項とは，軌道角運動量量子数（0, 1, 2, ……）に対応して定義される s, p, d, …… などの表現である。

K_h	l	E	C_4	C_2	C_3	i	σ
s	0	1	1	1	1	1	1
p	1	3	1	−1	0	−3	1
d	2	5	−1	1	−1	5	1
f	3	7	−1	−1	1	−7	1
g	4	9	1	1	0	9	1

前述のとおり，全ての群は K_h 群の部分群であり，全ての回転部分群は K 群の部分群である。多電子系では，1 電子系の角運動量量子数 l, s の代わりに L ($=\sum|l|$)，S ($=\sum s$) を用いて表すが，K 群の部分群である O 群（O_h 群から対称面などを取り除いた純粋回転部分群）に対して，K_h 群の指標表の中から O 群の対称要素に対応する指標のみを抽出して，次のようなターム（項）に関する指標表を作ることができる。

O 群の項に関する指標表は以下のようなものである。右端の既約表現あるいはその和は，L に対応する軌道の組を表している。O_h 群の分子ではそれぞれ s, d 軌道ならば g (gerade) を，p, f 軌道であれば u (ungerade) を付ければ良い。

Term (項)	L	E $(2L+1)$	$6C_4$	$3C_2 = (C_4{}^2)$	$8C_3$	$6C_2$	
S	0	1	1	1	1	1	A_1
P	1	3	1	−1	0	−1	T_1
D	2	5	−1	1	−1	1	$E+T_2$
F	3	7	−1	−1	1	−1	$A_2+T_1+T_2$
G	4	9	1	1	0	1	$A_1+E+T_1+T_2$
H	5	11	1	−1	−1	−1	$E+2T_1+T_2$
I	6	13	−1	1	1	1	$A_1+A_2+E+T_1+2T_2$

この表の A, E, T の表記は O 群の「l」に対する表記と一致している。すなわち，s 軌道→ S 項→A_1，p 軌道→ P 項→T_1（p_x, p_y, p_z），d 軌道→ D 項→ $E+T_2$（E: $d_{z^2}, d_{x^2-y^2}$, T_2: d_{xy}, d_{yz}, d_{xz}），f 軌道→ F 項→$A_2+T_1+T_2$ などである。

例えば，D_{3d} 群における d 軌道分裂の様子は，A, T, E のうち，どのような記号で表されるだろうか。下に D_3 群（これももちろん K 群ならびに O 群の部分群である）の指標表を示す。

D_3	E	$2C_3$	$3C_2$			
A_1	1	1	1		x^2+y^2, z^2	$x(x^2-3y^2)$
A_2	1	1	−1	z, R_z		$z^3, y(3x^2-y^2)$
E	2	−1	0	$(x,y)(R_x,R_y)$	$(x^2-y^2, xy)(yz, xz)$	$(xz^2, yz^2)(xyz, z(x^2-y^2))$

この指標表から，d 軌道は $(d_{x^2-y^2}$ と $d_{xy})(d_{yz}$ と $d_{xz})$ が E 表現であり $(2×E)$，d_{z^2} のみが A_1 表現という，A_1+2E という 3 つの異なるレベル（それぞれ，1 重，2 重，および 2 重縮重状態にある）に分かれていることがわかるが，指標表のこのような情報は，次のような操作で得ることができる。

O 群の項に関する表から，D 項（$L=2$）の指標のうち D_3 群の対称要素（E,

C_3, C_2) に対応する指標だけを抜き出すと次のようになる（もちろん、O 群は K_h/K 群の部分群であるから、K_h/K 群の項に関する指標表から抽出しても同じである）。

D_3	E	$2C_3$	$3C_2$	$h=6$
$D(L=2)$	5	-1	1	

D_3 群に属する分子では d 軌道はどのように分裂するかを知りたければ、(5, -1, 1) という可約表現ベクトルの中に、D_3 群の既約表現がそれぞれ何個含まれているかを求めれば良いことになる。下のようにそれぞれの直積をとって、

$A_1 = (1,1,1)$ との直積から $5-2+3=6$ ∴ A_1 が 1 回
$A_2 = (1,1,-1)$ との直積から $5-2-3=0$ ∴ A_2 が 0 回
$E = (2,-1,0)$ との直積から $10+2-0=12$ ∴ E が 2 回

すなわち、5 個の d 軌道は A_1+2E になっていることがわかる。もちろん、軌道の分裂と多重度を求めているのであるから、小文字で a_1+2e と書くのが正しい。a_1 表記は全対称の d_{z^2} 軌道であることは自明である。ほかの 2 つずつのセットの軌道は、分子の対称性から（$d_{x^2-y^2}$ と d_{xy}）と（d_{yz} と d_{xz}）の組であることは明らかである。ここまでは、d 軌道の分裂の様子のみを考えて来たが、もちろん中心金属イオンにおける全ての軌道（周囲の配位子によって作られる群軌道も同じ）の帰属も同様に求めることができる。

3-2　正 8 面体型錯体よりも低対称な錯体における d 軌道分裂

次に、同様の手法を用いて、錯体が O_h 構造から、他のより低対称な構造に構造変化したとき、それぞれの既約表現がどのように変化していくのかを示す相関表を作ってみる。このような場合、直接 O_h 群を考えなくても、その部分群である O 群について検討し、必要に応じて g (gerade) または u (ungerade) の記号を付加することによって、より対称性の高い群の表現に変換することが

できる。

例えば、O 群に属する錯体が D_4 群に構造変化したとき、次のようにしてその相関関係を知ることができる。O 群の指標表は次のようなものである。

O	E	$8C_3$	$3C_2$	$6C_4$	$6C_2'$	$h=24$		
A_1	1	1	1	1	1			$x^2+y^2+z^2$
A_2	1	1	1	-1	-1			
E	2	-1	2	0	0			$(3z^2-r^2, x^2-y^2)$
T_1	3	0	-1	1	-1	(T_x,T_y,T_z)	(R_x,R_y,R_z)	(x,y,z)
T_2	3	0	-1	-1	1			(xy,yz,xz)

D_4 群の指標表は次のようなものである。

D_4	E	$2C_4$	$C_2(z)$	$2C_2'(x,y)$	$2C_2''$	$h=8$
A_1	1	1	1	1	1	
A_2	1	1	1	-1	-1	
B_1	1	-1	1	1	-1	
B_2	1	-1	1	-1	1	
E	2	0	-2	0	0	

O 群の指標表の中から、D_4 群の対称要素に対応する指標のみを書き出して部分群の指標表を作る。

O/D_4	E	C_4	2つで$3C_2$		$6C_2'$	$h=5$
			$C_2(z)$	$C_2(x,y)$	C_2	
						D_4 群の表現
A_1	1	1	1	1	1	A_1
A_2	1	-1	1	1	-1	B_1
E	2	0	2	2	0	A_1+B_1
T_1	3	1	-1	-1	-1	$E+A_2$
T_2	3	-1	-1	-1	1	$E+B_2$

上の表の一番左端には O 群における既約表現が、右端のカラムには、それに対応する D_4 群における既約表現が示してある。この一番右のカラムに書かれた表現は次のようにして求める。

指標表を見比べると，O 群における A_1 表現は D_4 群でも A_1 である。O 群における A_2 表現は D_4 群の指標表では B_1 である。O 群における T_1 表現のベクトル $(3,1,-1,-1,-1)$ は，D_4 群の指標表における既約表現を用いて $E+A_2=(2,0,-2,0,0)+(1,1,1,-1,-1)$ になっていることが一目瞭然である。

その結果，O 群に属する構造であった金属錯体における中心金属イオンの軌道は，D_4 群に構造変化したときに，次の表にまとめたような変化（軌道対称性の変化や多重度の解消）が起こる。

O 群 →	D_4 群
A_1	A_1
A_2	B_1
E	A_1+B_1
T_1	$E+A_2$
T_2	$E+B_2$

もう2つ同様の例を考えてみよう。D_3 群や D_5 群に構造変化した場合には，d 軌道はどのような帰属になるであろうか。D_3 群と D_5 群の指標表はそれぞれ次のようなものである。

D_3	E	$2C_3$	$3C_2$
A_1	1	1	1
A_2	1	1	-1
E	2	-1	0

D_5	E	$2C_5$	$2C_5^2$	$5C_2$
A_1	1	1	1	1
A_2	1	1	1	-1
E_1	2	$2\cos 72°$	$2\cos 144°$	0
E_2	2	$2\cos 144°$	$2\cos 72°$	0

O 群の指標表の中から各群において O 群と共通する対称要素に対応する指標のみを取り出して記述すると，それぞれ次のような指標表ができる。各表の左端の既約表現には O 群の既約表現が記述してある。

D_3 群に対して,

O/D_3	E	$2C_3$	$3C_2$
A_1	1	1	1
A_2	1	1	-1
E	2	-1	0
T_1	3	0	-1
T_2	3	0	1

D_5 群に対して,

O/D_5	E	$5C_2$
A_1	1	1
A_2	1	-1
E	2	0
T_1	3	-1
T_2	3	1

D 群の C_2 という対称要素は,主軸に直交する2回回転軸であることを思い起こそう。すなわち,D 群における C_2 軸は O 群の2つの C_2 対称要素のうち $6C_2'$ に対応する。

新しく作ったこれら指標表の既約表現を,もとの D_3 あるいは D_5 群の指標表と見比べて,D_3 あるいは D_5 群の既約表現で表せば次のような変換表ができ上がることが理解できる。ただし,D_5 群における E_1 と E_2 の既約表現は変換表における指標が同じになっているので,ともに E としてある。

O 群の既約表現	D_3 群の既約表現	D_5 群の既約表現
A_1	A_1	A_1
A_2	A_2	A_2
E	E	E
T_1	$E+A_2$	$E+A_2$
T_2	$E+A_1$	$E+A_1$

同様の考察を,他の群との関係についても行うことにより,O 群に属する配位構造から,他の配位構造に変わるときの,軌道分裂の変化を知ることができ

る。これをまとめると，次のような相関表になる。gやuは，反転対称性のある群について付ければ良い。このような表を知っていれば，様々な構造の錯体について，中心金属イオン（周りの配位子の作る群軌道と言い換えても同じ）の軌道の組み合わせが一目瞭然である。金属錯体のd軌道分裂の様子については，O_h群のE_gとT_{2g}がそれぞれ別の群（幾何構造）でどのように変換されるかを横に見ていくことで確認できることがわかる。

O_h構造およびその他の幾何構造における各タームの相関表

O_h	O	T_d	D_{4h}	C_{4v}	C_{2v}	D_3	D_{2d}
A_{1g}	A_1	A_1	A_{1g}	A_1	A_1	A_1	A_1
A_{2g}	A_2	A_2	B_{1g}	B_1	A_2	A_2	B_1
E_g	E	E	$A_{1g}+B_{1g}$	A_1+B_1	A_1+A_2	E	A_1+B_1
T_{1g}	T_1	T_1	$A_{2g}+E_g$	A_2+E	$A_2+B_1+B_2$	A_2+E	A_2+E
T_{2g}	T_2	T_2	$B_{2g}+E_g$	B_2+E	$A_1+B_1+B_2$	A_1+E	B_2+E
A_{1u}	A_1	A_2	A_{1u}	A_2	A_2	A_1	B_1
A_{2u}	A_2	A_1	B_{1u}	B_2	A_1	A_2	A_1
E_u	E	E	$A_{1u}+B_{1u}$	A_2+B_2	A_1+A_2	E	A_1+B_1
T_{1u}	T_1	T_2	$A_{2u}+E_u$	A_1+E	$A_1+B_1+B_2$	A_2+E	B_2+E
T_{2u}	T_2	T_1	$B_{2u}+E_u$	B_1+E	$A_2+B_1+B_2$	A_1+E	A_2+E

最後に，次ページのO群とO_h群の指標表を見比べて，その関係がどのようになっているか，味わって頂きたい。

O_h群の指標表において，太線で囲まれた4つの区分のうち，左上と左下は，O群の指標表と全く同一であることがわかる。O_h群から，対称面を取り去った純粋回転群であるO群では，O_h群の対称要素のうち右半分がない。もちろん，その結果uとgの区別もないので，かなり単純な指標表になっている。このような関係は，もとの群とその中からいくつかの対称要素を取り去った部分群の間に，一般的に見られる関係である。

O_h 群の指標表

O_h	E	$8C_3$	$6C_4$	$3C_2$	$6C_2'$	i	$8S_6$	$6S_4$	$3\sigma_h$	$6\sigma_d$	$h=48$	
A_{1g}	1	1	1	1	1	1	1	1	1	1	$x^2+y^2+z^2$	
A_{2g}	1	1	-1	1	-1	1	1	-1	1	-1		
E_g	2	-1	0	2	0	2	-1	0	2	0	$(3z^2-r^2, x^2-y^2)$	
T_{1g}	3	0	1	-1	-1	3	0	1	-1	-1	(R_x, R_y, R_z)	
T_{2g}	3	0	-1	-1	1	3	0	-1	-1	1	(xy, yz, xz)	
A_{1u}	1	1	1	1	1	-1	-1	-1	-1	-1		
A_{2u}	1	1	-1	1	-1	-1	-1	1	-1	1		
E_u	2	-1	0	2	0	-2	1	0	-2	0		
T_{1u}	3	0	1	-1	-1	-3	0	-1	1	1	$(T_x, T_y, T_z)(x, y, z)$	
T_{2u}	3	0	-1	-1	1	-3	0	1	1	-1		

O 群の指標表

O	E	$8C_3$	$6C_4$	$3C_2$	$6C_2'$	$h=24$	
A_1	1	1	1	1	1		$x^2+y^2+z^2$
A_2	1	1	-1	1	-1		
E	2	-1	0	2	0		$(3z^2-r^2, x^2-y^2)$
T_1	3	0	1	-1	-1	$(T_x, T_y, T_z)(R_x, R_y, R_z)$	(x, y, z)
T_2	3	0	-1	-1	1		(xy, yz, xz)

　この章では，群論に基づいて，「d 軌道の分裂の様子は錯体の対称性の低下とともにどのように変化するか」という書き方で話を進めて来た。

　群論は，「量子力学的世界観に基づく無機化学」を理解する上で最も重要で，しかも基礎となる考え方を提供する。しかし，一般的な無機化学の教科書では難しい論理を省いたために，裏に潜む論理体系を丁寧に説明しない限り，記述された結果を丸暗記するしかないように構成されている。残念なことに，最近の日本の大学では化学群論に関する授業は少なく，無機化学を専門としない教員が「無機化学を教科書どおりに教える」ことによって，「無機化学は記憶の学問」という印象を学生に与えてしまうため，学問の空洞化を引き起こしている。

第Ⅱ部

構造とスペクトル

第 4 章
群論と分子の振動

　この章では，分子の振動と振動分光法における選択則がどのように群論と結びついて議論されるのかについて簡単に説明する。分子の基準振動モードが，6 章と 10 章で記述する「化学構造論／化学反応論」と深く関わるため，ここで簡単に取り上げてみた。赤外分光法ならびにラマン分光法に関するより詳細な記述は，専門書を参考にして頂きたい。

4-1　基準振動

　多原子分子において起こる振動はランダムな方向に見えるが，一般に 3 次元座標を用いて表現し，いくつかの単振動（調和振動）の組み合わせとみなすことが可能である。これらの単振動を基準振動（normal mode vibration）と称している。基準振動の数は直線状 n 原子分子で $3n-5$ 個，非直線状分子で $3n-6$ 個ある。その理由は，n 個の原子からなる分子では，構成原子のそれぞれが 3 次元運動するので $3n$ 個の振動モードがありうる。非直線状分子では，$3n$ 個のうちの 3 個が並進モードの運動に対応し，3 個が回転モードである。従って，$3n-6$ 個の基準振動モードがあることになる。一方，直線状分子では，回転モードが 1 つ減るので $3n-5$ 個の基準振動が存在することになる。

4-2　赤外分光法とラマン分光法

赤外分光法は光エネルギーの吸収（光の振動に伴う双極子遷移）による励起現象であるから，なじみの深い「光の吸収による電子遷移」と基本的に同じ考え方である．一方，ラマン（Raman）分光法は散乱スペクトルの観測であり，本質的に考え方が違う．

赤外分光法の原理

調和振動子に対して $u=(1/2)kq^2$ が成り立つことは高校の物理で学んだ．ここで u は振動のエネルギー，q は振動の変位を表す座標，k は force constant（バネ定数あるいは力の定数とよばれる）である．

質量 m_1 と m_2 の2つの原子が結合した分子では，振動の波動関数を Ψ として波動方程式は次のようになる．

$$-\frac{\hbar^2}{2\mu}\frac{d^2\Psi}{dq^2}+\left(\frac{1}{2}kq^2\right)\Psi=E\Psi$$

ただし，μ は換算質量 $\left(\dfrac{1}{\mu}=\dfrac{1}{m_1}+\dfrac{1}{m_2}\right)$ である．この方程式の解は

$$E_v=h\nu\left(v+\frac{1}{2}\right) \qquad v:0,1,2,3,\cdots\text{（振動の量子数）}$$

$$\nu=\frac{1}{2\pi}\sqrt{\frac{k}{\mu}}$$

$$\Psi_v=\frac{(\alpha/\pi)^{1/4}}{\sqrt{2v!}}e^{-\alpha q^2/2}H_v(\sqrt{\alpha}q)$$

$\alpha=2\pi\sqrt{\mu k/h}$，$H_v(\sqrt{\alpha}q)$ は次式で表されるエルミート多項式である．

$$H_v(x)=(-1)^n e^{x^2}[d^n e^{-x^2}/dx^n]$$
$$=\sum_{r=0}^{n/2}\left[(-1)^r n!\Big/ r!\left(n-\frac{r}{2}\right)!\right](2x)^{n-2r}$$

例えば，$E_0=\dfrac{1}{2}h\nu$ であり，$\Psi_0=(\alpha/\pi)^{1/4}e^{-\alpha q^2/2}$ なる偶関数である．

ラマン分光法の原理

電場の強さ E を伴う振動数 ν の光を考える。

$$E = E_0 \cos(2\pi\nu t) \qquad E_0:振幅$$

ある2原子分子があって,それが光照射を受けた時に誘起される双極子モーメント P は

$$P = \alpha E = \alpha E_0 \cos(2\pi\nu t) \qquad \alpha:分極率 \qquad (1)$$

で表される。このとき2原子分子が振動していたとすると,振動数 ν_1 で振動する原子の座標の変位 q は

$$q = q_0 \cos(2\pi\nu_1 t) \qquad q_0:振動の振幅 \qquad (2)$$

で表される。

また,小さな変位の振動では α は変位 q に対して線形になると考えられるので,

$$\alpha = \alpha_0 + \left(\frac{\partial \alpha}{\partial q}\right)_0 q \qquad (3)$$

と近似される。ここで α_0 は平衡核位置における分極率であり, $\left(\frac{\partial \alpha}{\partial q}\right)_0$ は q の変化に伴う分極率の変化である。

(1)〜(3)を合わせて

$$\begin{aligned}P &= \alpha E_0 \cos(2\pi\nu t) \\ &= \alpha_0 E_0 \cos(2\pi\nu t) + \left(\frac{\partial \alpha}{\partial q}\right)_0 q_0 E_0 \cos(2\pi\nu t)\cos(2\pi\nu_1 t) \\ &= \alpha_0 E_0 \cos(2\pi\nu t) + \frac{1}{2}\left(\frac{\partial \alpha}{\partial q}\right)_0 q_0 E_0 [\cos\{2\pi(\nu+\nu_1)t\} + \cos\{2\pi(\nu-\nu_1)t\}]\end{aligned}$$

最後の式の第1項は,入射光と同じ振動数の光の散乱に対応しており,レイリー散乱(Rayleigh scattering)項とよばれている。一方,第2項は入射光と振動数にして ν_1 だけ(正と負で)異なる2種類の光の散乱を示しており,これがラマン散乱を表す項である。照射光より振動数の小さい散乱線をストークス線(Stokes line)とよび,振動数の大きい散乱線をアンチストークス線(anti-Stokes line)とよぶ。

ラマン散乱の観測

通常ラマン（normal Raman）分光では励起光は，対象とする分子が吸収しない領域の強力な単色光（振動数 ν_0）を照射して観測する。一方，共鳴ラマン（resonance Raman）分光とは，励起光が対象とする分子の電子吸収帯にあるものを使う方法である。また，光子が一度分子に吸収されてから，そののちに発光するときには蛍光ラマン（fluorescence Raman）散乱とよばれる。共鳴ラマン散乱と蛍光ラマン散乱の原理にほとんど違いはないが，観測されるスペクトルには違いがある。その違いをまとめてみると，

共鳴ラマン散乱の特徴
・一部の観測線は偏光している。
・観測線はブロードになりがちである。
・シグナルは小さい。

蛍光ラマン散乱の特徴
・全ての観測線は偏光が解けている。
・観測線はシャープである。
・シグナル強度は比較的大きい。

共鳴ラマンスペクトルを観測すると，照射光の波長の両側にストークス線とアンチストークス線が観測される。長波長側に観測されるストークス線の方が強度が大きいので，一般的にはストークス線のみを記録する。

赤外活性ならびにラマン活性に関する選択則

赤外分光では，吸収スペクトルは基底状態から励起状態への双極子遷移に対応するので，遷移双極子モーメントがゼロでない値の遷移のみが許容される。$\mu_{0\to1} = \langle \Psi_1 | \mu_0^{x,y,z} | \Psi_0 \rangle$ なので，$-e \int \Psi_1^* (x \text{ or } y \text{ or } z) \Psi_0 d\tau \neq 0$ でなくてはならない。しかし，先に述べたように，振動の基底状態の波動関数 Ψ_0 は偶関数であり，あらゆる点群において全対称である。このことは励起状態の波動関数 Ψ_1^* と x または y または z の積が全対称でない限り遷移双極子モーメントがゼロになることを意味している。一方，振動励起の各モードは，後述するように，

その分子が属する点群によって決まっており,従って励起先の波動関数もいくつかの基準振動モードに対応する波動関数として記述される。それらの波動関数の対称性は基準振動モードの対称性と同一であるから,観測される基準振動モード（赤外活性の振動モード）は,各点群における x, y, z 軸と同じ既約表現を有するものだけが許容されることになる。このことは,同じ既約表現に帰属されるベクトルどうしの直積の性質から容易に理解することができる。

例えば CH_4 分子（T_d 群に属する）の基準振動モードは A_1+E+2T_2 であることが知られている（この結果については後に考察する）。ところが,T_d 群において,x, y, または z と同じ既約表現に属するモードは T_2 のみである。従って,メタン分子の基準振動モードのうち,実際に観測されるのは T_2 モードだけであることが説明できる。

ラマン分光では分子の分極率 α の変化が観測要因となる。これは,照射光の電場によって分極率の変化が起こることに起因するためである。

分極 $P=\alpha E$ であるから,$P_x=\alpha_x E_x$, $P_y=\alpha_y E_y$, $P_z=\alpha_z E_z$ と表せそうであるが,分子の分極の方向は,外部電場 E と必ずしも一致しないことが知られており,このような単純な関係は成立しない。これは,化学結合の方向が分子の分極の方向に影響を与えるためであると考えられている。一般的に分極は次式のような複雑な関係によって記述される。

$$\begin{pmatrix} P_x \\ P_y \\ P_z \end{pmatrix} = \begin{pmatrix} \alpha_{xx} & \alpha_{xy} & \alpha_{xz} \\ \alpha_{yx} & \alpha_{yy} & \alpha_{yz} \\ \alpha_{zx} & \alpha_{zy} & \alpha_{zz} \end{pmatrix} \begin{pmatrix} E_x \\ E_y \\ E_z \end{pmatrix}$$

右辺の 3×3 行列は分極率テンソル（polarizability tensor）とよばれており,通常ラマン散乱ではこのテンソルは対称的で $\alpha_{xy}=\alpha_{yx}$, $\alpha_{xz}=\alpha_{zx}$, $\alpha_{yz}=\alpha_{zy}$ となるが,共鳴ラマン散乱ではそうならないことが知られている。

いずれにしても,選択則は次式がゼロでない値を有するかどうかで判断される。

$$\mu_{0\rightarrow 1} = \langle \Psi_1 | \alpha | \Psi_0 \rangle$$

分極率テンソル α が,座標軸 x, y, z に関して 2 次の関数で与えられるこ

とから，赤外分光の場合と同様に，基準振動モードのうち，座標軸に関して2次の成分（xy, yz, xz, z^2, x^2, y^2 など）と同じ既約表現に属する振動モードだけがラマン活性となり，観測される。

4-3　分子の基準振動モードの解析

　ある分子の基準振動モードが，その分子の構造と密接な関わりがあることは容易に想像できる。NMR法やX線回折法がポピュラーな分析手段でなかった時代には，赤外分光法とラマン分光法は分子の構造を決定するための最も有力な手段の1つであった。現在でも，これらの分光法が，結晶化が困難な分子の構造決定に重要な役割を果たしていることは言うまでもない。

　この節では，群論に基づいて分子の基準振動の解析を行う方法について解説する。既に学んだ指標表の読み方や，意味を復習しながら読んで頂きたい。ここで用いる最も重要な性質は，「多次元の対称操作や既約表現の指標は，その操作または表現を表すマトリックスのtraceである」ということである。基準振動モードの解析では，次のような手順で作業を進める。

(1)　分子（イオン）の属する点群を見極める。
(2)　分子（イオン）を構成する各原子（n個）に番号を付し，それぞれの原子に3次元座標を割り振る。
(3)　指標表の各対称操作によって，それぞれの原子の座標がどこに移るかを書き出し，$3n \times 3n$ マトリックスを作る。
(4)　それぞれの対称操作についてできる $3n \times 3n$ マトリックスの各traceがその分子（イオン）の振動モードの指標になる。もちろん，E操作のマトリックスは対角行列であり，そのtrace（指標）は $3n$ になっている。このようにしてできた振動モードのベクトルは可約表現である。
(5)　得られた振動モードのベクトルを既約表現の和として表し，その中から，並進と回転のモードに対応する既約表現を減じれば，その分子（イオ

ン）の基準振動モードが全て得られる。

水分子を例にして，実際に基準振動を調べてみよう。まず，水分子を構成する各原子に，C_{2v} 群における主軸（z）と x, y 軸を割り振る。

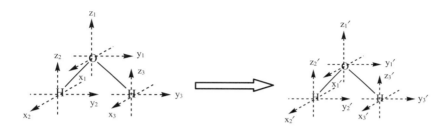

この座標に基づいて C_{2v} 群の各対称操作に対応する指標（＝マトリックスの trace）を求めれば良い。このときに，次のような表を作ってみるとわかりやすい。各対称操作によって，もともとの座標（x_1, y_1, z_1, x_2, y_2, z_2, x_3, y_3, z_3）がどのように変換されるかという表を作るわけである。

E 操作では，各原子のもともとの座標は保持される。従って，次のような表（変換による行列）ができるので，この操作による指標は，その trace の 9 である。

E	x_1	y_1	z_1	x_2	y_2	z_2	x_3	y_3	z_3
x_1'	1	0	0	0	0	0	0	0	0
y_1'	0	1	0	0	0	0	0	0	0
z_1'	0	0	1	0	0	0	0	0	0
x_2'	0	0	0	1	0	0	0	0	0
y_2'	0	0	0	0	1	0	0	0	0
z_2'	0	0	0	0	0	1	0	0	0
x_3'	0	0	0	0	0	0	1	0	0
y_3'	0	0	0	0	0	0	0	1	0
z_3'	0	0	0	0	0	0	0	0	1

この 9 という値は，3 個の原子がそれぞれ 3 次元の振動をしているときの，全

ての場合の数である。

次に，C_2 操作による変換の様子を表にしてみる。

C_2	x_1	y_1	z_1	x_2	y_2	z_2	x_3	y_3	z_3
x_1'	-1	0	0	0	0	0	0	0	0
y_1'	0	-1	0	0	0	0	0	0	0
z_1'	0	0	1	0	0	0	0	0	0
x_2'	0	0	0	0	0	0	-1	0	0
y_2'	0	0	0	0	0	0	0	-1	0
z_2'	0	0	0	0	0	0	0	0	1
x_3'	0	0	0	-1	0	0	0	0	0
y_3'	0	0	0	0	-1	0	0	0	0
z_3'	0	0	0	0	0	1	0	0	0

例えば，酸素原子の x_1 座標は C_2 操作で $-x_1$ に，水素原子の y_2 座標は C_2 操作で $-y_3$ に変換されるわけである。この表からわかるように，2 つの水素原子はお互いに位置を入れ替えるので，対角成分からはずれる。その結果，C_2 操作に対する指標は対角成分の和の -1 であることがわかる。同様に，σ_{xz} と σ_{yz} による座標の変換に関する表を作ると次のようになる。

σ_{xz}	x_1	y_1	z_1	x_2	y_2	z_2	x_3	y_3	z_3
x_1'	1	0	0						
y_1'	0	-1	0		0			0	
z_1'	0	0	1						
x_2'							1	0	0
y_2'		0			0		0	-1	0
z_2'							0	0	1
x_3'				1	0	0			
y_3'		0		0	-1	0		0	
z_3'				0	0	1			

σ_{yz}	x_1	y_1	z_1	x_2	y_2	z_2	x_3	y_3	z_3
x_1'	-1	0	0						
y_1'	0	1	0		0			0	
z_1'	0	0	1						
x_2'				-1	0	0			
y_2'		0		0	1	0		0	
z_2'				0	0	1			
x_3'							-1	0	0
y_3'		0			0		0	1	0
z_3'							0	0	1

その結果，水分子の振動について，次のようなベクトルが得られる。それぞれの要素は，上で求めた各行列の trace である。

E	C_2	σ_{xz}	σ_{yz}
9	-1	1	3

このベクトル（可約表現）を，C_{2v}群における既約表現の和に分解すれば，水分子の基準振動を求めることができる。そのためには，既に学んだように，各既約表現に対応する既約ベクトルとの直積から判断すれば良い。この $(9, -1, 1, 3)$ というベクトルは，$3A_1+A_2+2B_1+3B_2$ である。ところが，C_{2v}群の指標表から，A_2モードの1つと，B_1モードの1つ，そしてB_2モードの1つは分子の回転R_x, R_y, R_zに対応しており，A_1モードの1つと，B_1モードの1つ，そしてB_2モードの1つは分子の並進モードに対応していることがわかる。すなわち，9個の全モード（$3A_1+A_2+2B_1+3B_2$）から，これら6個のモードを差し引いた残りの3つのモードが，水分子の基準振動モードということになる。つまり，$2A_1+B_2$が水分子の基準振動になっている。このうち，B_2モードは，水素原子の解離過程に関係する「非対称伸縮モード」であることは容易に予想できる。残りの2つの振動モードは，A_1表現であり全対称であることから，対称伸縮と偏角モードに対応することが理解される。参考のために，次にC_{2v}群の指標表を示す。

C_{2v}	E	C_2	σ_v	σ_v'		$h=4$
A_1	1	1	1	1	T_z	z, z^2, x^2, y^2
A_2	1	1	-1	-1	R_z	xy
B_1	1	-1	1	-1	T_y, R_x	y, yz
B_2	1	-1	-1	1	T_x, R_y	x, xz

　次に，少し取り扱いの難しい対称性の分子の基準振動モードを求めてみよう。ここで扱うのは C_{3v} 群に属するクロロメタン CH_3Cl である。主軸は炭素原子と塩素原子を串刺しにする C_3 軸である。水分子で考えた時と同様に，3つの水素原子に番号を振り，5つの原子それぞれに，x，y，z軸を考える。各対称操作によって変換された後の座標は，x′，y′，z′と表すことにする。

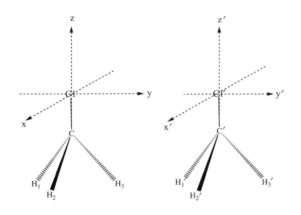

　z軸周りに $\alpha°$ 回転する操作の対角成分（diagonal element）が，x軸とy軸に対して $\cos\alpha$ の値になることは以前に述べた。C_2 操作ではこの値が $\cos 180° = -1$ となるが，C_3 操作では，変換行列の対角成分は $-1/2$ になる。このことに気をつけて各対称操作に対応する変換後の行列を作り，その trace を求める。どの変換後の行列も 15×15 マトリックスになることは，5個の原子がそれぞれ3次元の振動をすることから容易に理解できる。E 操作は恒等変換であるから，このマトリックスは対角成分のみが全て1の対角行列になってい

る。従って，その trace は 15 である。

C_3 操作に対応する変換行列は次のように考える。Cl 原子は，120°の回転でも位置は変わらない。しかし，x と y の座標軸はそれぞれ 120°回転しており，その大きさは x′ と y′ 軸に対して -1/2 の写像として変換される。また，それぞれは，y′ ならびに x′ 軸に対して sin120°（= $\sqrt{3}/2$）および -sin120°の写像を与える。一方 z 軸はそのまま保持され，x′ と y′ 方向に写像を作らない。その結果，次に示す変換表の左上の 3×3 マトリックスが得られる。

炭素原子も塩素原子と全く同じ 3×3 マトリックスを与えることは自明である。

一方，120°の回転を反時計回りとすれば，H_1 は H_2 に，H_2 は H_3 に，H_3 は H_1 にそれぞれ位置が変わる。注意深く観察すれば，変換された後には，元の x と y の座標軸はそれぞれ 120°回転しており，z 軸の方向のみ保持されていることがわかる。すなわち，Cl に対して得られた 3×3 マトリックスは，位置を変えて対応する水素原子の 3×3 マトリックスになることがわかる。

この様子をすべて表に示すと，次のような変換マトリックスが得られる。

C_3	Cl_x	Cl_y	Cl_z	C_x	C_y	C_z	H_{x1}	H_{y1}	H_{z1}	H_{x2}	H_{y2}	H_{z2}	H_{x3}	H_{y3}	H_{z3}
Cl_x'	-1/2	-$\sqrt{3}/2$	0	0	0	0	0	0	0	0	0	0	0	0	0
Cl_y'	$\sqrt{3}/2$	-1/2	0	0	0	0	0	0	0	0	0	0	0	0	0
Cl_z'	0	0	1	0	0	0	0	0	0	0	0	0	0	0	0
C_x'	0	0	0	-1/2	-$\sqrt{3}/2$	0	0	0	0	0	0	0	0	0	0
C_y'	0	0	0	$\sqrt{3}/2$	-1/2	0	0	0	0	0	0	0	0	0	0
C_z'	0	0	0	0	0	1	0	0	0	0	0	0	0	0	0
H_{x1}'	0	0	0	0	0	0	0	0	0	0	0	0	-1/2	-$\sqrt{3}/2$	0
H_{y1}'	0	0	0	0	0	0	0	0	0	0	0	0	$\sqrt{3}/2$	-1/2	0
H_{z1}'	0	0	0	0	0	0	0	0	0	0	0	0	0	0	1
H_{x2}'	0	0	0	0	0	0	-1/2	-$\sqrt{3}/2$	0	0	0	0	0	0	0
H_{y2}'	0	0	0	0	0	0	$\sqrt{3}/2$	-1/2	0	0	0	0	0	0	0
H_{z2}'	0	0	0	0	0	0	0	0	1	0	0	0	0	0	0
H_{x3}'	0	0	0	0	0	0	0	0	0	-1/2	-$\sqrt{3}/2$	0	0	0	0
H_{y3}'	0	0	0	0	0	0	0	0	0	$\sqrt{3}/2$	-1/2	0	0	0	0
H_{z3}'	0	0	0	0	0	0	0	0	0	0	0	1	0	0	0

実際には，このような変換マトリックスの対角成分のみが必要なのであるから，オフダイアゴナルな（対角成分ではない）成分ははじめから考える必要さえないのである。

具体的には，着目する対称操作によって，原子の位置が元の位置から動いてしまう原子については，変換後のマトリックス上ではオフダイアゴナルになるので，考慮する必要さえないと考えれば，この作業は極めて簡単になる。実際，クロロメタンに対する C_3 対称操作では，炭素原子と塩素原子だけが対角成分を与えるので，C_3 変換操作の指標は $[-1/2+(-1/2)+1]+[-1/2+(-1/2)+1]$ $=0$ なのである。

同様に，オフダイアゴナルな成分を無視して，σ_v 操作に対応する変換表を考える。例えば Cl–C–H$_2$ 原子を含む面に対する写像操作を考えると，面外の2つの水素原子（H$_1$ と H$_3$）に対する3×3マトリックスはオフダイアゴナルな位置に来るから考慮する必要はないことになる。さらに，Cl，C，H 原子については，いずれも同じ3×3マトリックスを与え，しかもそのなかでも対角成分のみを知れば，変換後のマトリックスにおける trace を計算するには十分なのである。例えば，C 原子では，この σ_v 操作で，z 軸は不変（要素は 1），x 軸も不変（要素は 1），y 軸のみ反転（要素は -1）であるから，これらの和がtrace になる（$1+1-1=1$）。このような trace が3つの原子に対して現れるので，σ_v の変換マトリックスの指標は $3×1=3$ ということが容易にわかる。面を120°ずらして考えても同様であるから，別の2つの σ_v 面についても，この指標の値は変わらないことが良くわかる（ただし，x，y，z の座標は，臨機応変に入れ替えて考えること）。すなわち，このクラスの操作は確かに3つとも同じなのである。

以上の結果，次のような基準振動を与えるベクトル表現が得られる。

E	$2C_3$	$3\sigma_v$
15	0	3

これを C_{3v} における既約表現の和に分解すると，$4A_1+A_2+5E$ ということがわかる。C_{3v} の指標表を見ると，これらのうち A_1 の1つが z 軸方向の並進モード，A_2 の1つが z 軸周りの回転モード，E のうちの2つが (T_x, T_y) ならびに (R_x, R_y) の縮重モードであるから，これらを差し引いて，CH$_3$Cl 分子の基準振

動モードは全部で $3A_1+3E$ ということがわかる。

　つぎに，これらの基準振動モードが，どのような形の振動として現れるか考えてみよう。ここまでは分子内の各原子の座標を直交座標（symmetry coordinate）で表して考えて来たが，実際の分子内の振動は，化学結合の方向（分子内座標, internal coordinate）と関連しているはずであり，この2つの座標間の関係を調べないといけないことがわかる。

　指標表から得られる情報に関する記述（第2章）で，アンモニア分子における3つの水素原子の作る群軌道を取り扱ったが，その時の関数形を思い出して頂きたい。3つの水素原子上のs軌道を表す波動関数をそれぞれ a, b, c と表すと，直交する3つの群軌道は次のように1つの A_1 表現の軌道と，2つの E 表現の軌道で表すことができた。

$$A_1 : \frac{1}{\sqrt{3}}(a+b+c)$$

$$E : \frac{1}{\sqrt{6}}(2a-b-c)$$

$$E : \frac{1}{\sqrt{2}}(b-c)$$

　実は，分子内座標における振動成分は，次の図に示すように，これらの関数型と同様の表現を有すると考えることもできるのである。

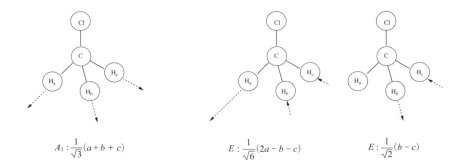

　この図で，矢印は振動の方向と大きさを示している。このように，群軌道と

分子内振動モードの関係は，「既約表現が同じものどうしは一対一に対応している」と理解することができる。

A_1 に帰属される基準振動モードは，全対称の C-H/C-Cl 振動のモードであり，E に帰属される基準振動モードは非対称伸縮や，偏角成分を含む振動モードに対応すると考えることができる。直交座標と分子内座標との関係は座標変換によって得られるので，A_1+E の基準振動モードの組み合わせは，C-H 振動（ν_{C-H}）や，H-C-H ならびに Cl-C-H の偏角振動（δ_{H-C-H} と δ_{Cl-C-H} で表す）を生むことが理解できる。ここで，ν と δ で表現された振動モードは「分子内座標」で表現された振動モードである。巻末の付録 C に各点群における基準振動モードをまとめておいたので参考にして頂きたい。

4-4 分子内座標に基づく分析法と基準振動の表記

ここまでで記述した直交座標系（直交関数）に基づく分子振動の分析法（分子全体法 whole-molecule method とよばれている）では，基準振動モードを視覚化して表すことは難しいことがある。それに対して，分子内座標（直交系ではなく分子内の結合軸方向と結合軸間の角度で分子を表記する）を用いた場合には，振動モードの視覚化が容易になることが多い。ただし，分子内座標は必ずしも全ての座標が直交しておらず，しかも結合軸と角度が空間内のベクトルとして必ずしも 1 次独立ではないことが多いので，注意が必要である。

例えば，平面四角形型構造の金属錯体の各結合間の角度は 4 個定義できるが，実際にはそのうちの 3 個のみが 1 次独立であり，3 個の角度が決まれば残りの 1 個の角度は一意的に決まってしまう。このような場合には解析の結果現れる振動モードの 1 つが無効であることもあるが，それらは比較的簡単に識別できることが多い。

また，分子内座標による解析では中心原子の動きは固定して考えるため，各原子の振動方向の組み合わせによっては，それだけでは分子の重心がずれてしまうことがある。このような場合には適宜中心原子を移動させて，分子の重心

のずれを相殺させなくてはならない（中心原子の動く方向は配位原子の動きに応じて一意的に決まる）。

このように，分子内座標を用いた分析を行えば，最終的には中心原子の動きも含めた全ての基準振動モードを視覚化できる。

ここではアンモニア分子の分子振動モードを分子内座標に基づいて求めてみよう。

右図のように分子内座標として$\Delta r_1 \sim \Delta r_3$，$\theta_1 \sim \theta_3$を定義する。それぞれに対して正の値は伸びるあるいは大きくなることを意味するものとする。

まず正攻法によって$\Delta r_1 \sim \Delta r_3$が$C_{3v}$群の各操作でどのように変換されるかについての指標の組（ベクトル）を得る（この操作によって振動モードの帰属がわかる）。この場合，これまでの方法と同様に，操作によって位置が変わってしまうものはオフダイアゴナル（非対角要素）になるので指標としてはゼロになる点に注意する。

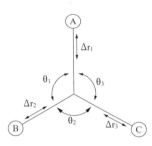

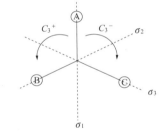

E	C_3^+	C_3^-	σ_1	σ_2	σ_3
3	0	0	1	1	1

E（何もしない）では3個のΔrは方向も含めて全て保持されるので指標は3である。C_3操作では全てのΔrが位置を変えるので指標は0になるが，σ_1操作ではΔr_1のみ保持されるので指標は1になる……というふうになっている。この指標ベクトルはC_{3v}群の指標表を用いて，既約表現の和A_1+Eと表されることがわかる。

C_{3v}	E	$2C_3$	$3\sigma_v$	$h=6$
A_1	1	1	1	z, z^2, x^2+y^2
A_2	1	1	-1	
E	2	-1	0	$(xy, x^2-y^2)(x,y)(xz,yz)$

これらの基準振動が，どのような分子の変形をもたらすものかを知るためには，各既約表現に対する $\Delta r_1 \sim \Delta r_3$ の写像（プロジェクション）を検討すれば良い。専門的には「プロジェクションオペレーターを用いる」と表現するのだが，この方法は分子軌道を求める際に用いた方法と同じである（プロジェクションオペレーターとその使い方については付録 A-1 参照）。

例えば Δr_1 が各操作でどの位置に移動するかを表すベクトルを考える。

E	C_3^+	C_3^-	σ_1	σ_2	σ_3
Δr_1	Δr_2	Δr_3	Δr_1	Δr_3	Δr_2

このベクトルの既約表現 A_1 へのプロジェクションは，直積をもとめることによって $2(\Delta r_1 + \Delta r_2 + \Delta r_3)$ と求められる（ここでは煩雑さを防ぐために規格化は行わない）。つまり，A_1 に帰属される基準振動モードは $2(\Delta r_1 + \Delta r_2 + \Delta r_3)$ となる。

A_1 モードは右図のように描けるが，このとき，分子の重心の位置を保持するために，窒素原子を上の方に動かす振動を付け加えておく必要がある。もちろん全ての矢印を各結合が縮む方向に描いても良い。同様にして既約表現 E に帰属される振動モードは，$2\Delta r_1 - \Delta r_2 - \Delta r_3$ となることがわかる（右図参照）。

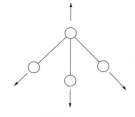

Δr に関する A_1 モード

次に角度 θ の変化がどのように分子の変形（振動）に関係するかを考えてみる。この場合も Δr の場合と同様に，まず $\theta_1 \sim \theta_3$ が C_{3v} 群の各操作でどのように変換されるか（保持されるか）についての指標の組（ベ

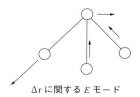

Δr に関する E モード

クトル）を得た後，それを既約表現に分解することによってどのような振動モードがあるのかを知る。結果は $\Delta r_1 \sim \Delta r_3$ の場合と同様である。

E	C_3^+	C_3^-	σ_1	σ_2	σ_3
3	0	0	1	1	1

従って，θ についても，既約表現は A_1+E と表されることがわかる。これらについて，各既約表現に対するプロジェクションを調べることによって，振動の様子を知ることができる。θ_1 の対称操作に関するベクトルは次のようなものである。

E	C_3^+	C_3^-	σ_1	σ_2	σ_3
θ_1	θ_2	θ_3	θ_3	θ_2	θ_1

従って A_1 表現は $2(\theta_1+\theta_2+\theta_3)$ であり，E 表現は $2\theta_1-\theta_2-\theta_3$ となる。例えば A_1 基準振動は右図のように表せば良いが，この時も分子の重心の移動がないように適宜中心の窒素原子を移動させる方向の振動を書き加えておく必要がある。Δr と θ に関するもう1つの E モードは，分子軌道を求めた際と同

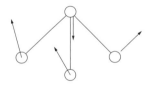

$\Delta\theta$ に関する A_1 モード

様にして，このようにして得られる3個のベクトルから直交するベクトルの組を2つ抽出すれば良い。

　これらのモードは全て赤外ならびにラマン活性であるが，縮重があるので全ての吸収帯が観測されるわけではない。

　次に D_{4h} 型配置における基準振動を分子内座標で求めてみよう。

　座標軸を次ページの図のように取り，C_4 軸を中心原子 M から紙面垂直な手前方向に取ると，各 C_2' と C_2'' 軸は図内に表示したようになる。この図では慣例にしたがって $\Delta r_1 \sim \Delta r_4$ と $\theta_1 \sim \theta_4$ は反時計回りに割り振ってある。σ_v 面は C_2'

軸とz軸を含む面であり，σ_d面はC_2''軸とz軸を含む面として表されている。

対応するD_{4h}群の指標表を下に示す。各対称操作に対応する振動に関する指標は，先に述べたように，例えば全てのΔrが各対称操作でどのように移動するかを調べることによって，保持されるΔr（伸縮の方向も含めて）の数から容易に知ることができる。別の結

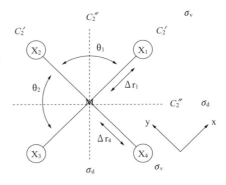

合の位置に移動する場合にはオフダイアゴナル（非対角要素）になるのでtraceとしては残らないため指標はゼロになる。

D_{4h}	E	$2C_4$	C_2	$2C_2'$	$2C_2''$	i	$2S_4$	σ_h	$2\sigma_v$	$2\sigma_d$	
A_{1g}	1	1	1	1	1	1	1	1	1	1	z^2, x^2+y^2
A_{2g}	1	1	1	−1	−1	1	1	1	−1	−1	
B_{1g}	1	−1	1	1	−1	1	−1	1	1	−1	x^2-y^2
B_{2g}	1	−1	1	−1	1	1	−1	1	−1	1	xy
E_g	2	0	−2	0	0	2	0	−2	0	0	(xz, yz)
A_{1u}	1	1	1	1	1	−1	−1	−1	−1	−1	
A_{2u}	1	1	1	−1	−1	−1	−1	−1	1	1	z
B_{1u}	1	−1	1	1	−1	−1	1	−1	−1	1	
B_{2u}	1	−1	1	−1	1	−1	1	−1	1	−1	
E_u	2	0	−2	0	0	−2	0	2	0	0	(x, y)

E	$2C_4$	C_2	$2C_2'$	$2C_2''$	i	$2S_4$	σ_h	$2\sigma_v$	$2\sigma_d$
4	0	0	2	0	0	0	4	2	0

その結果，Δrに関して，振動モードは$A_{1g}+B_{1g}+E_u$ということになる。実際の振動を描くためには，Δr_1の各既約表現（ベクトル）に対するプロジェクションを得なくてはならない。Δr_1は各対称操作によって次のように位置を変える。

E	C_4^+	C_4^-	C_2	C_2'	C_2'	C_2''	C_2''	i	S_4^+	S_4^-	σ_h	σ_v	σ_v	σ_d	σ_d
Δr_1	Δr_2	Δr_4	Δr_3	Δr_1	Δr_3	Δr_4	Δr_2	Δr_3	Δr_2	Δr_4	Δr_1	Δr_1	Δr_3	Δr_4	Δr_2

各既約表現ベクトルに対するプロジェクションを求めて，

A_{1g} モードは $N(\Delta r_1 + \Delta r_2 + \Delta r_3 + \Delta r_4)$

B_{1g} モードは $N(\Delta r_1 + \Delta r_3 - \Delta r_2 - \Delta r_4)$

E_u モードは $N(\Delta r_1 - \Delta r_3)$ と $N(\Delta r_2 - \Delta r_4)$

である。これらはいずれも規格化因子は N で表してある。A_{1g} モードと B_{1g} モードの基準振動は右図のように描くことができる。E_u モードも同様に描ける。

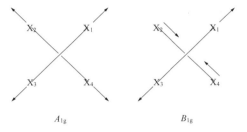

次に角度 θ に関して，Δr の場合と同様に振動モードを求める。保持される角度 θ（角度の変化の方向も含めて）の数を指標にして，以下のベクトルを得る。

E	$2C_4$	C_2	$2C_2'$	$2C_2''$	i	$2S_4$	σ_h	$2\sigma_v$	$2\sigma_d$
4	0	0	0	2	0	0	4	0	2

このベクトルを既約表現にすると，$A_{1g} + B_{2g} + E_u$ になる。ただし平面構造を保つ限り，4つの θ は1次独立ではない。これらのモードのうち，A_{1g} モードは明らかにこの条件から逸脱する（360度を超えてしまう）。このように，中心角をパラメータにすると3個の角度を規定すれば4個目の角度はそれに従属する形で決まってしまうので注意が必要である。

各対称操作に対する θ_1 の位置の変化を表にすると次のようになる。

E	C_4^+	C_4^-	C_2	C_2'	C_2'	C_2''	C_2''	i	S_4^+	S_4^-	σ_h	σ_v	σ_v	σ_d	σ_d
θ_1	θ_2	θ_4	θ_3	θ_4	θ_2	θ_1	θ_3	θ_3	θ_2	θ_4	θ_1	θ_2	θ_4	θ_3	θ_1

各既約表現ベクトルに対するプロジェクションを求めて，

B_{2g} は $N(\theta_1+\theta_3-\theta_2-\theta_4)$

E_u は $N(\theta_1-\theta_3)$ と $N(\theta_2-\theta_4)$

これらはいずれも規格化因子は N で表してある。

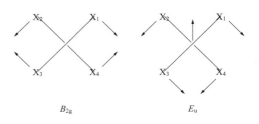

D_{4h} 構造の化合物には，結合長と結合角に関係する振動の他に，面外への振動モードが存在する。$X_1 \sim X_4$ 原子の紙面より上への移動を+で，紙面より下への移動を-で表すとする。中心の M 原子はカウントしなくても良い。なぜなら，4 個の X の動きに対して重心が移動しないように M を移動させれば良いからである。

まず最初に $X_1 \sim X_4$ の紙面より上向き（+）の動きに関して，各対称操作において保持される原子の数（と方向）を表すベクトルを求め，全ての振動モードを求めておく。

E	$2C_4$	C_2	$2C_2'$	$2C_2''$	i	$2S_4$	σ_h	$2\sigma_v$	$2\sigma_d$
4	0	0	-2	0	0	0	-4	2	0

この場合，例えば C_2' 操作の指標が-2になるのは，この操作によって 2 個の X の面外振動方向が反転するからである。このベクトルを既約表現に直すと $A_{2u}+B_{2u}+E_g$ である。

$X_1 \sim X_4$ について紙面より上方向の移動を+として表すとき，各対称操作によって X_1+ がどのように移動するかをベクトルで表すと

E	C_4^+	C_4^-	C_2	C_2'	C_2'	C_2''	C_2''	i	S_4^+	S_4^-	σ_h	σ_v	σ_v	σ_d	σ_d
X_1+	X_2+	X_4+	X_3+	X_1-	X_3-	X_4-	X_2-	X_3-	X_2-	X_4-	X_1-	X_1+	X_3+	X_4+	X_2+

このベクトルの各既約表現ベクトルに対するプロジェクションから

A_{2u} は N｛$(X_1+)+(X_2+)+(X_3+)+(X_4+)$｝
B_{2u} は N｛$(X_1+)+(X_2-)+(X_3+)+(X_4-)$｝
E_g は N［｛$(X_1+)-(X_1-)$｝-｛$(X_3+)-(X_3-)$｝］と
　　　N［｛$(X_2+)-(X_2-)$｝-｛$(X_4+)-(X_4-)$｝］

これらの面外振動は右図のように描くことができる。もちろん，分子の重心が移動しないように中心原子 M は適宜動かしてある。なお，E_g は式の形をみればわかるように，例えば1つ目はX_1とX_3とが同じ大

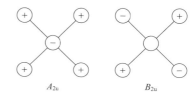

きさで逆向きに移動する形（X_2とX_4は動かない）になっている。これは面外振動モードにはならず，回転モードとなる。

　まとめると，D_{4h}群の分子の全基準振動モードは$A_{1g}+B_{1g}+B_{2g}+A_{2u}+B_{2u}+2E_u$の9（=3×5-6）モードとなる。そのうち，$A_{1g}+B_{1g}+E_u$モードは対称／非対称伸縮モードであり，$B_{2g}$と$E_u$モードは偏角振動モード，$A_{2u}$と$B_{2u}$は面外振動モードである。冗長なモードとして現れる偏角モードのA_{1g}（Mの周りの角度の和が360度を超える）と回転モードのE_g（X_2-M-X_4／X_1-M-X_3を軸とする分子回転モード）は直ちに除外できることが理解できる。

　この章で記述した分子振動モードは，第6章で記述する分子の構造を決定する物理学的理論と密接に関係している。例えば今見たA_{2u}モードはC_{4v}構造への変形モードであり，B_{2u}モードはD_{2d}〜T_d構造への変形モードである。適当な軌道間カップリングがあれば，2次のヤーン-テラー効果によってD_{4h}分子はこれらの構造に変形する。

　なお，D_{4h}群の指標表を用いて分子振動モードを確認する際には，C_2'とC_2''軸の定義（位置）に気をつける必要がある。またσ_vとσ_dの位置（特にC_2'とC_2''軸との関係）を間違えると基準振動の既約表現の帰属を間違えてしまう。指標表のx^2-y^2とxyに対応する既約表現の，各対称操作に対応する指標を確認しておけば間違えることはない。

第5章
遷移金属錯体の d-d 吸収スペクトル

　この章では，一般的な無機化学の教科書の記述の裏側にある，多電子系 (many electron system) の記述法と遷移金属に特有の d-d 吸収スペクトルの帰属について概説する。もちろん第Ⅰ部で学んだ群論の基礎知識が役に立つ。

　d 電子が n 個存在する金属錯体に可能なエネルギー状態を検討する際には，それぞれの電子のスピンがどのような方向を向いているのか（合成スピン角運動量 (spin angular momentum)：電子スピンの和）と，それぞれの電子がどの軌道に入っているのか（合成軌道角運動量 (orbital angular momentum)：磁気量子数の和）の両方を考慮しなければいけない（磁気量子数とは，軌道角運動量の z 軸方向の成分であったことを思い出そう）。この章では，はじめに遷移金属あるいはそのイオンが配位子場のない状態（自由イオンという）に置かれたときを想定して議論を進め，そのあとで，配位子場の存在によって受ける効果を考察する。遷移金属元素の d 電子について議論する場合，その内側の電子殻の電子は「遮蔽」効果として寄与するのみであるから，本章ではその寄与について取り扱うことはしない。

　複数個の電子が存在する多電子系では，電子スピンの組み合わせと軌道の占有の仕方によっていくつかの微視的状態 (microstate) を取ることが可能である。例えば，3d 軌道に 3 個の電子をつめるときの場合の数は 120 通りある。すなわち，120 個の微視的状態があるのだが，この中でエネルギーが異なるものは 8 組だけである。120 という値は次のようにして求める。1 つ 1 つの d 軌道は，それぞれ上下 2 通りのスピンのつまり方を許容するので，10 通りの異なるつまり方のサイトがあると考えられる。従って，5 個の d 軌道に n 個の電

子をつめる方法は $_{10}C_n = 10!/n!h!$（h はホールの数：すなわち $10-n$）通りある。このことは，d^7 電子配置は d^3 電子配置と同じ数だけ微視的状態を有することを表している。d^3 電子配置において識別されるエネルギーの異なる 8 個の組を，それぞれ項（term）（スペクトル項：spectral term）とよんでいる。項については次節以降で詳しく説明する。

5-1 多電子系の合成スピン角運動量と合成軌道角運動量

n 個の電子が，どのような方向を向いた（上 = +1/2 または下 = -1/2 向きのスピン）組み合わせで軌道を占有しているか（とりあえずどの軌道かは，問わない）を表す方法として，「スピン多重度」という概念がある。スピン多重度とは，上向きスピンと下向きスピンがそれぞれ何個ずつあるかによって定義される。すなわち，+1/2 と -1/2 のスピンの総和を S（合成スピン角運動量）とするとき，スピン多重度は $2S+1$ であるという。なぜ，$2S+1$ になるかというと，この状態が $-S$ から $+S$ までの，1つとびの整数値または半整数値をとりうる場合の数を与えるからである。

S の値（$2S+1$ の値）に対して，それぞれ次のようによぶので，そのよび方を覚えておかないと，他の人と話が通じなくなる。

$S =$　　　0　　1/2　　1　　3/2　　2　　5/2

　　　　singlet　doublet　triplet　quartet　quintet　sextet となる。

($2S+1 =$　　1　　2　　3　　4　　5　　6)（日本語で～重項）

1つの軌道に電子が 1 個しか入っていないときには，その入り方は上向きのスピンか下向きのスピンの 2 通りのどちらかであり doublet（二重項）とよばれる。ある 1 つの軌道に電子が 2 つ入るときには，パウリの排他原理により，スピンは上向きのものと下向きのものの 1 通りの組み合わせしかない（singlet）。singlet, doublet などの呼称は，「不対電子の数 +1」という場合の数に対応している（2 つの軌道に 2 つの電子が別々に入るときは，話がややこしくなる。付録 A-4 参照）。

合成軌道角運動量 L とは，電子がそれぞれどの磁気量子数に対応する軌道を占有しているかに対応する物理量である。合成スピン角運動量を考えた時と同様に，L の値を最大とする状態には $2L+1$ 個の微視的状態がある。従って，合成軌道角運動量 L の状態は，L より小さい値で，同じスピン状態の全ての微視的状態を含んでいる。このことは初学者には混乱を招くが，以下に示す方法を用いれば，過不足なく（重複なく）全ての状態を数え上げることができる。

5-2　遷移金属自由イオンのスペクトル項

n 個の電子を，縮重した5個のd軌道にフントの第一則と第二則を守ってつめたとき，各電子の占有している軌道の磁気量子数の総和を合成軌道角運動量とよび，L で表すことは5-1節で述べた。L の各数値に対して，次のような呼称があるので，これも記憶しておかないと，他の人と話が通じなくなる。

$L=$　0　1　2　3　4　5　6　…
　　　S　P　D　F　G　H　I　… と表す。

S, P, D, F などを，項（term）とよぶ。また，その電子のつまり方における，合成スピン角運動量 S を用いて，項（正確にはスペクトル項）は ^{2S+1}X で表す（厳密には $n^{2S+1}X$ で表し，n は主量子数を表すが，表記しないことが多い）。あるスペクトル項が ^{2S+1}F で表されるとき，この状態は $[(2S+1)\times(2\times3+1)]$ 個の相異なる微視的状態からなる多重状態であることを示している。例えば，^4F 項は28個の微視的状態を含んでいる。

余談であるが，これらの記号は S（sharp），P（principal），D（diffuse），F（fundamental）という原子の発光スペクトルの性質に由来して命名されている。むろん，s，p，d，f軌道という軌道名もこれらに由来するものである。F項のあとはアルファベット順にするという約束事にすぎない。

異なる項は，異なるエネルギー状態に対応している。本章の冒頭で，d^3 電子配置には120通りの微視的状態が存在することを記した。これらの微視的状態は8つのスペクトル項，$^4F+^4P+^2P+^2D+^2D+^2F+^2G+^2H$（これらは，確かに

28+12+6+10+10+14+18+22 = 120 の微視的状態に対応している）に分類できることがわかっている．次節で，このような項を求める方法を説明する．

5-3 spin factoring によるスペクトル項の導出法と配位子場によるスペクトル項の分裂

部分項（partial term）

d電子数のそれぞれ（0から10個）に対して，それぞれ，スピンが最もたくさん平行に入ったときに対応する占有状態から生じる項を部分項とよんでいる．これを数え上げておけば，スピンがペアになったときの組も数え上げることができることは，スピン多重度の意味を理解していれば理解できるはずである．

部分項を見つけるためには，次のようにすれば良い．d軌道が全て空のときと，半分だけ満たされたとき，全てつまっているときには，合成軌道角運動量はゼロである（$L=0$）．従って，この場合，項はSのみである．d電子が1個だけつまった状態は，フントの第二則からD（$L=2$）項である．一般的に，d軌道に限らず$s^1 \to S$, $p^1 \to P$, $d^1 \to D$, $f^1 \to F$ …という部分項を有することがわかる．このように，最大のLを有する組を部分項として数えれば，それより小さなLを有する項を数え落とすことなく，全ての項を表すことができるわけである．

d電子が2個だけつまった状態の部分項は，次のようにして得ることができる．2つの電子を同じ方向の電子スピンでバラバラにつめるとき，最大のLは3である（F項に対応する）．この状態は7個の微視的状態（$2\times3+1$）を有している．このように，5個のd軌道に平行スピンのまま2個の電子をつめる方法は${}_5C_2 = 10$通りある．従って，残りの項（10-7=3個の微視的状態を含むはず）は，Lとして1, 0, -1の3つの状態を有するP項である（$L=1$の項）．その結果，d^2配置では，部分項として$P+F$を考慮すれば良い．この様子は，次に示す spin factoring のやり方を見れば理解される．

また，完全につまった（d^{10}）状態か，半分満たされた（d^5）状態から1つ電

子を取り去った状態も，hole の数として数えれば良いから，同様に $d^4 = d^1 \to D$, $d^3 = d^2 \to P+F$, $d^5 = d^0 \to S$, $d^6 = d^1 \to D$, $d^7 = d^3 = d^2 \to P+F$, $d^8 = d^2 \to P+F$, $d^9 = d^1 \to D$ という部分項を有することが容易に理解できるであろう．下に，各軌道に電子がいくつつまっているかによって生じる部分項を表にしておく．

軌道	軌道を占有する電子(or hole)の数								
	0	1	2	3	4	5	6	7	…
s	S	S	S						
p	S	P	P	S	P	P	S		
d	S	D	$P+F$	$P+F$	D	S	D	$P+F$	…
f	S	F	$P+F+H$	$S+D+F+G+I$	$S+D+F+G+I$	$P+F+H$	F	S	…

spin factoring によるスペクトル項の求め方

それでは，具体的に d^2 配置から生じる項を全て求めてみよう．方針は次の通りである．

(1) 与えられたスピン状態に対応する「部分項」を得る．
(2) 「部分項」の積から，そのスピン状態での全ての項を算出する．
(3) 全てのスピン状態に対してこれを繰り返す．
(4) スピン多重度の小さな項で，それよりスピン多重度の大きな項と同じ L に対応するものがあれば，それは二重に数えていることになるので削除する．

上向きと下向きのスピンをそれぞれ α スピン，β スピンとして区別すれば，d^2 配置で可能なスピン状態は，$d_\alpha^2 d_\beta^0$, $d_\alpha^1 d_\beta^1$, $d_\alpha^0 d_\beta^2$ の 3 通りである．$L = L_1$ と $L = L_2$ の部分項の積は，$L_1 + L_2$ から $L_1 - L_2$ の全ての L を含むことになるので，d^2 配置では次のように項を算出する．

① $d_\alpha^2 d_\beta^0$ の配置では，d_α^2 の占有の仕方は $_5C_2 = 5!/3!2!$ で 10 通りある．これは $P+F$ に対応する（上の表で一番左の d 軌道の項目のうち，電子数 2 の状態に対応する）．一方，d_β^0 の占有法（というより電子が入らない方法）は 1 通りしかないので，部分項は S に対応する（上の表の d 軌道の項目で電子数 0 の状

態に対応する)。

　そこで，この状態は合成スピン角運動量が1であることに気をつけて次のように記述する。各項間のかけ算には分配法則が成り立ち，かけ算の記号は対応する L を足し算したものから引き算したものまですべて数え上げることを意味している。

$(P+F) \times S \cdots P$ 　$(L=1+0 \sim 1-0$ まで$)$
　　　　　F 　$(L=3+0 \sim 3-0$ まで$)$ 　　　　ともに $S=+1$

他のスピン状態についても同様に計算する。

② $d_\alpha^0 d_\beta^2$ は①と同様に

$S \times (P+F) \cdots P$ 　$(L=1+0 \sim 1-0$ まで$)$
　　　　　F 　$(L=3+0 \sim 3-0$ まで$)$ 　　　　ともに $S=+1$

③ $d_\alpha^1 d_\beta^1$ は

$D \times D \cdots G$ 　$(L=2+2)$
　　　　F 　$(L=2+1)$
　　　　D 　$(L=2\pm 0)$　　　　　　これらは全て $S=0$
　　　　P 　$(L=2-1)$
　　　　S 　$(L=2-2)$

　①と②より，d^2 状態は ^3P と ^3F を含むことがわかる。この2つの項に含まれる微視的状態の数は，$\underline{3} \times (2 \times 1+1) + \underline{3} \times (2 \times 3+1) = 9+21 = 30$ 通りである。

　一方，$d_\alpha^2 d_\beta^0$ と $d_\alpha^0 d_\beta^2$ は，合わせて20通り（$2 \times {}_5C_2$）であるはずだから，$S=0$ の項（すなわち $d_\alpha^1 d_\beta^1$ の状態から発生する項）中の $L=3$ と $L=1$ の項（つまり F 項と P 項）の中に，10個分の重複した組み合わせが含まれていることになる。これらは，$L=3$ に対応する ^1F 項と $L=1$ に対応する ^1P である[$1 \times (2 \times 3+1) + 1 \times (2 \times 1+1) = 10$ 通りが含まれている]。

　③から得られる項は，^1G, ^1F, ^1D, ^1P, ^1S であるから，この中から数え過ぎの ^1F と ^1P 項を差し引くと ^1G, ^1D, ^1S が残る。これと三重項状態の ^3P と ^3F の全てを合わせたものが，過不足なく数え上げた全ての項（^3P, ^3F, ^1G, ^1D, ^1S）と言うことになる。この例から，スピン多重度の大きいものから数えると，同じ項の，より小さいスピン多重度のものを数えすぎてしまうことに気が付く

であろう（付録 A-4 参照）。

練習のために d^3 配置のスペクトル項を求めてみよう。

スピンの組み合わせは $d_\alpha^3 d_\beta^0$, $d_\alpha^2 d_\beta^1$, $d_\alpha^1 d_\beta^2$, $d_\alpha^0 d_\beta^3$ の 4 通りあり、それぞれのスピン状態に対応する部分項は $d^0 = S$, $d^1 = D$, $d^2 = d^3 = P+F$ である。

$d_\alpha^3 d_\beta^0$ と $d_\alpha^0 d_\beta^3$ のとき

$(P+F) \times S \cdots P \quad (L = 1+0 \sim 1-0)$
$\qquad\qquad\qquad F \quad (L = 3+0 \sim 3-0)$ $\qquad S = 3/2$

$d_\alpha^2 d_\beta^1$ と $d_\alpha^1 d_\beta^2$ のとき

$(P+F) \times D \cdots H \quad (L = 3+2)$
$\qquad\qquad\qquad G \quad (L = 3+1)$
$\qquad\qquad\qquad F \quad (L = 3 \pm 0)$ ⎫ F から
$\qquad\qquad\qquad D \quad (L = 3-1)$ ⎬
$\qquad\qquad\qquad P \quad (L = 3-2)$ ⎭ $\qquad S = 1/2$
$\qquad\qquad\qquad F \quad (L = 2+1)$ ⎫
$\qquad\qquad\qquad D \quad (L = 2 \pm 0)$ ⎬ P から
$\qquad\qquad\qquad P \quad (L = 2-1)$ ⎭

よって、二重項は ^2P, ^2D, ^2F（P から）, ^2P, ^2D, ^2F, ^2G, ^2H（F から）であり、四重項は ^4P, ^4F である。二重項の中から、数えすぎている F 項と P 項を 1 つずつ取り去ると、結果として d^3 配置における全てのスペクトル項は ^4F, ^4P, ^2P, ^2D, ^2D, ^2F, ^2G, ^2H の 8 個ということがわかる。

金属自由イオンにおける項間のエネルギー差：電子間反発

ここまでの議論で、d^2 配置からは、$^1G + {^3F} + {^1D} + {^3P} + {^1S}$ という項が生じることがわかった。フントの第一則から、スピン多重度の大きい項の方がエネルギー的に安定である。また、フントの規則から、合成軌道角運動量の大きい項は合成軌道角運動量の小さい項よりもエネルギー的に安定であるため、次ページに示すような模式図を描くことができるが、以下に記述する「電子間反発」に着目すると各項の順番は若干変動する。

スピン-スピン相互作用（spin-spin coupling）と軌道-軌道相互作用（orbit-orbit coupling）は，2個以上の電子が同じ殻（shell）に入るとき，スピン間の相互作用（spin-spin coupling）と軌道の占有の仕方（orbit-orbit coupling）のそれぞれに起因して，各項でエネルギーが異なることを示している。通常これら2つの相互作用は独立して考えられ，スピン-スピン相互作用のエネルギーは軌道-軌道相互作用のエネルギーよりもかなり大きいことが知られている。同じスピン多重度でも，帰属の異なる項のエネルギーはそれぞれ異なるエネルギーに対応する（非相対論的量子論では電子スピンの概念は現れないので，軌道の占有に関わるエネルギーは独立して計算される）。しかし，電子を2個以上含む原子に関する波動方程式を厳密に解くことはできない（多体問題とよばれる）ので，多電子系の量子論では電子間反発パラメータを導入することにより，この問題を近似的に回避する。

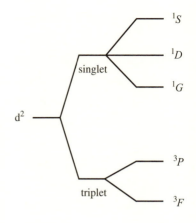

配置　　電子スピン角　軌道角運動量の
　　　　運動量のカッ　カップリング
　　　　プリング

電子間反発は，F_0, F_2, F_4 の3個のSlater-Condonパラメータあるいは，Racahの電子間反発パラメータ（A, BとCの3つのパラメータで表される）を用いて記述される。Racahのパラメータで表すと，基底項と，基底項と同じ多重度の項の間のエネルギー差がBパラメータの整数倍になる（次ページの表参照）というメリットがあるので，無機化学の世界ではRacahのパラメータを用いることが多い。Slater-CondonパラメータとRacahのB, Cパラメータの間には$B = F_2 - 5F_4$, $C = 35F_4$ の関係がある。Slater-CondonパラメータにおけるF_0は電子間反発の球対称成分の積分値を表し，F_2とF_4は電子間反発における角度成分の積分値に対応しているが，Racahのパラメータでは，もともとの意味は曖昧になっている。次ページの表に，各電子配置に対して計算された項間のエネルギー差をSlater-CondonならびにRacahのパラメータで示す。なお，

Slater-Condon パラメータの F_0 と Racah パラメータの A は,ともに全ての項で同じ大きさの寄与があるので,この表のように項間の差をとったときには相殺されて消えてしまう。

d 電子配置	2つの項	エネルギー差 Slater-Condon パラメータ	エネルギー差 Racah パラメータ
d^2, d^8	$^1S-{}^3F$	$22F_2+135F_4$	$22B+7C$
	$^1G-{}^3F$	$12F_2+10F_4$	$12B+2C$
	$^3P-{}^3F$	$15F_2-75F_4$	$15B$
	$^1D-{}^3F$	$5F_2+45F_4$	$5B+2C$
	$^1S-{}^1D$	$17F_2+90F_4$	$17B+5C$
	$^3P-{}^1D$	$10F_2-120F_4$	$10B-2C$
d^3, d^7	$^2P-{}^4F$	$9F_2+60F_4$	$9B+3C$
	$^2G-{}^4F$	$4F_2+85F_4$	$4B+3C$
	$^2H-{}^4F$	$9F_2+60F_4$	$9B+3C$
	$^4P-{}^4F$	$15F_2-75F_4$	$15B$
	$^2G-{}^2H$	$-5F_2+25F_4$	$-5B$
d^4, d^6	$^3D-{}^5D$	$16F_2+60F_4$	$16B+4C$
	$^3G-{}^5D$	$9F_2+95F_4$	$9B+4C$
	$^3H-{}^5D$	$4F_2+120F_4$	$4B+4C$
	$^3D-{}^3H$	$12F_2-60F_4$	$12B$
	$^3G-{}^3H$	$5F_2-25F_4$	$5B$
d^5	$^4G-{}^6S$	$10F_2+125F_4$	$10B+5C$
	$^4F-{}^6S$	$22F_2+135F_4$	$22B+7C$
	$^4D-{}^6S$	$17F_2+90F_4$	$17B+5C$
	$^4P-{}^6S$	$7F_2+210F_4$	$7B+7C$
	$^2I-{}^6S$	$11F_2+225F_4$	$11B+8C$
	$^2H-{}^6S$	$13F_2+285F_4$	$13B+10C$

　Racah の B, C パラメータは気相中のイオン(自由イオン)のスペクトルから実験的に求めることが可能であり,第一遷移系列の金属イオンではおおむね $B\sim1000\,\mathrm{cm}^{-1}$ 程度であり,$C\sim 4B$ 程度であることが知られている。配位子が配位することによって,電子間反発は幾分緩和されるので,B パラメータは自由イオンに対する値より小さくなる。一般的に,金属-配位原子間の共有結合

性が強くなると，金属上のd電子は結合軸方向に偏るので電子間反発は小さくなると考えられている。硫黄やリンを配位原子とする金属錯体では，RacahのBパラメータが300から400 cm^{-1}程度にまで低下したものも報告されている。

弱配位子場（weak field）における項の分裂

ここまでは，金属原子やイオンの周りに何もない状態（自由イオン）を考えたが，原子やイオンの周りに配位能力のある配位子を配置すると，ここまでで求めた項はさらに分裂する。

最初に，弱い配位子場の状態から生じるエネルギー状態（項）を考える。ここで言う「弱い」とは，例えば，V_{oct}で表される8面体配位子場のポテンシャルによる軌道の分裂（10DqあるいはΔ_o）が十分小さくて，その結果，主としてd電子間の反発がエネルギー差を生むような場合である。逆に，次節で述べるように，10Dqが十分に大きいとき（d電子間反発≪10Dq）には，各項の分裂は，電子の配置によっておおむね決まってしまう。

d^2から生じる項が，$^3F+{}^3P+{}^1G+{}^1D+{}^1S$であることを知っているとして，たとえば$^3F$項が弱い$O_h$場においてどのような分裂をするか知りたいと考える。このような場合には，正8面体場の摂動エネルギー，$\langle L_{(ML)}|V_{oct}|L_{(ML)}\rangle$を計算すれば良い（$L_{(ML)}$は，与えられた$L$と$S$に対応する波動関数である）。この方法は，かなり立ち入った計算を必要とするのでここでは述べない。付録Dに，Dqの定義と結晶場理論に関する記述を簡単に示したので，さらに深く勉強したい人は参考にしてほしい。

① ^1S項は，もともと1つの微視的状態のみ含む（$L=0$，$S=0$）ので，分裂のしようがない。従って，対応する波動関数は1個だけであるから$^1A_{1g}$となっている。ここで，A_{1g}という記号は，「状態」に対応するマリケン記号である。左肩の数字はスピン多重度に対応する。

② ^3P項は$L=1$，$S=1$なので，スピン三重項で，$L=1$を最大とする占有状態（$L=1,0,-1$）の3つの波動関数を含む。これらについて，それぞれ$\langle L_{(ML)}|V_{oct}|L_{(ML)}\rangle$を計算すると，どの波動関数に対応するエネルギーも差を生じないことが証明される。このことは，3つの波動関数は縮重して

いることを示しており，従って ^3P 項からは $^3T_{1g}(P)$ という1つのエネルギー状態しか生じない．カッコ内の P は，この項が P 項から生じていることを表すものである．

③同様に考えると，^3F 項は $^3T_{1g}+{}^3T_{2g}+{}^3A_{2g}$ という縮重度の異なる合計7個の状態を生じることを個別の計算から確認しなくてはならない．このような計算は煩雑であるから，ここでは「各状態に対応する7個の波動関数のエネルギーの計算を行うと，それぞれ3，3，1個の異なるエネルギーを有する組が得られるから」と理解しておくだけで十分であろう．実際 ^3F は，$3\times(2\times 3+1)=21$ 個の微視的状態を含んでいる．

以上のような結果をまとめると次のような図ができ上がる．

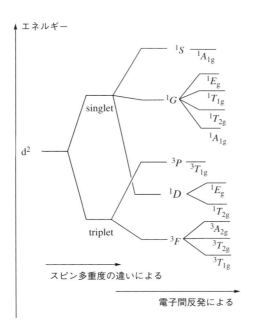

この図では，いくつかの項のエネルギーの順序がすぐ前の図と若干入れ替わっている．これは，電子間反発（パウリの排他原理に起因する電子間相互作用や交換相互作用と考えてよい）によるエネルギーを考慮したためである．

5-4 強配位子場 (strong field) における項

次に，配位子場が非常に大きくなって，「配位子場分裂によって生じたどの軌道に電子が入っているかによって項のエネルギー状態が記述できる」ようなとき（電子間反発が軌道分裂に比べて無視できる程小さいとき）を，O_h 場における d^2 配置の場合を例にして説明する。

右の図のように t_{2g}^2 の電子配置をとったとき，この状態がどのような項を生じるかは，群論を使って簡単に説明することができる。

すなわち，生じる項は t_{2g}^1 状態が 2 つある場合に対応しているので，それぞれの状態の積（直積）を求めれば良いのである。

O_h	E	$8C_3$	$6C_4$	$3C_2$	$6C_2'$	i	$8S_6$	$6S_4$	$3\sigma_h$	$6\sigma_d$	$h=48$
T_{2g}	3	0	−1	−1	1	3	0	−1	−1	1	
$T_{2g} \times T_{2g}$	9	0	1	1	1	9	0	1	1	1	

2 つの T_{2g} の直積の指標は，$A_{1g}(1,\cdots,1)$ を含む。同様にして，$T_{2g} \times T_{2g} = A_{1g}+E_g+T_{1g}+T_{2g}$ であることが容易にわかるわけである（この本で取り扱う直積は内積であるが，ここではわかりやすくするために×の記号を用いている）。

従って，それぞれの項におけるスピン多重度を a, b, c, d とすると，$^dA_{1g}+{}^cE_g+{}^bT_{1g}+{}^aT_{2g}$ に対応する数の波動関数（ミクロな状態）があるはずである。ところが，2 個の電子をスピンも含めて 3 個の軌道に入れる方法は，$_6C_2 = 6 \times 5/(1 \times 2) = 15$ 通りである。

このことは，$^dA_{1g}+{}^cE_g+{}^bT_{1g}+{}^aT_{2g}=15$ つまり d+2c+3b+3a = 15 を満たさねばならないことを意味している。これを満たす整数の組は，c = d = 1, a or b = 1 or 3 しかない。実際には，$^1A_{1g}+{}^1E_g+{}^3T_{1g}+{}^1T_{2g}$ であることが知られている（詳しくは付録 A-5 参照）。

次に，O_h 場における励起状態から生じる項を，同様に求めてみる。$t_{2g}^1 e_g^1$ 電

子配置からは，$T_{2g} \times E_g$ の直積から $2T_{1g}+2T_{2g}$ が得られる。

電子のつまり方は全部で下に示すように24通りである（この数だけ縮重した状態を含めた波動関数があると考える）。

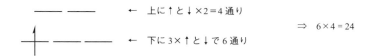

従って，$^aT_{1g}+^bT_{2g}+^cT_{1g}+^dT_{2g}=24$ 通り。すなわち，3a+3b+3c+3d=24 であるから a+b+c+d=8 となり，結果として $^3T_{1g}+^3T_{2g}+^1T_{1g}+^1T_{2g}$ であることになる。

d^2 配置の励起状態には，二光子励起状態も存在する。この状態についても，上と同様に項を求めることができる。

$e_g{}^2$ のとき，直積は $E_g \times E_g = A_{2g}+E_g+A_{1g}$ となることがわかる。

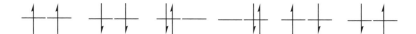

一方 $e_g{}^2$ のようなつまり方は上の6通りである。従って，$^aA_{2g}+^bE_g+^cA_{1g}=6$ つまり a+2b+c=6 であるから，a=3，b=1，c=1 となる（上の図で区別できることがおわかりだろうか）。すなわち，$e_g{}^2$ の電子配置から生じる項は $^3A_{2g}+^1E_g+^1A_{1g}$ である。

以上，強配位子場において d^2 配置から生じる全ての状態（microstate＝波動関数）の数は，弱配位子場（気相中の原子やイオンの状態も同じ）のときと同じで，15+24+6=45 通り（$_{10}C_2$），すなわち $^3F+^3P+^1D+^1G+^1S=3\times7+3\times3+1\times5+1\times9+1\times1=45$ と同じであることがわかる。O_h 場における強い配位子場の項をまとめると次ページの図のようになる。

前節で説明した弱配位子場のときの図と重ね合わせて，その相関を見ることができる。一般的に，自由原子／イオンでは，一番 L の値が大きい項が最もエネルギーが低い（フントの第二則）が，電子間反発の大きさによって，各項のエネルギーは変化する。図1は，d^2 と d^8 電子配置について，電子間反発の大きさを考慮した際のエネルギー順に，各項を並べ替えてある。

96　第II部　構造とスペクトル

```
─────  $^1A_{1g}$
─────  $^1E_g$         ─────  $e_g^2$
─────  $^3A_{2g}$


─────  $^1T_{1g}$
─────  $^1T_{2g}$      ─────  $t_{2g}^1 e_g^1$
─────  $^3T_{1g}$
─────  $^3T_{2g}$


─────  $^1A_{1g}$
─────  $^1E_g$         ─────  $t_{2g}^2$
─────  $^1T_{2g}$
─────  $^3T_{1g}$

配置から生じる項　　電子配置
```

図1を見れば, 田辺–菅野のダイヤグラムで左端に現れる項 (S, P, D, F など) と, そこから派生するエネルギー状態 (項, 既約表現) の関係が理解できるであろう。

物理的な基本原理として, 同じマリケン記号で表される項どうしをつないだ線は絶対に交差しない (avoided crossing とか非交差則 (non-crossing rule) と言われている)。このことについては, 対称性則に関する章 (第10章) で詳しく述べる。しかし, 同じマリケン記号に帰属される項どうしは, 交差しないが互いに反発して, もともと低い方の項のエネルギーはより低くなり, もともと高い方の項のエネルギーはより高くなる。これらの関係は, ちょうど2つの同じ

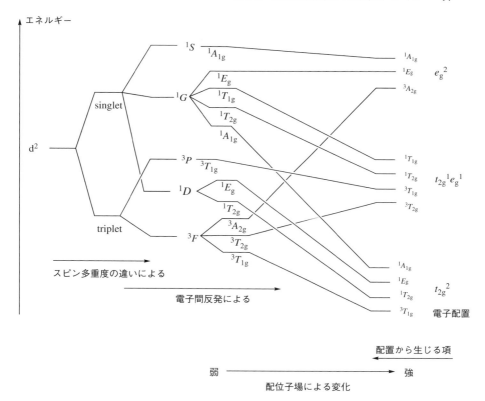

図1 正8面体の配位子場において，d^2 電子配置から生じる項

対称性の軌道どうしが相互作用して，結合性軌道と反結合性軌道を作る様子と同じである．すなわち，2つの同じ既約表現の項の間のエネルギーが近いほどこれらの項間の反発は大きくなる．このような相互作用は，「配置間相互作用（configuration interaction）」とよばれている．上の例では，^3F と ^3P の項間ではもともと $15B$ に相当する電子間反発があるが，さらに配位子場により生じた $^3T_{1g}(F)$ と $^3T_{1g}(P)$ の間にも配置間相互作用があるため，図中ではこれらの関係がわかるように（エネルギー差が大きくなるように）描かれている．配置間相互作用がなければ，各項のエネルギーは配位子場の大きさに応じて直線的に

変化することが期待されるが，Orgel ダイヤグラムや田辺-菅野のダイヤグラムで，大きな曲がりを生じている項は，別の項から生じる同じマリケン記号に帰属される状態間での配置間相互作用による反発成分を表している（曲がりの変化の様子は，それぞれの状態（項）がもともとの傾き成分を保ったままで，上下対称になっているはずである）。

5-5　中間配位子場における各状態のエネルギー

次に，錯体化学で最も重要な「中間配位子場（intermediate field）」における項のエネルギーを考える。中間配位子場における各項のエネルギーは，非常に弱い配位子場の時と同様に各状態（マリケン記号で表される項）の波動関数のエネルギーを計算して報告されている。この場合には，エネルギーは配位子場分裂 10Dq と Racah の電子間反発パラメータで表される。電子とホールの関係から，正 8 面体型錯体の d^n 配置は正 4 面体型錯体における d^{10-n} 配置の場合と同じ表現になるので，次ページの表はいずれの構造にも適用できる。

この表における同じ電子配置から生じる状態で，同じ帰属（マリケン記号）になっているものどうしは，配置間相互作用により ±（　）$^{1/2}$ の分だけずつ反発し合っていることがわかる（この様子は，配置間相互作用が 2 つの軌道の混合における非交差則と同様，2 次方程式の解（平方根を含む）で分裂が表現されることに起因している）。この表では，配置間相互作用のエネルギーは，$C=4B$ を仮定して計算されている。田辺-菅野のダイヤグラムは，このようにして求めた各状態のエネルギーについて基底状態のエネルギーとの差をとり，B で割って，その値を $10Dq/B$ に対してプロットしたものであると考えれば良い。しかし，理論値自体の定量性は良くないので，いくつかの d-d 吸収帯について検討すると，得られる 10Dq と B の値にずれが生じることが多い。一般的には，「互いにおおむね一致している」という程度で我慢すべきものである。

この表を使うと，例えば，低スピン-d^6 電子配置の Co(III) 錯体の 10Dq と B （$=C/4$）を，吸収スペクトルから見積もることができる。低スピン-d^6 電子配

電子配置	電子状態	項(状態)	エネルギー
d^2	t_2^2	$^3T_1$	$7.5B - 3Dq - 0.5(225B^2 + 100Dq^2 + 180DqB)^{1/2}$
	$t_2^1 e^1$	$^3T_2$	$2Dq$
		$^3T_1$	$7.5B - 3Dq + 0.5(225B^2 + 100Dq^2 + 180DqB)^{1/2}$
	e^2	$^3A_2$	$12Dq$
d^3	t_2^3	$^4A_2$	$-12Dq$
	$t_2^2 e^1$	$^4T_2$	$-2Dq$
		$^4T_1$	$7.5B + 3Dq - 0.5(225B^2 + 100Dq^2 + 180DqB)^{1/2}$
	$t_2^1 e^2$	$^4T_1$	$7.5B + 3Dq + 0.5(225B^2 + 100Dq^2 + 180DqB)^{1/2}$
d^4	$t_2^3 e^1$	^5E	$-6Dq$
	$t_2^2 e^2$	$^5T_2$	$4Dq$
d^5	$t_2^3 e^2$	$^6A_1$	0
d^6	t_2^6	$^1A_1$	$-24Dq + 5B + 8C - 120B^2/10Dq$
	$t_2^5 e^1$	$^1T_1$	$-14Dq + 5B + 7C - 34B^2/10Dq$
		$^1T_2$	$-14Dq + 21B + 7C + 118B^2/10Dq$
	$t_2^4 e^2$	$^5T_2$	$-4Dq$
	$t_2^3 e^3$	^5E	$6Dq$
d^7	$t_2^6 e^1$	^2E	$-18Dq + 7B + 4C - 60B^2/10Dq$
	$t_2^5 e^2$	$^4T_1$	$7.5B - 3Dq - 0.5(225B^2 + 100Dq^2 + 180DqB)^{1/2}$
	$t_2^4 e^3$	$^4T_2$	$2Dq$
		$^4T_1$	$7.5B - 3Dq - 0.5(225B^2 + 100Dq^2 + 180DqB)^{1/2}$
d^8	$t_2^6 e^2$	$^3A_2$	$-12Dq$
	$t_2^5 e^3$	$^3T_2$	$-2Dq$
		$^3T_1$	$7.5B + 3Dq - 0.5(225B^2 + 100Dq^2 - 180DqB)^{1/2}$
	$t_2^4 e^4$	$^3T_1$	$7.5B + 3Dq + 0.5(225B^2 + 100Dq^2 - 180DqB)^{1/2}$

置のCo(Ⅲ)錯体では,第一吸収帯は $^1A_{1g}$ から $^1T_{1g}$ への遷移であるから,そのエネルギーは「配置間相互作用を無視すれば」$10Dq - C$ である.同様に,第二吸収帯は $^1A_{1g}$ から $^1T_{2g}$ への遷移であるから $10Dq + 16B - C$ である.この2つの式を使って,スペクトルの2つの極大吸収波長のエネルギーから,$10Dq$,B,C の3個のパラメータを決めることができるわけである.

5-6 低対称場における半定量的取扱い

次に，錯体が正8面体構造から大きく歪んだり，6個の配位子のいくつかを他の配位子に置き換えたりして対称性が低下した場合に，どのような取扱いが可能であるかを考えてみよう。このような取扱いで，日本を代表する理論は山寺理論（Yamatera theory）であろう。この考え方は量子力学に基礎をおくものであるが，志村らはより定性的に山寺理論を解釈する方法を報告している。もともとは，Co(Ⅲ)混合配位子錯体の吸収スペクトルに適用する目的のものであるが，低スピン Fe(Ⅱ)錯体でも効果的であることがわかっている。理論に深く立ち入らなくとも，一般的傾向を（山寺則として）記述するだけで実際には十分と考えられるので，その帰結のみを記す。

山寺理論に基づく半定量的関係（山寺則）

正8面体型 $[Co^{Ⅲ}N_xO_{6-x}]$ 型錯体において，x を 0 から 6 まで変えたとき，第一吸収帯（$^1A_{1g} \rightarrow {}^1T_{1g}$）と第二吸収帯（$^1A_{1g} \rightarrow {}^1T_{2g}$）は，配位幾何構造に応じて，それぞれ分裂しながらシフトする。一般的に，窒素を配位原子とする錯体の方が，酸素を配位原子とする錯体よりも配位子場は大きいが，CoN_6 錯体と CoO_6 錯体における第一あるいは第二吸収帯のエネルギー（cm^{-1}）の差を δ とおくと，第一吸収帯では x が 1 つ変わるとおおむね 0.25δ（σ と π の両相互作用について）変化し，第二吸収帯では 0.08δ～0.25δ（σ 相互作用のみの時。π 相互作用については，この限りではない）変化するというものである。実際に合成された錯体で検討した結果，山寺則は吸収帯の微細分裂とシフトをほぼ正確に予測することがわかったが，スペクトル位置（エネルギー）の縮重度による加重平均をとると，おおむね「均等配位子場則（環境平均則ともよばれる）rule of average environment」に従って，x の 1 つの変化に従って δ/6 ずつシフトすることがわかっている。もう少し正確に記述すると，「第二吸収帯では項の分裂は識別できない程小さいので無視でき（実際は確かに山寺則に従っているが），おおむね均等配位子場則に従う。第一吸収帯では，*trans* 型配置

（x = 2, 4）と mer 型配置（x = 3）のときのみ山寺則に従って吸収帯が分裂していることは認識できるが，それ以外のxについては山寺則は正しいが，分裂としては認識し難く（山寺理論では吸収強度に関する情報はないから），吸収帯の加重平均位置は均等配位子場則に従う」ということである。このように配位原子のいくつかを置き換えた結果，対称性の低下した錯体であっても，d-d吸収スペクトルはおおむね正8面体型錯体のものと近似して考えて良いことが知られており，その平均配位子場分裂 Δ を決定することができる。その結果，xの異なる2種類の錯体についての情報が得られれば，x = 0〜6の全ての情報が厳密に（山寺理論を適用すれば）わかるのである。山寺則を半定量的に適用する場合の指針として，第一ならびに第二吸収帯の分裂に関するパラメータを表にしておく。

幾何構造	$[MO_5N_1]$	$trans$-$[MO_4N_2]$	cis-$[MO_4N_2]$	mer-$[MO_3N_3]$	fac-$[MO_3N_3]$
第一吸収帯のシフト	0	0	$\frac{1}{2}(\delta_\sigma+\delta_\pi)$	$\frac{1}{2}(\delta_\sigma+\delta_\pi)$	$\frac{1}{2}(\delta_\sigma+\delta_\pi)$
	$\frac{1}{4}(\delta_\sigma+\delta_\pi)$	$\frac{1}{2}(\delta_\sigma+\delta_\pi)$	$\frac{1}{4}(\delta_\sigma+\delta_\pi)$	$\frac{1}{4}(\delta_\sigma+\delta_\pi)$	$\frac{1}{2}(\delta_\sigma+\delta_\pi)$
	$\frac{1}{4}(\delta_\sigma+\delta_\pi)$	$\frac{1}{2}(\delta_\sigma+\delta_\pi)$	$\frac{1}{4}(\delta_\sigma+\delta_\pi)$	$\frac{3}{4}(\delta_\sigma+\delta_\pi)$	$\frac{1}{2}(\delta_\sigma+\delta_\pi)$
第二吸収帯のシフト	$\frac{1}{3}\delta_\sigma$	$\frac{2}{3}\delta_\sigma$	$\frac{1}{6}\delta_\sigma+\frac{1}{2}\delta_\pi$	$\frac{1}{2}(\delta_\sigma+\delta_\pi)$	$\frac{1}{2}(\delta_\sigma+\delta_\pi)$
	$\frac{1}{12}\delta_\sigma+\frac{1}{4}\delta_\pi$	$\frac{1}{6}\delta_\sigma+\frac{1}{2}\delta_\pi$	$\frac{5}{12}\delta_\sigma+\frac{1}{4}\delta_\pi$	$\frac{3}{4}\delta_\sigma+\frac{1}{4}\delta_\pi$	$\frac{1}{2}(\delta_\sigma+\delta_\pi)$
	$\frac{1}{12}\delta_\sigma+\frac{1}{4}\delta_\pi$	$\frac{1}{6}\delta_\sigma+\frac{1}{2}\delta_\pi$	$\frac{5}{12}\delta_\sigma+\frac{1}{4}\delta_\pi$	$\frac{1}{4}\delta_\sigma+\frac{3}{4}\delta_\pi$	$\frac{1}{2}(\delta_\sigma+\delta_\pi)$

この表では，$[MO_6]$錯体のそれぞれの吸収帯の極大位置を0とし，$[MO_6]$錯体と$[MN_6]$錯体の吸収極大エネルギーの差を δ（$=\delta_\sigma+\delta_\pi$）としている。また配位子との σ 結合性と π 結合性の寄与を δ_σ, δ_π と表してある。各幾何構造の錯体のそれぞれの吸収帯について，同じ値のパラメータで表される吸収は縮重していることを示している。表中のNとOは，もちろんいかなる配位原子でも良い。

配位子場理論に基づく半定量的関係

先の議論で，trans 型配置（x = 2 または 4）と mer 型配置（x = 3）の異性体では平均の配位子場分裂以外の明確な情報（異なる配位原子による配位子場分裂の程度と電子間反発に関する情報）が d-d 吸収スペクトルから分離できる可能性があるということが示唆された。この問題を，配位子場理論に立ち戻って考えてみたい。

例えば，trans 型の錯体では，結晶場分裂エネルギーは D_{4h} に対応するハミルトニアン（静電ポテンシャル）を用いて，2 種類の結合長（xy 平面内の同じ結合長の 4 個の配位子と z 軸方向に配置された別の 2 個の配位子）を含めて計算される。その際，2 次と 4 次の動径積分が得られるが，各次数の異なる配位子方向の寄与の差をまとめて，Ds（xy 平面上と z 軸上の配位子の寄与の差の 2 次の成分）および Dt（同じく 4 次の成分）として表現される。

それぞれの 1 電子波動関数のエネルギーは

$b_{1g}(d_{x^2-y^2}) = 6Dq + 2Ds - Dt$

$a_{1g}(d_{z^2}) = 6Dq - 2Ds - 6Dt$

$b_{2g}(d_{xy}) = -4Dq + 2Ds - Dt$

$e_g(d_{xz}, d_{yz}) = -4Dq - Ds + 4Dt$

であることが報告されている。ここで，Dq は xy 平面内の配位子にのみ依存するので，$Dq = Dq_{xy}$ と表記する方がわかりやすい。このことは正 8 面体型錯体と D_{4h} 型錯体で，xy 平面上の配位子による Dq への寄与は同じであることを示している。Dt は xy 平面上と z 軸上の配位子の寄与（それぞれ Dq_{xy} と Dq_z）の差を反映しており，D_{4h} と C_{4v} 対称の錯体では，それぞれ次のような関係にあることが知られている。

D_{4h} 錯体： $Dt = (4/7)[Dq_{xy} - Dq_z]$

C_{4v} 錯体： $Dt = (2/7)[Dq_{xy} - Dq_z]$

さて，これらのパラメータは，このままでは多電子系には適用できない。しかし，例えば，正 8 面体型低スピン-d^6 錯体（Fe^{II} や Co^{III} 錯体）では，既に示した中間配位子場における各項のエネルギーに関する表から，次のようなことがわかる。

「第一吸収帯は $^1A_{1g}$ から $^1T_{1g}$ への遷移であるから，そのエネルギーは配置間相互作用を無視すれば $10Dq-C$ である．同様に，第二吸収帯は $^1A_{1g}$ から $^1T_{2g}$ への遷移であるから $10Dq+16B-C$ である」

これらの錯体がテトラゴナルに歪んだ場合，$^1T_{1g}$ と $^1T_{2g}$ はそれぞれ $^1E+^1A_2$ ならびに $^1E+^1B_2$ に分裂する（詳しくは3章の Kugel 群に基づく議論を参照してほしい）．すなわち，それぞれのエネルギーレベルは2つに分裂するのであるが，新しく生じた項（状態）の電子間反発はもともとの $^1T_{1g}$ と $^1T_{2g}$ における電子間反発と同じであると考えることができる．すなわち，$^1A_{1g}$ から $^1T_{1g}$ ($^1E+^1A_2$) に対応する遷移では $10Dq$ に対して $-C$ の寄与であり，$^1A_{1g}$ から $^1T_{2g}$ ($^1E+^1B_2$) に対応する遷移では $10Dq$ に対して $16B-C$ の寄与である．その結果，

$E(^1A_1 \to ^1A_2) = 10Dq_{xy} - C$ 　　　　　　$(b_{2g}(d_{xy}) \to b_{1g}(d_{x^2-y^2})$ に対応$)$

$E(^1A_1 \to ^1B_2) = 10Dq_{xy} - 4Ds - 5Dt + 16B - C$ 　$(b_{2g}(d_{xy}) \to a_{1g}(d_{z^2})$ に対応$)$

$E(^1A_1 \to ^1E(T_{2g})) = 10Dq_{xy} + 3Ds - 5Dt + 16B - C$

$E(^1A_1 \to ^1E(T_{1g})) = 10Dq_{xy} - Ds - 10Dt - C$

となるが，^1E 状態の間の相互作用によるエネルギー成分（$Ds+5Dt/4$）を考慮する（すぐ上の2つの式に足し引きする）ことによって最終的に次の4つの関係式を得ることができる．

$E(^1A_1 \to ^1E(T_{2g})) = 10Dq_{xy} + 2Ds - 25Dt/4 + 16B - C$

$E(^1A_1 \to ^1E(T_{1g})) = 10Dq_{xy} - 35Dt/4 - C$

$E(^1A_1 \to ^1A_2) = 10Dq_{xy} - C$

$E(^1A_1 \to ^1B_2) = 10Dq_{xy} - 4Ds - 5Dt + 16B - C$

これと，Dq_{xy} と Dq_z の関係

D_{4h} 錯体：$Dt = (4/7)[Dq_{xy} - Dq_z]$

C_{4v} 錯体：$Dt = (2/7)[Dq_{xy} - Dq_z]$

を用いて観測された吸収帯の帰属を行えば，Dq_{xy}, Dt, Ds, Dq_z を分離することが可能であるとともに，下式を用いて，エカトリアル位とアキシャル位の配位子による配位子場の平均値を計算することも可能である．

$10Dq_{av} = (20Dq_{xy} + 10Dq_z)/3$

このように，配位子場理論を適用することによって，様々な低対称幾何構造

の錯体における配位子場パラメータを吸収スペクトルから求めることができる。

5-7 スピン–軌道相互作用

さて，ここまではスピン–軌道相互作用（spin-orbit coupling）によるエネルギー状態の分裂について考慮してこなかった。スピン–スピン相互作用や軌道–軌道相互作用と同様に，スピン–軌道相互作用によっても項のエネルギーが分裂するであろうことは容易に想像できる。一般的には，相互作用の大きさは $S\text{-}S > L\text{-}L > S\text{-}L$ または $S\text{-}L > S\text{-}S > L\text{-}L$ である。前者の状態は，いわゆる Russel-Saunders coupling スキームで記述でき，第一遷移金属から，かなり重い元素の低エネルギー状態までこの方法で記述できることが知られている。この章での取り扱いは，Russel-Saunders coupling スキームに従って，スピン間と軌道間の磁気的相互作用を独立したものとして扱ってきたわけである。一方，後者（$S\text{-}L > S\text{-}S > L\text{-}L$）の例はいわゆる jj 結合で記述されるものであるが，重元素の励起状態を記述するときにのみ重要になると考えておけば良い。ここでは，前者についてのみ記述する。

スピン–軌道相互作用の寄与が無視できないときには，Russel-Saunders coupling スキームに従って，もはや L と S は独立して扱えず，合成された角運動量として扱われる。すなわち，絶対値で合成角運動量 $L+S$ から $L-S$ までの状態が区別されるようになる。例えば，弱配位子場において，^3F 項（d^2 配置から生じる項の1つ）は，$S=1$ との相互作用で，$L+S$ から $L-S$ までの状態に分かれる。すなわち，$J(L+S) = 3+1, 3\pm 0, 3-1 = 4, 3, 2$ の3つの項に分裂するのである。

このことは，$L > S$ の時には $2S+1$ 個の多重項を有し，$S > L$ の時には $2L+1$ 個になっていることを示している。

これらの各項のエネルギーの順番は，次のようなルールで決まっている。

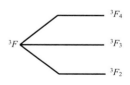

① d 殻が半分以下しか満たされていない時は，J が最小のものが最低エネルギーになる。

② d 殻が半分以上満たされている時は，J が最大のものが最低エネルギーになる。

③ d 殻が半分満たされる場合には，$L=0$ なので S だけで記述される。すなわち，たった 1 つの状態しかない。

スピン-軌道相互作用の程度は，気体状の金属原子あるいはイオンのスペクトルから決めることができるが，それらは，第一遷移系列の金属では小さく $100〜1000\,\mathrm{cm}^{-1}$ 程度である。例外的には，4 面体対称の Co(II)錯体において，スピン-軌道相互作用による吸収帯の分裂が観測されるほか，低温で振動による広幅化が小さくなったときにのみ観測されるだけである。一方，第二遷移系列以降の金属元素では，この値が $1000\,\mathrm{cm}^{-1}$ を超えるものが多い（例えば Ir(III)では $4400\,\mathrm{cm}^{-1}$）。実際には，第一遷移系列金属錯体の吸収スペクトルでは振電相互作用（vibronic coupling）の結果，吸収帯の幅が広いので，スピン-軌道相互作用による明確な吸収帯の分裂が見られることは少ないが，第二，第三遷移系列の金属イオンでは，有意な分裂として観測されることが多くなる。スピン-軌道相互作用が顕著なときに気をつけなくてはいけないことがある。それは，スピン-軌道相互作用も含めて「同じ帰属になった項（状態）間では，配置間相互作用がある」ので，2 つの項は反発し，その結果，状態（項）間のエネルギーレベルの順番が変化することがあるという点である。

第6章
化学構造を支配する物理学的理論

　分子や錯イオンなどの構造や反応性を推定することができる物理学的（量子力学的）理論は存在するのだろうか？　この章では，軌道間相互作用とそれと関係する基準振動（構造変化のきっかけとなる）に基づいて化学種の安定構造を決定する方法を紹介する．
　これまでに提唱されている，化合物の立体構造を推定するための理論をまとめると次のようになる．
(1)　原子価結合理論（VB 理論，valence bond theory）
(2)　原子価殻電子対反発則（VSEPR 則，valence shell electron pair repulsion principle）
(3)　結晶場理論（CF 理論，crystal field theory）
(4)　分子軌道理論（MO 理論，molecular orbital theory）

　この他にも，いくつかの理論があるが，その有用性から通常教科書で取り扱われるのは，上の4つである．この中で，量子論に直接関係しているのはVB理論とCF理論，MO理論である．VSEPR則は，理論というよりも，経験に基づく規則といったほうがいいかもしれない．もっとも，最近ではVSEPR則を量子論的に正当化しようとする文献も見受けられるが，基本的にはルイスの考え方に基づく古典的な経験則であることは否めない．
　VB理論とVSEPR則は，ともに局在理論（localized bond approach）であり，その意味で，より合理的であると考えられるMO理論とは異なる考え方である．特にVB理論では，「分子の構造がわかってはじめて軌道の混成がわかる」という弱点がある．また，VSEPR則はほとんどの分子の構造を予測すること

ができるが，基本的には古典的な経験則である。3中心2電子結合（3C2E結合，three center two electron bond）や3中心4電子結合（3C4E結合，three center four electron bond）などの電子欠損結合や軌道欠損結合に起因する化学構造の説明は，この規則では無理がある。この他にも，VB理論では励起状態に関する情報がないとか，錯体の電子構造／スペクトルや磁性の理解が困難であるなど，理論計算における簡便さと計算が低コストである面を除けば，MO理論と比べて若干劣る。CF理論は，金属錯体の配位構造と電子構造を理解する上で一定の成果が認められるが，金属錯体以外の分子に適用することはできない。

(1)〜(3)についてはどの教科書にも記述されているので本章では扱わない。ここでは，MO理論（非局在理論，delocalized approach to bonding）に基づいた，最も有用と考えられる理論について説明する。

6-1　MO理論による直接的方法：Walshの方法

最初に，MO理論に基づいて分子構造を定性的に予測する「Walshのダイヤグラム（Walsh diagram）」について，簡単に記述する。

H_2O 分子を例にして，Walshが考えた分子構造を推定する方法は，つぎのようなものである。中心のO原子の原子軌道とその周りに配置された2つのH原子の作る群軌道とを考えたとき，O原子は2s軌道と3つの2p軌道が結合に関与すると考えられる。2つの水素原子の作る群軌道は，中心酸素原子の $p_y(\pi)$ 軌道と同じ対称性を有する $\Psi_A - \Psi_B$ 軌道と，同じく酸素原子のs軌道と同じ対称性を有する $\Psi_A + \Psi_B$ 軌道である。これらを C_{2v} 対称（直線分子以外のとき）と $D_{\infty h}$ 対称（直線分子のとき）のときの帰属で表すと，次のような表ができる。

中心酸素原子の原子軌道	2つの水素原子の群軌道	$D_{\infty h}$対称（直線分子のとき）の帰属	C_{2v}対称（直線分子以外のとき）の帰属
2s	$\Psi_A+\Psi_B$	$a_{1g}(\sigma_g)$	$1a_1$
$2p_y$	$\Psi_A-\Psi_B$	$a_{1u}(\sigma_u)$	b_1
$2p_z$		$e_{1u}(\pi_u)$	$2a_1$
$2p_x$		$e_{1u}(\pi_u)$	b_2

この時の各原子の配置を示したのが右の図である。

図における角度 θ を0度に近い位置から180度（$D_{\infty h}$）まで変化させたとき、仮想的な $\theta=0$ 度の配置を基準にして、縦軸を各軌道のエネルギーレベルにとると、相互作用（中心酸素原子の軌道と、2つの水素原子の群軌道の重なり部分の体積）の大きさに応じて、下図のようなエネルギーの変化

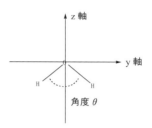

があることが定性的にわかる。この図には、反結合性軌道は示していない。上の表では、分子の変形に対応して、直線形（$D_{\infty h}$ 対称）のときには、主軸はy軸になっている（通常はz軸をとる）ことに気をつけよう。

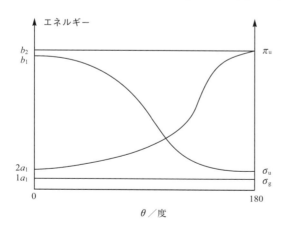

これらの4個の分子軌道に8個の電子をつめたときに水分子となるから、この図から、水分子の安定構造は、θ が90度〜180度のあいだの値になることが

予測できるわけである（この図は説明のために単純化して示してあるので，実際のものとは多少異なっている）。

しかし，この Walsh ダイヤグラムは，原子間の反発を無視しているし，極性の大きな分子における電荷間の反発も考慮していないという欠点がある。例えば，Walsh ダイヤグラムで考えると，Li_2O も曲がった構造になることが示唆されるが，Hartree-Fock-SCF 計算では Li_2O は直線になる。これは，Walsh の方法が，酸素原子の両端に結合した Li^+ の電荷間の反発を無視しているせいである。

それでは，分子やイオンの構造を推定することのできる方法として，Walsh の方法に替わる，より確実な MO 理論的アプローチはあるのかというと，現実的には拡張ヒュッケル計算などの計算法しかなさそうである。しかし，このような方法は，原子数／軌道数が増すに従って（分子が複雑になるに従って）急激に困難になるため，汎用法として（定性的に簡便に使用するには）実用的ではないし，コンピュータやプログラムの勉強までしないといけない（しかもプログラムの詳細が見えにくいから，結果がホントかウソかは人任せになる）となると，ますます化学／科学の本質から外れていってしまう。

私たち無機化学者にとって，簡便でしかも量子力学的計算に深く立ち入ることなく，かといって量子力学の本質を損なわないような原理／理論／方法があれば，非常に助かると思う。著者は，次に述べるヤーン–テラー理論に基づく考え方が，この「なまけものの熱望」に応えることができるもっとも合理的な方法であると考えている。

6-2　ヤーン–テラー効果と構造変化経路

一般的な無機化学の教科書に記述されているヤーン–テラー（Jahn-Teller）効果（正確には 1 次のヤーン–テラー効果（FOJT）という）とは，電子殻（shell）が不飽和（基底状態が縮重している）なときに見られる現象で，例えば，Cu(II)錯体や低スピン Co(II)錯体のような電子配置が E 状態のものが，エ

ネルギーを緩和するために「構造変化を伴って電子配置の変更を行う（縮重を解消する）」現象である。

e_g^3 の銅（Ⅱ）の FOJT の例（O_h）

一方，基底状態の電子配置が縮重していないときにも，もし，「すぐ近くに低エネルギーで混合可能な空軌道がある」ときには，そのような軌道間の混合（相互作用）と適当な基準振動が対応すれば，必然的に構造変化が促され，その結果，構造の安定型がシフトする場合がある。このような構造変化は，「2 次のヤーン-テラー効果（SOJT）」と称される。FOJT と SOJT はそれぞれ First-order/Second-order Jahn-Teller Effect の略である。

1937 年に提唱されたヤーン-テラー効果とは，反応座標（変位）を Q とするときに，最初の座標位置（核配置）Q_0 から，わずかだけ Q を変化させたときの摂動理論である。このとき系のハミルトニアンは Taylor-Maclaurin 級数を用いて次のように表すことができる。

$$H = H_0 + \left(\frac{\partial U}{\partial Q}\right)Q + \frac{1}{2}\left(\frac{\partial^2 U}{\partial Q^2}\right)Q^2 + \cdots\cdots$$

ただし，H_0 は摂動のないときのハミルトニアンであり，U は核-核，核-電子相互作用に起因するエネルギーである。2 次の摂動項まで考慮すると，Q に対して次のようなエネルギーが得られる（$k：k>0$ の励起状態を表している。導出の詳細は付録 A-6-1 参照）。

$$E = E_0 + \left\langle\Psi_0\left|\frac{\partial U}{\partial Q}\right|\Psi_0\right\rangle Q + \frac{Q^2}{2}\left\langle\Psi_0\left|\frac{\partial^2 U}{\partial Q^2}\right|\Psi_0\right\rangle + \sum_k \frac{\left[\left\langle\Psi_0\left|\frac{\partial U}{\partial Q}\right|\Psi_k\right\rangle Q\right]^2}{E_0 - E_k}$$

第 1 項は摂動のない時のエネルギーで負である（基底状態）。第 2 項は，1 次のヤーン-テラー効果を表す項である。Q_0 を基底状態（もともとの構造における最低エネルギーの状態に対応する）としたとき，基底状態が縮重していない場合にはこの項の寄与は一定である。なぜなら，そのような場合には積分値が値を有するのは全対称伸縮成分のみであり，基底状態からの構造変化には繋がらないからである。

d^9 電子配置の銅(II)錯体に見られる1次のヤーン-テラー効果がどのようにして説明できるか考えてみよう。正8面体型の基底状態では，電子状態は E_g であり，二重に縮重している。このとき，第2項の積分における2つの基底状態の波動関数（状態）の直積は $E_g \times E_g = E_g + A_{1g} + A_{2g}$ であり，O_h 錯体には A_{2g} モードの基準振動はないので，反応変形モードは E_g または A_{1g} である。しかし，A_{1g} は全対称伸縮モードで構造変化には関わらないから，反応座標 Q とカップリングしている（積分値が値を持つための条件を満たしている）のは E_g モードであることがわかる。O_h 錯体における E_g モードの基準振動は軸方向の伸長を促すモード（平面方向が伸びるのも同じモードなので，どちらが起こるかはわからない。付録Cの基準振動モードの表参照）である。

同様の考察を行えば，T_d 型錯体において基底状態で縮重している場合には D_{2d} から D_2 あるいは D_{4h} への変形が起こることが証明できる。T_d 型錯体で基底状態が縮重している時は T_2 の電子状態になる。このときは，$T_2 \times T_2 = A_1 + T_1 + T_2 + E$ である。T_d 群では，T_1 モードはなく T_2 は並進モードの1つである。従って，変形の方向は E モードできまり，これは D_{2d} への変形か D_2 方向にねじれることによる平面四角形方向への変形である。この帰結だけなら多くの教科書に書いてある。

1次のヤーン-テラー効果がない（基底状態が縮重していない）場合には，第4項で与えられる2次のヤーン-テラー効果が反応座標に沿った変形に関する付随的情報を与える。第3項は，変位 Q で起こった変形を引き戻そうとする成分である。

どのような対称性を有する核配置でも，その対称性を壊すような反応座標 Q に対して，極大エネルギーか極小エネルギーの状態になっているが，第4項が値を持つときにはエネルギーは極大になっているはずである。なぜなら，第4項が値を有するときには，エネルギー的には負の寄与があるからである（第4項では $E_0 < E_k$ なので，積分値が値を持てば，負の貢献（変形による安定化）を示すことを表している）。このときには Q に沿った変形が自発的に起こると考えられる。もし Q が全対称ではなく，特定の方向性を有する変形であれば，もともとの構造は Q の属する基準振動モードに沿って破壊される方向に変形

する．逆に第 4 項が値を持たないときには，その状態のエネルギーは極小であり，元の構造は保持されるであろう．

ちなみに，ヤーン-テラー理論における波動関数は次のような形で表現される．

$$\Psi = \Psi_0 + \sum_k \frac{\left\langle \Psi_0 \left| \frac{\partial U}{\partial Q} \right| \Psi_k \right\rangle Q}{E_0 - E_k} \Psi_k$$

ただし，この波動関数は，まだ規格化されていない．

議論を戻すと，第 4 項が値を持つということは第 4 項の空間積分が値を持つことと等価であるから，2 次のヤーン-テラー効果とは，基底状態と励起状態の軌道混合（直積の対称性，すなわち遷移密度（transition density））が分子の変形方向（基準振動モード）Q と同一の対称性を有しているときにのみ起こることを意味している（U は全対称であるから，$\partial U/\partial Q$ と Q とは同じ対称性となることに注意）．従って，2 次のヤーン-テラー効果は，ある特定の方向 Q への変形が「低エネルギーで許容される軌道混合によって誘起されるか否か」のみを手がかりに，自然界が要請する構造変化経路を特定することができるという理論なのである．

現実的には，全ての k（励起状態）について考えるのは無理なので，最も低い励起状態あるいはそれに準ずる程度のエネルギーの軌道との軌道混合（電子励起とみなしても良い）のみが分子の変形に関与すると仮定する．一度その変形の方向（振動モード）が決まると，変形はその方向に進行する．2 次のヤーン-テラー効果による変形がさらに進行して結合の切断（反応）に結びつくためには，第 10 章で説明するように軌道対称性の制約を受ける．しかし変形のきっかけとなる軌道間相互作用は実際の化学結合の生成と消滅（反応）には関わらないので，この制約を受けない．2 次のヤーン-テラー効果に関わる小さな変形が反応に至るときには，上述のように軌道対称性の制約があり，変形が化学反応として許容されない時には，反応の前後で必ず軌道の交差が起こっている．軌道の交差は，結合の生成や消滅に関係する軌道の対称性が全て同じではないときに起こり，同じ対称性の軌道や状態では決して起こらない．この関

係は前章で触れた配置間相互作用と同様の現象として理解される。

　ここまでの議論をまとめると，1次のヤーン-テラー効果は「必然」的な，そして「一方的な変形」であり，安定化した構造に由来する波動関数と，もともとの波動関数（軌道）間の相互作用は小さい。それに対して，2次のヤーン-テラー効果は変形に関わる反応座標Qと，Ψ_0とΨ_kの直積が同一の対称性を要求する変化であるため，遷移密度（軌道間の直積の対称性）と同一の対称性を有する座標方向Qに沿ってのみ変形が進み，最も安定な構造に至るプロセスであるといえる。摂動論であるから，もちろん1次のヤーン-テラー効果が優先である。2次のヤーン-テラー効果は，1次のヤーン-テラー効果がないときにのみ考えれば良いものである。

　遷移金属錯体における d 軌道間の相互作用では，一般的に，O_h群のような高い対称性を有する群に属する錯体では，d 軌道間の相互作用に起因する2次のヤーン-テラー効果は現れない。例えばO_h群に属するd^n配置の金属錯体を考えると，基底状態が縮重していないときには，d 軌道どうしの軌道混合ではd^9銅錯体のような1次のヤーン-テラー効果をうけないが，2次のヤーン-テラー効果をうける可能性がある。しかし，その帰結は「何の構造変化も起こらない」なのである。$t_{2g} \to e_g$ の d-d 遷移（軌道混合）に対応する反応座標Qは$e_g \times t_{2g} = T_{1g} + T_{2g}$であるから，$T_{1g}$と$T_{2g}$の基準振動成分がこれに相当する。$XY_6$型の$O_h$錯体には$T_{1g}$振動がないので，$T_{2g}$モードの基準振動成分（偏角変形）に対応する変形（$D_{2h}$構造への変形）が起こるはずである。しかし，$O_h$群では，$t_{2g}$と$e_g$に帰属される5つの d 軌道は軸の変換や軸周りの回転によって互いに交換できるため，2次のヤーン-テラー効果による変形は等方的なものになってしまうのである。

　このように，対称性の高い錯体においては，本質的に金属性のd軌道どうしの混合に関係する2次のヤーン-テラー効果は等方的に作用する変形であり，結果として，2次のヤーン-テラー効果による変形は起こらないことになる。しかし，d 軌道どうしの混合であっても，より低対称の錯体や対称心を欠く錯体の場合には，d 軌道が本質的な構造変化に関わる（d-d混合によって2次の

ヤーン-テラー効果による構造変化が見られる）場合がある。

　典型元素からなる H_2X のような曲がった（水分子のような）C_{2v} 分子で，a_1 に帰属される満たされた軌道と，すぐ上の b_2 に帰属される励起できる軌道（PLM 原理（10 章を参照）により，エネルギー差が小さい時のみが対象となる）がある分子を考えると，変形に許容される振動は，$a_1 \times b_2 = B_2$ モードである。C_{2v} 分子では B_2 振動は非対称伸縮振動であるから，この分子は下図のように変形し，X-Y 結合長は非等価になるであろう。しかし，この非等価の度合いについては SOJT や FOJT で論じることはできない。ここで考えている「反応座標に沿った変形」は，あくまでも「摂動」としての変形であり，このわずかな変形に端を発して分子の構造が大幅に変形する（この C_{2v} 分子では 1 つの Y が解離する）かもしれないし，摂動はあくまでも摂動のままかもしれない。一般的には，SOJT や FOJT によって許容される変形モードに入ると，たとえわずかな変形であっても大きな構造変化に繋がることが多い（10 章を参照）。

6-3　2 次のヤーン-テラー効果を用いた安定構造の解析法

　最初に，2 次のヤーン-テラー効果を用いて，典型元素からなる分子の安定構造をどのようにして解析するかについて説明する。そのためには，まず(1)最も対称性が高いと思われる構造を想定し，Ψ_0 と Ψ_k の様子がわかるように分子軌道を描いてみる（電子のつまり方を見きわめる）。(2)次に基底状態の軌道とエネルギーの近い励起軌道について直積を求める。この結果，$\Psi_0 \to \Psi_k$ の軌道混合に対応する遷移密度 Γ_ρ（直積が帰属される既約表現）が得られる。先ほどの式の第 4 項の積分が値を持つためには，Γ_ρ と同じ対称性の基準振動モード（Q の方向）がカップリングしている必要があるので，その基準振動モードを調べることによって，分子の変形方向を知ることができるわけである。

最初に(1)で想定する構造は，そのような分子が実際に取ると考えられる「相対的に対称性の高い極限構造」であれば良いから，3原子分子では直線構造を考えれば良いし，4原子分子では平面三角形構造を，5原子分子では平面四角形または4面体型構造などを考えれば良い。このようにして，対称性の高い仮想的な分子構造における電子配置から出発して，2次のヤーン-テラー変形を促す軌道混合を考察することによって，より安定な構造を決定するのである。以下の例を考えるときには，巻末付録Cの「各点群に対してまとめた基準振動モードの図」を参考にするとわかりやすい。

例1　BeH$_2$

このような3原子分子では，最初により対称性の高い直線分子を想定する。直線分子とした時の分子軌道は次のように描けることがわかっている。

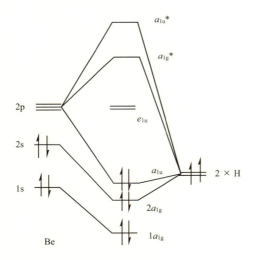

この電子構造で最も低いエネルギーの$a_{1u} \to e_{1u}$遷移（軌道混合）は，$a_{1u} \times e_{1u} = E_{1g}$の変形モードを示唆する。もちろん，もっと高いエネルギーの励起軌道との混合もあり得るが，その場合には構造変化の活性化障壁が大きくて有効な構造変化は起こり難い（PLM原理）。

$D_{\infty h}$ 対称の分子における E_{1g} モードは右図に示すような x, y 軸周りの回転モードとなっている。従って，この軌道混合は分子の変形につながらない。

$D_{\infty h}$ 対称の分子では，E_{1u} の基準振動モードなどが分子の変形に関与する。このようなモードには $a_{1g} \to e_{1u}$ の軌道混合が必要であるが，BeH_2 分子ではそのエネルギー差が大きすぎて軌道混合は起こらない。その結果，BeH_2 は直線分子として安定に存在することが説明できる。

しかし，同様の直線状分子を想定したときに，次の例では異なった結果を与える。

例2　H_2O

このときにも，最初に直線状分子を想定する。$D_{\infty h}$ 構造の水分子の分子軌道とその時の電子配置は次のようなものである。先の BeH_2 との違いは，酸素原子上の電子数であり，これが BeH_2 の場合とは異なる結果をもたらす。

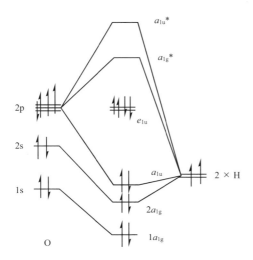

直線状の H_2O 分子では，BeH_2 分子では空であった e_{1u} 軌道が満たされている。その結果，最低エネルギーの軌道間相互作用は $e_{1u} \to a_{1g}^*$ である。これに

対応する基準振動は $e_{1u} \times a_{1g} = E_{1u}$ モードであり，この
モードによってH_2O は右図に示すように C_{2v} 型となって
安定化する。

　従って，直線型の水分子は不安定で，必ず折れ曲がる
方向に変形する（C_{2v} 構造になる）と結論できる。

6-4　2次のヤーン-テラー効果を用いた安定構造解析の具体例

　次に，基底状態で様々な形を取る分子について，配位数が異なる例をひとつ
ずつ検証してみよう。

XY_3型分子：仮想的 BH_3 分子と NH_3 分子の場合

　まず，ともに最も対称性が高いと思われる構造（ともに D_{3h}（平面正三角
形））を想定する。この場合，D_{3h} の電子構造はそれぞれ次の図のようになっ
ている。この図では，関係のない 1s 軌道は省略してある。

		BH_3	NH_3
	$2e'^{*}$	══	══
	$2a_1'^{*}$	──	──
p_z	a_2''	──	↑↓
p_x, p_y	e'	↑↓ ↑↓	↑↓ ↑↓
s	a_1'	↑↓	↑↓

　仮想的な正三角形型 BH_3 分子では，変形をもたらす低エネルギーの軌道間
相互作用は $e' \to a_2''$ である。この直積は $e' \times a_2'' = E''$ であり，これは D_{3h} 群の分

子では x, y 軸周りの回転モード (R_x, R_y) で, 振動モードではない。従って, 仮想的 BH_3 は平面三角形で安定であると結論される。

一方, NH_3 分子では BH_3 分子と総電子数が異なるので, 変形をもたらす軌道間相互作用は $a_2'' \to 2a_1'$ である。この時の遷移密度は $a_2'' \times a_1' = A_2''$ であり, これは D_{3h} 群では右図に示した面外振動モードである。

このことは, NH_3 分子は三角錐型の C_{3v} 構造へ変形する運命にあることを示している。実際, アンモニア分子がこのような構造で存在することは良く知られている。

それでは, BF_3 分子はどうであろうか？ BF_3 分子は仮想的 BH_3 分子とは異なり, 次のような群軌道（3×F 原子）と B の原子軌道および MO（D_{3h} 構造を仮定した時）を有する。

B 原子の軌道	3×F の群軌道	MO	Γ (D_{3h})
s	$s_1+s_2+s_3$		a_1'
	$p_{y1}+p_{y2}+p_{y3}$		a_1'
	$p_{x1}+p_{x2}+p_{x3}$		a_2'
p_z	$p_{z1}+p_{z2}+p_{z3}$		a_2''
p_y, p_x	p_{y1}, p_{y2}, p_{y3}		e'
	p_{x1}, p_{x2}, p_{x3}		—
	$2p_{z1}-p_{z2}-p_{z3}$		e''
	$p_{z2}-p_{z3}$		

対称性の良い D_{3h} 構造を仮定した時の BF_3 については, ab-initio 計算により

$$(a_1')^2(e')^4(2a_1')^2(2e')^4(a_2'')^2(3e')^4(e'')^4(a_2')^2|(2a_2'')^0(3a_1')^0(4e')^0$$

の電子配置であることが知られている（定性的に調べるのは難しい）。従って変形を起こす可能性のある軌道間相互作用は $a_2' \to 2a_2''$ である。遷移密度は $a_2' \times a_2'' = A_1''$ であるが, A_1'' は D_{3h} における振動モードがないため, BF_3 は平面三角形から変形しないことがわかる。教科書によっては「フッ素原子の π 塩基性によって結合が安定化されるため」と書かれていることもあるが, それはどうも正しそうにない。常識的にも, 最も電気陰性度が大きなフッ素原子から, ホウ素原子への電子対供与があるとは考えにくい。安易な発想で現象を理

解しようとすると，間違いをしでかすことになる。

XH₄型分子

CH_4，NH_4^+，BH_4^- などの電子構造は T_d 構造と仮定したときには次のようなものであることが知られている。

中心X原子の軌道	4×Hの群軌道	MO $\Gamma(T_d)$
s	$s_1+s_2+s_3+s_4$	a_1
p_x	$s_1+s_4-s_2-s_3$	t_2
p_y	$s_1+s_2-s_3-s_4$	t_2
p_z	$s_1+s_3-s_2-s_4$	t_2

これらの分子／イオンは共に等電子構造であり，中心原子上に4個，配位群軌道上に4個の合計8個の電子を有している。最も対称性の良いと考えられる T_d 構造に対して，HOMO である t_2，あるいはそれよりエネルギーが少し低い a_1 と低エネルギーの励起軌道（t_2^*）との間の混合は $t_2 \to t_2^*$ と $a_1 \to t_2^*$ である。T_d 型分子では，前者の直積は $t_2 \times t_2 = A_1+E+T_1+T_2$ であり，このうち，T_1 は x, y, z 軸周りの回転モードである。E モードは D_{4h} または D_{2d} への変形モードである（T_2 の一部は並進モードになる）。

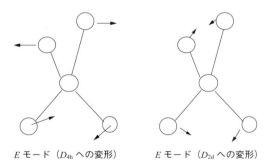

E モード（D_{4h} への変形）　　E モード（D_{2d} への変形）

しかし，メタンやアンモニア分子などでは，$t_2 \to t_2^*$，$a_1 \to t_2^*$ の<u>エネルギーギャップが大きい</u>（紫外部にも吸収がない）ので，基本的に T_d からの変形は起こらないと考えられる。例えば，CF_4 は次のような電子配置を持つが，

$(a_1)^2(t_2)^6(2a_1)^2(2t_2)^6(1e)^4(3t_2)^6(t_1)^6|(3a_1^*)^0(4t_2^*)^0$

t_1 あるいは $3t_2$ と反結合性の $3a_1^*$ のギャップは非常に大きく，T_d 構造を保持したままである。

$3t_2$ と t_1 はフッ素原子の π 軌道による成分である。もしこの t_1 との相互作用（$t_1 \rightarrow 3a_1^*$）が可能であっても $t_1 \times a_1 = T_1$ なので T_d からの変形はない（T_1 は T_d では軸周りの回転モードである）。

ここで重要なことは，「どの程度のエネルギーギャップの軌道どうしの混合なら SOJT に結びつくか」ということである。一般的には，ここに示した例から明らかなように紫外部（おおむね 200 nm 程度まで）に吸収を示さないくらいにエネルギーギャップが大きければ，軌道の混合はないと考えられそうである。このエネルギーは約 5 eV 程度と極めて大きい。

6-5　遷移金属錯体の構造に関する考察

遷移金属の ML_4 型錯体

典型元素の ML_4 型の化合物では D_{4h} 構造を取るものはほとんどない。それは b_{1g} タイプの軌道を有さないためである。金属錯体では $d_{x^2-y^2}$ が D_{4h} における b_{1g} 軌道となり，配位子との結合によって b_{1g}^* が高くなって安定化する傾向を示す。D_{4h} 型錯体は対称心を有するので，SOJT でどのように歪むかを考えるときには，先に O_h 型錯体の場合に対して述べたのと同じ理由で，d-d 混合による効果を考える必要はない。

遷移金属の ML_4 型錯体の電子配置は一般的に次のようになると考えられている（d 軌道の金属性電子はまだ入れていない。スピン状態に応じて，入り方は変わる）。

$(a_{1g})^2(b_{1g})^2(e_u)^4|(b_{2g})(e_g)(a_{1g}^*)(b_{1g}^*)|(2a_{2u}^*)^0(2a_{1g}^*)^0$

これまでと逆に考えて，D_{4h} から $D_{2d} \sim T_d$ への変形がどのような振動モードで起こるかを考えると，それは基準振動モードの B_{2u} に対応することがわかる（次ページ図参照）。

B_{2u} を生じる軌道間相互作用（混合）は，逆算により $e_u \rightarrow e_g$ であり（対称心のある D_{4h} 型錯体では d-d 混合は，構造変化をもたらさないことを考慮すると，d 軌道レベルより低い満たされた軌道の e_u と d 軌道性の e_g との相互作用になる），このカップリングに必要なエネルギーは比較的低いことがわかる（一般的に CT 帯が観測され

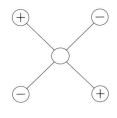

る程度のエネルギーギャップなので vis～UV 領域）。ただし，この軌道混合は金属の e_g（d_{xz}, d_{yz}）が満たされていない時のみに可能である。

このことは，金属の e_g 軌道に電子がつまると D_{4h} 構造のままで安定化しやすいことを意味している。特に d^8 電子配置の錯体では，比較的エネルギーの低い a_{1g}^* 軌道まで電子がつまっており，エネルギーの高い b_{1g}^* への遷移が起こりにくくなるために，さらに D_{4h} 構造が安定化する（e_u-b_{1g}^* の軌道混合に対応する基準振動モードは E_u であり，これは非対称の偏角または伸縮（結合開裂）モードに繋がる）。結果的に，d^8 電子配置の低スピン錯体は，特に D_{4h} を好みそうである。

高スピン-d^5，d^{10} 電子配置では，b_{1g}^* 軌道に電子が入るので $b_{1g}^* \rightarrow 2a_{2u}^*$（金属の反結合性軌道とその上にある空の反結合性軌道）の軌道混合が起こりやすく，その直積である B_{2u} モードで T_d 方向に変形する運命が見て取れる。すなわち，高スピン-d^5，d^{10} 電子配置では D_{4h} は不安定化する。

逆に T_d 構造を基準にして考えた場合に，各電子配置で，どのような構造変化がありうるかを考えても，T_d 構造と D_{4h} 構造のどちらの構造が安定になるかが明確にわかる。T_d 錯体の軌道エネルギーの順番は次のようになっている。

$$\cdots\cdots (t_2)^6 | (e)(t_2) | (a_1)^0 (t_2)^0$$

d^0 の MnO_4^- と CrO_4^{2-}，d^5 の $[FeCl_4]^-$，d^6 の $[FeCl_4]^{2-}$，d^{10} の $Ni(CO)_4$ についても，軌道のエネルギーはこのような順になっていることが，ab-initio 計算から確認されている。ここでも，d 軌道に電子は入れていないが，電子を配置すると，各電子配置における安定型が識別できる。$t_2 \rightarrow e$ の軌道混合は $T_2 + T_1$ を生じるが，この直積は E モードを含まないので，$T_d \rightarrow D_{2d}$（$\rightarrow D_{4h}$）は起こらない。

従って，d^0 電子配置の CrO_4^{2-} と MnO_4^- は T_d 構造で安定になる。また，d^0，d^2，低スピン-d^4，高スピン-d^5，d^7，d^{10} 電子配置では，基底状態が縮重していないので，FOJT はなく，T_d 構造が基本的に安定である。他の全ての電子配置では E，T_1，または T_2 が基底状態になるので，FOJT による変形が起こる。その方向は基底状態の直積から，$e \times e = A_1 + A_2 + E$ あるいは $t_1 \times t_1 = t_2 \times t_2 = A_1 + E + T_1 + T_2$ である。これらのうち，T_1 と A_2 モードの振動はなく，A_1 は対称伸縮モードである。E モードは D_{4h} へのねじれ変形モードであるため，このモードによって $T_d \rightarrow D_{2d} \rightarrow D_{4h}$ と歪む運命にある。以上をまとめると，次の表ができる。

この表の結果は，実際に単離された遷移金属錯体の構造を良く説明する。

電子数	高スピン	低スピン	電子数	高スピン	低スピン
d^0	T_d		d^6	D_{2d}(FOJT)	D_{4h}
d^1	D_{2d}(FOJT)		d^7	T_d	D_{4h}
d^2	T_d		d^8	D_{2d}(FOJT)	D_{4h}
d^3	D_{2d}(FOJT)		d^9	D_{2d}(FOJT)	
d^4	D_{2d}(FOJT)	T_d	d^{10}	T_d	
d^5	T_d	D_{2d}(FOJT)			

XY_5 型分子／錯体

XY_5 型分子／錯体で対称性の高い構造は，三角両錐（D_{3h}）構造か四角錐（C_{4v}）構造であると考えられる。多くの分子でこの2つの構造間の速い構造変換（fluxional structural inter-conversion）が起こることが知られている。最初に典型元素の化合物について検討してみる。

CH_5^+ では，ab-initio 計算から電子配置が次のようなものであることがわかっている。

$$(a_1')^2 (a_2'')^2 (e')^4 | (2a_1')^0 (2e')^0 \quad (D_{3h} \text{ 構造のとき})$$

低エネルギーの軌道混合（$e' \rightarrow 2a_1'$）に対応する振動モードは E' であり，これは $D_{3h} \rightarrow C_{2v}$ への変形

D_{3h} における E' モードの1つ
このモードは C_{4v}/C_{2v} への変形に繋がる

を促す．この変形は Berry pseudo-rotation（見かけ上は C_{4v} の構造が回転しているように見えるだけであるが，実際には，下図で示した各原子の番号の変化を見るとわかるように，分子構造が C_{4v} から D_{3h} または C_{2v} を経て，回転したあと再び C_{4v} にもどるような分子内構造変化で起こっている）として有名な変形経路である．

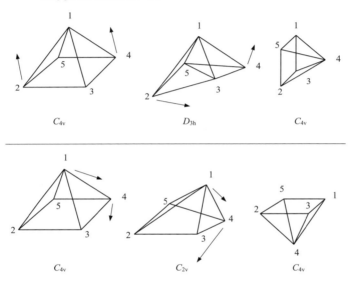

Berry pseudo-rotation 2 タイプ

D_{3h} 構造の PH_5 分子では，電子配置は次のようなものであることがわかっている．

$$(a_1')^2(e')^4(a_2'')^2(2a_1')^2|(2e')^0(2a_2'')^0$$

従って，$2a_1' \to 2e'$ の軌道混合に対応する振動モードは E' であり，CH_5^+ と同じく，$D_{3h} \to C_{2v}$ あるいは $D_{3h} \to C_{4v}$ となる方向の変形が起こる．

逆に，これらの分子を C_{4v} 側からの安定性で比較してみると，C_{4v} 構造の PH_5 分子の電子構造は次のようなものであることがわかっている．

$$(a_1)^2(e)^4(2a_1)^2(b_1)^2|(3a_1)^0(2e)^0(4a_1)^0$$

この場合，低エネルギーの $b_1 \to 3a_1$ の軌道混合に対応する B_1 モードの基準

振動に準ずる構造変化が期待される。B_1 モードは C_{4v} 構造からは D_{3h}／C_{2v} への構造変化モードであるから，C_{4v} 構造もやはり安定であるとはいえない。

従って，この分子では，C_{4v} と D_{3h} 構造間（中間構造として C_{2v}，C_s 構造が存在する）の互変構造変化が極めて起こりやすいことがよくわかる。実際，PH_5 型分子では，その構造は fluxional であることが知られている。

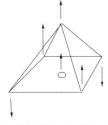

C_{4v} における B_1 モードの1つ

次に ML_5 型の遷移金属錯体の構造変化を検討してみよう。d 軌道を結合性の軌道として用いている ML_5 錯体では，D_{3h} と C_{4v} 構造の錯体の軌道の配置は下記のようなものである（ただし，ここでは π 相互作用は考えていない）。このような低対称の金属錯体では d-d 混合によって分子やイオンの結合状態と対称性が変化するので，d-d 混合も SOJT の原因になる。

D_{3h}　filled|$(e'')(e')(a_1')$|empty

C_{4v}　filled|$(b_2)(e)(a_1)(b_1)$|empty

D_{3h} 構造から C_{2v} 構造をへて C_{4v} 構造に至る Berry pseudo-rotation については拡張ヒュッケル法による計算で，下図に示すように，各軌道はスムーズに変化し，軌道の交差が生じないことが知られている。(A. R. Rossi and R. Hoffman, IC, 14, 365 (1975).)

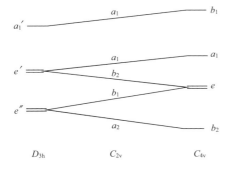

低スピン-d^8 錯体では, D_{3h} 構造と C_{4v} 構造の錯体の電子構造は次のようになる。

$(e'')^4(e')^4(a_1')^0 \quad\quad (D_{3h})$

$(b_2)^2(e)^4(a_1)^2(b_1)^0 \quad (C_{4v})$

従って, 最低エネルギーの軌道混合は, D_{3h} 構造の錯体では e' と a_1', C_{4v} 構造の錯体では a_1 と b_1 であり, それぞれが基準振動の E' ならびに B_1 モードに対応することがわかる。D_{3h} 群における E' モードの基準振動は C_{2v} 構造をへて C_{4v} 構造に至る変形モードであり, C_{4v} 群における B_1 モードは D_{3h} への変形モードに対応するので, 低スピン-d^8 錯体では, fluxional な構造変化が観測されることが期待される。実際, Fe(CO)$_5$ は fluxional な分子であることが知られている。

低スピン-d^7 錯体では, D_{3h} 構造の金属錯体の電子構造は $(e'')^4(e')^3(a_1')^0$ であり, C_{4v} 構造の金属錯体の電子構造は $(b_2)^2(e)^4(a_1)^1(b_1)^0$ である。一般的に「半分満たされた軌道からの電子遷移は完全に満たされた軌道からの電子遷移よりもエネルギーが大きい（スピンペアリングがない分だけ安定化されている）」ので, C_{4v} 構造の金属錯体における $a_1 \to b_1$ は, d^7 電子配置の錯体では上の d^8 電子配置の錯体の場合と比べてこれら2つの軌道間の混合に必要なエネルギーが大きくなり, 起こりにくいと考えられる（半分満たされた軌道間の混合は, スピン禁制でなければエネルギー的には小さい。軌道混合は, 電子遷移と同様に考える）。従って, D_{3h} 構造から C_{4v} 構造への構造変化は起こりやすいが, 逆方向の構造変化は起こりにくく, その結果 C_{4v} 構造の方が相対的に安定になる。例として [Co(CN)$_5$]$^{3-}$ が C_{4v} 構造を取ることが報告されている。またこの場合には, D_{3h} 構造の錯体は基底状態が E'（二重縮重）であり, FOJT による変形（$E' \times E' = A_1' + A_2' + E'$ なので, E' モードを含み C_{2v} から C_{4v} 方向に変形する）も不安定性の要因になる。

低スピン-d^6 電子配置では, D_{3h} 構造の錯体における基底状態の電子配置は $(e'')^4(e')^2$ なので, C_{4v} 構造の錯体における電子配置 $(b_2)^2(e)^4$ と同じくその基底状態は縮重のない A_1 である。従って, ともに FOJT をうけない。低スピン-d^6 電子配置の [Co^{III}(NH$_3$)$_6$]$^{3+}$ からアンモニア分子が解離してできる

$[Co^{III}(NH_3)_5]^{3+}$ 反応中間体は，生成直後は C_{4v} 構造であることが期待されるが，低スピン-d^6 電子配置ではこの構造から D_{3h} 構造に至る B_1 モードに対応する低エネルギーの軌道混合はない。一方，アンモニアの解離で D_{3h} 構造の $[Co^{III}(NH_3)_5]^{3+}$ 中間体ができたと仮定すると，この構造における e' と a_1' の軌道混合により，D_{3h} 構造から C_{4v} 構造に導く E' モードが存在することから，$[Co^{III}(NH_3)_5]^{3+}$ 中間体は C_{4v} 構造の方が安定であろうと結論される（これまでに単離されていないので，あくまでも推論である）。不安定な化学種である $Cr(CO)_5$, $Mo(CO)_5$, $W(CO)_5$ は低温における構造しかわかっていないが C_{4v} 構造を取ると言われている。

5 配位の低スピン-d^5 配置の金属錯体は FOJT の対象となる。D_{3h} と C_{4v} のいずれの構造でも，基底状態は E' または E の縮重状態である。この場合，FOJT による変形モードは，D_{3h} 構造の錯体では $E' \times E' = A_1' + A_2' + E'$ であり，C_{4v} 構造の錯体では $E \times E = A_1 + A_2 + B_1 + B_2$ である。それぞれ E' と B_1 モードを有するので，FOJT によって fluxional になる。

高スピン-d^4 と d^9 電子配置の 5 配位錯体は，同じ 5 配位の低スピン-d^8 電子配置の錯体と類似しており，C_{4v}, D_{3h} のどちらの構造も不安定になるので，構造変化は起こりやすい。d^9 電子配置では，電子構造は D_{3h} 構造の錯体で $(e'')^4(e')^4(a_1')^1(a_1'^*)^0$，$C_{4v}$ 構造の錯体では $(b_2)^2(e)^4(a_1)^2(b_1)^1(a_1^*)^0$ であるから，それぞれ E' ならびに B_1' モードを有するため，相互に変形しやすく fluxional になることがわかる。

高スピン-d^5 と d^{10} 電子配置の錯体では，閉殻構造であるため，典型元素の化合物である PF_5 と同様の傾向を示す。この電子配置では d-d 軌道間の混合は起こらなくても，それぞれ e' 軌道ならびに b_1 軌道と，d 軌道レベルのすぐ上にある a_1' 軌道（s 軌道性の反結合性軌道）との混合が起こりやすいと考えられるので，PF_5 分子と同じように fluxional であると考えられる。

O_h 型錯体

先に述べたように，基本的に，対称性の高い O_h 型錯体に対しては，d-d 混合による SOJT はない。従って，基底状態の電子配置を基準にした FOJT のみ

を考えれば構造は説明できると思われる。このことはσ結合性の錯体では特に正しい。

　d^{10}イオンはこの点で面白い。Hg^{2+}, Au^+, Ag^+, Cu^+などは固体中ではひずんだO_h型である。これらのイオンはd^{10}電子配置であるため，すぐ上のs軌道との間でd-s混合が起こりうる（$d(e_g) \to s(a_{1g}^*)$の相互作用になる）。Hg^{2+}, Au^+イオンのように相対論的効果（付録B参照）によってd-sレベルが近いものと，Cu^+イオンのように，もともとd-sギャップが小

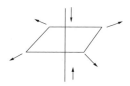

O_h錯体におけるE_gモードの伸縮振動

さいものでは$e_g \times a_{1g} = E_g$モードの振動が誘起され，SOJTによりひずむ。Ag^+イオンは無色であるが，d-sギャップは3eV程度であり，十分に同様の軌道混合が起こる。

　E_g振動モードはd^9電子配置のCu(II)イオンにおけるFOJTの場合と同様に，4個のエカトリアル配位子と中心金属の距離が伸び，2個のアキシャル位の配位子が中心金属に近づくような変形をもたらす。その結果，これらの金属の錯体は，直線状の2配位として観測されることが多い。一方，同じd^{10}金属イオンでも，Zn^{2+}, Cd^{2+}, Tl^{3+}では，s軌道とd軌道のエネルギーレベルの差が大きく，d-s混合は起こりにくい。そのため，基底構造のO_h型から変形することはなく，6配位8面体型錯体としてのみ観測される。

第Ⅲ部

無機化学反応

第7章
無機化学における溶液論

　無機化学反応と平衡は，錯体合成の例を挙げるまでもなく，溶液中で取り扱われることがほとんどである．溶液内の平衡と反応は一般的には「分析化学」という範疇に入るが，その意味で分析化学と無機化学は切り離せない関係にある．例えば，ネルンスト式を知らないで無機化学の教科書を読めば，金属／非金属を問わず電位に関する記述や化合物の反応性と安定性に関する記述を論理的に理解することは不可能である．また，標準状態に関する定義が曖昧になれば，教科書に記述されている電位の意味さえも現実的なものではなくなり，無機化学の諸現象を定性的に理解することさえおぼつかない．

　本章では，「分析化学的基礎概念」を考察することによって，無機化学現象を理解するための基礎を構築するとともに，無機化学研究における基本的ルールを概説する．

7-1　液体の定義

　無機化学の実験の多くは，水やアセトニトリル，トルエンなど様々な溶媒を用いて，溶液中で行われる．溶液中の化学種の活動度は，気相や固相中における化学種の活動度（activity）ほど厳密に取り扱うことができない．しかし，溶液中の化学種の挙動に関係する反応や平衡を扱う上で，液体の定義と液体／溶液に関する理論を理解しておくことは極めて重要である．

　熱力学的には，液体とは臨界圧力（critical pressure）ならびに臨界温度（critical temperature）以下の圧力と温度の範囲で定義される領域に含まれる。一般的に，臨界圧力はほとんどの物質で約200気圧程度であるが，臨界温度は物質ごとにまちまちであり，例えばヘリウムでは5.3Kであるがタングステンでは23000K（推定値）と，大きく違う。

分子論的には，液体は固体と気体の中間的なものとして扱われる。例えば，固体中における原子間距離が約1.5倍になれば，もはやその物質は固体としてではなく液体として振舞う。このことは，分子間力が一般的に距離の6乗に反比例することを考慮すると，液体では液体を構成する分子どうしに働く分子間力が，固体のときの約10分の1程度になっていることを示している。

7-2　溶液に関する理論1：理想溶液／無熱溶液／正則溶液

化学的，物理的に類似した2種類の液体の混合を考えたとき，これら液体を構成する分子については，互いに働く分子間力はほとんど等しいと考えられる。このような場合には，混合液体（溶液）を構成する各成分の蒸気圧は，各成分のモル分率に比例する。互いの分子間力に違いがないので，混合に際してはエンタルピー変化はなく，エントロピーの変化だけが起こる。「混合による熱の出入りがなく，容積変化もなく，分子の大きさも等しい成分の混合」のときには，理想混合とよび，その溶液は理想溶液として扱うことができる。すなわち，理想溶液では，熱力学的取り扱いは極めて単純で，各成分の活動度はモル分率として取り扱うことができる。

あまり現実的ではない理想溶液（ideal solution）に対して，「混合に際して熱の出入りはない（分子間力は同じくらい）が，分子容は異なる」液体どうしの混合で生じる溶液を無熱溶液（athermal solution）とよぶ。理想溶液，無熱溶液では混合に際して混合のエントロピー（mixing entropy）のみが観測される。例えば液体1と液体2の無熱混合における混合のエントロピーは，次のような関数形になることが知られている。

$$\Delta S^{MIX} = -R\left(n_1 \ln \frac{n_1 V_1}{n_1 V_1' + n_2 V_2'} + n_2 \ln \frac{n_2 V_2}{n_1 V_1' + n_2 V_2'}\right)$$

ここで，n_1 と n_2 はそれぞれの成分のモル数である。V と V' は，それぞれ各成分1モルあたりの自由体積と溶液中における各成分の部分モル自由体積であるが，分子容が異なる液体間の混合に際して，これら2つの自由体積はほとんど同じであることが多い。理想溶液では混合のエントロピーは，上式で $V_1 = V_2$（$= V_1' = V_2'$）とした値になる。

理想挙動や無熱挙動を示すような溶液がまれであることは，その定義からもうかがえる。そこで，より現実的な溶液として，正則溶液（regular solution）が考えられている。正則溶液とは，溶質と溶媒の間には分子間力のみを想定しており，混合に際して「混合熱は認められるが，完全にランダムに混ざり合うことができる」ような混合系である。正則溶液では成分分子間に働く分子間力に違いがあるので混合に際して熱が発生する。この差が極端であれば相互溶解度は下がり，分層したり沈殿が起こることになる。正則溶液として取り扱うことができる混合系としては，各種溶媒間の混合や，無電荷金属錯体の有機溶媒への溶解などがあり，相互溶解度を理解する上で重要であると考えられているので，少し詳しく説明する。

一定温度において，成分1の n_1 モルと成分2の n_2 モルを混合するとき，(1)それぞれの成分が気相から凝集して液体になるときに必要なエネルギーは，各成分の1モルあたりの蒸発エネルギー ΔE^v を用いて，それぞれ $n_1 \Delta E_1^v$ と $n_2 \Delta E_2^v$ である。さらに，(1)のそれぞれ独立した凝集系が混合されて混合溶液となる時の相互作用エネルギーは，(2-1)成分1どうしの相互作用エネルギーと(2-2)成分2どうしの相互作用エネルギー，(2-3)成分1と2の間の相互作用エネルギーの和で与えられる。分子間相互作用のエネルギーは各分子が互いに接触する分率（すなわち体積分率）に比例すると考えて，X をモル分率として，(2-1)のエネルギーは下式で与えられる。

$$E_1 = \frac{\Delta E_1^v}{V_1} \cdot n_1 V_1 \cdot \frac{X_1 V_1}{X_1 V_1 + X_2 V_2}$$

右辺の第1項は，単位体積あたりの相互作用エネルギーであり，第2と第3項

の積は，混合溶液中において成分1どうしが接触する数（体積）である。従って，(2-1)および(2-2)のエネルギーはそれぞれ，次のようにまとめられる。

$$E_1 = \frac{n_1 \Delta E_1^v X_1 V_1}{X_1 V_1 + X_2 V_2}$$

$$E_2 = \frac{n_2 \Delta E_2^v X_2 V_2}{X_1 V_1 + X_2 V_2}$$

(2-3)に相当するエネルギーは，成分1と成分2の1モルあたりの相互作用のエネルギーを ΔE_{12}^v とすると，この値が単位モル体積あたり

$$\frac{\Delta E_{12}^v}{V_1^{1/2} V_2^{1/2}}$$

で与えられると考えて，

$$E_{12} = \frac{\Delta E_{12}^v}{V_1^{1/2} V_2^{1/2}} \cdot \left(n_1 V_1 \cdot \frac{X_2 V_2}{X_1 V_1 + X_2 V_2} + n_2 V_2 \cdot \frac{X_1 V_1}{X_1 V_1 + X_2 V_2} \right)$$

で表される。ここで，カッコ内の第1項と第2項は各成分がもう1つの成分と接触する数（体積）になっている。その結果，(1)に相当するエネルギーから(2-1)と(2-2)と(2-3)の和を差し引けば，混合に際して出入りするエネルギーが得られる。

$$\Delta E^{MIX} = \frac{n_1 V_1 n_2 V_2}{n_1 V_1 + n_2 V_2} \left(\frac{\Delta E_1^v}{V_1} + \frac{\Delta E_2^v}{V_2} - \frac{2 \Delta E_{12}^v}{V_1^{1/2} V_2^{1/2}} \right)$$

ただし，

$$X_1 = \frac{n_1}{n_1 + n_2}, \quad X_2 = \frac{n_2}{n_1 + n_2}$$

であることに注意。ΔE_{12}^v を ΔE_1^v と ΔE_2^v の幾何平均であると仮定すれば，

$$\Delta E^{MIX} = \frac{n_1 V_1 n_2 V_2}{n_1 V_1 + n_2 V_2} \left[\left(\frac{\Delta E_1^v}{V_1} \right)^{1/2} - \left(\frac{\Delta E_2^v}{V_2} \right)^{1/2} \right]^2$$

となり，$(\Delta E^v/V)^{1/2}$ が，溶質と溶媒それぞれの分子間力の尺度となっていることがわかる。すなわち，類似の $(\Delta E^v/V)^{1/2}$ を与える溶媒-溶質間の混合は，無熱混合で近似できる。$\delta = (\Delta E^v/V)^{1/2}$ を，溶解度パラメータ（solubility parameter，あるいは蒸発エネルギー密度）とよび，着目する物質（溶媒，無電荷金属錯体など）に固有の値である。最近では，δ どうしが似たような値の物質

間では相互溶解度が大きくなることを考慮して，無電荷金属錯体の超臨界二酸化炭素中への溶解度から，溶解度パラメータを決めようとする試みもある。

7-3　溶液に関する理論2：希薄溶液と電解質溶液論

1803年に報告されたヘンリーの法則や1887年のラウールの法則，ファントホッフの法則などから明らかなように，希薄溶液（dilute solution）では理想挙動が仮定できることが知られている。すなわち，溶質のモル数に比例して，溶媒の蒸気圧が降下し，その結果沸点が上昇する現象は，希薄溶液についてのみ成り立つ。無機化学においては，無限希釈状態（infinite dilution）における熱力学諸量（平衡定数や速度定数など）を基本にする。無限希釈状態に補外して計算された熱力学量は万国不変の一定値であると考えられるからである。

しかし，現実的には無限希釈の条件で実験することは困難であるため，何らかの方法を使って，実用的な条件で測定された実験結果を無限希釈の条件まで外挿する必要がある。無機化学の実験では，イオンが関与する反応を対象とすることが多いので，他の条件（温度と圧力）を一定にしておいても，反応中に溶液中のイオン種の濃度が変わると，イオン間の相互作用に起因する過剰のエネルギーにより，実験結果は一定の値を示さなくなる。このようなイオン間の静電的効果を理論的に考察したのが電解質溶液（electrolyte solution）論である。電解質溶液論（デバイ-ヒュッケル（Debye-Hückel）理論）の概略は次のようなものである。

仮定：
(a) イオン-イオン間に存在する長距離相互作用のみを考慮する。
(b) イオンは最近接距離 a まで近づける点電荷であると仮定する。
(c) すべてのイオンによる電場はポワソンの法則に従い，重ね合わせが可能であると仮定する。

このような仮定のもとで，座標の中心にイオン j を置くと，j から r 離れた所の体積要素 dV における他のイオン i（電荷 $z_i e$）による平均電荷密度は，次

式で表される。

$$\rho(r) = \sum_i \rho_i(r) z_i e \quad [ただし \rho_i(r) は化学種iの密度でρ(r)は電荷密度]$$

ポワソンの法則から，体積要素dVにおける電荷密度$\rho(r)$は，イオンjの周りに球対称であるとして，次式が得られる。

$$\frac{4\pi}{\varepsilon_0 \varepsilon} \rho(r) = -\frac{1}{r^2} \frac{d}{dr}\left(r^2 \frac{d\Psi_j(r)}{dr}\right) \tag{1}$$

ここで，$\Psi_j(r)$はj位置におけるポテンシャルである。

イオン濃度が高いときには，イオンの熱運動による効果が無視できなくなる。これは，ボルツマン分布に従うはずである。

$$\rho_i(r) = \rho_i^0 \exp(-z_i e \Psi(r)/k_B T) \quad [\rho_i^0 は平均数密度]$$

しかし，ボルツマン分布の示す関数形は，ポワソン式が要求する関係を満たさない。デバイ-ヒュッケル理論では，ボルツマン分布の式を級数展開して，2次以降の項を省略して近似する。

$$\rho(r) = -\sum_i \rho_i^0 z_i^2 e^2 \Psi_j(r)/k_B T \tag{2}$$

その結果，ポワソン式の要請が保持された。

(2)式を(1)式に代入して

$$\frac{1}{r^2}\frac{d}{dr}\left(r^2 \frac{d\Psi_j(r)}{dr}\right) = \frac{4\pi e^2}{\varepsilon_0 \varepsilon k_B T} \sum_i \rho_i^0 z_i^2 \Psi_j(r) = \kappa^2 \Psi_j(r)$$

とおくと，積分を無限大から限界距離aまで行うことにより，

$$\Psi_j(r) = \frac{z_j e}{\varepsilon_0 \varepsilon} \frac{e^{\kappa a}}{1+\kappa a} \frac{e^{-\kappa r}}{r}$$

が得られる。

従って，$r=a$におけるj以外の全てのイオンによるポテンシャルΨ_{aj}は，中心のjイオン自身のポテンシャルである$z_j e/\varepsilon_0 \varepsilon a$を差し引いて，

$$\Psi_{aj} = \Psi_j(a) - \frac{z_j e}{\varepsilon_0 \varepsilon a} = -\frac{z_j e \kappa}{\varepsilon_0 \varepsilon (1+\kappa a)}$$

となる。

一方，イオン-イオン間の静電相互作用に起因する過剰の自由エネルギーは，

$$dG_j^{el} = \Psi_{aj} d(e z_j) \tag{3}$$

から求めることができるが，この場合，j型イオンを体積 V 中に含む系では，過剰自由エネルギーは $V\rho_j^0$ 個分の寄与として表されるので，(3)式は，$V\rho_j^0$ 倍されて(4)式が正しい表現になる。

$$dG^{el} = V\sum_j \rho_j^0 \Psi_{aj} e dz_j \tag{4}$$

その結果，各イオンの静電相互作用による過剰の化学ポテンシャルは

$$\mu_j^{el} = \left(\frac{\partial G^{el}}{\partial n_j}\right) = k_B T \ln \gamma_j$$

であり，最終的には帯電プロセス（Guntelberg の帯電過程）を用いて結果式を得る。この帯電過程では，κ は積分中において不変であり，電荷のみが積分中にゼロから ze まで変化する（この様子は 0～1 まで変化する変数 λ で表される）。その結果，(4)式は次式によって表現されることになる。

$$G^{el} = \int_0^1 V\sum_j \rho_j^0 \Psi_{aj} e z_j \lambda^2 d\lambda = V\sum_j \rho_j^0 \Psi_{aj} e z_j \int_0^1 \lambda^2 d\lambda$$

上式をコンポーネントの分率で偏微分すれば，過剰の化学ポテンシャルが得られる。

$$-\log_{10}\gamma_j = \frac{z_j^2 e^2}{8\pi\varepsilon_0 \varepsilon} \frac{\kappa}{1+\kappa a}$$

$$\kappa = \sqrt{\frac{2N_A^2 e^2 \rho_0^2}{\varepsilon_0 \varepsilon RT}}\sqrt{I}$$

$$I = \frac{1}{2}\sum_i c_i z_i^2$$

この表現は，数密度をモル濃度 c_i に換算し，整理したものである。ここで I は溶液のイオン強度（ionic strength）とよばれるパラメータで，ρ_0 は溶媒の密度，N_A はアボガドロ数，R は気体定数である。

　この結果は，イオン化学種 j のモル濃度 m_j と活動度 a_j の間の関係が

$$a_j = \gamma_j m_j$$

であり，化学ポテンシャルが $-RT\ln a_j$ で表されることから，溶液内に電荷を有したイオンが存在することによってイオン化学種 j が被る過剰の自由エネルギーは $-RT\ln\gamma_j$ であることがわかる。

　デバイ-ヒュッケル理論によれば，溶液のイオン強度を一定に保つことによ

り，過剰自由エネルギー $RT\ln\gamma_i$ が一定に保たれることを示している。したがって，実験に際しては，反応に関係しない塩（無関係塩）を溶液に過剰に加えることによって，反応中に反応に関わるイオン性化学種の濃度が多少変化しても，溶液のイオン強度が一定に保たれるように工夫しておかなければ，熱力学的に意味のあるパラメータを得ることはできない。通常，水溶液中の反応ではイオン強度を $1\,\mathrm{mol\,dm^{-3}}$ 以上に保ち，反応種の濃度は $10^{-2}\,\mathrm{mol\,dm^{-3}}$ を超えないようにするべきである。非水媒質中の反応では，塩の溶解度が低いことと，塩がイオン対として存在しやすくなることを考慮して，イオン強度（実際にイオン解離しているかどうかはともかくとして）は $0.1\,\mathrm{mol\,dm^{-3}}$ 程度にし，反応や平衡に関係する化学種の濃度は $10^{-3}\,\mathrm{mol\,dm^{-3}}$ 以下にするのが慣例である。

非水溶媒は比誘電率が水よりも小さいので，非水溶媒中では高濃度の無関係塩は完全解離せずイオン会合（ion association）が起こるが，迅速な平衡により，解離したイオン種の濃度は溶液中で常に一定に保たれるので問題はないとされている。

デバイ–ヒュッケル式を次式で表現したときの2つのパラメータ（A と B）の値を比誘電率と温度の関数として示しておく。

$$\log_{10}\gamma_\pm = \frac{-A|z_+z_-|\sqrt{I}}{1+Ba\sqrt{I}}$$

$A = 1.824\times10^6(\varepsilon T)^{-3/2}$　単位は $(\mathrm{mol\,dm^{-3}})^{-1/2}\mathrm{K}^{3/2}$

$B = 50.29\times10^8(\varepsilon T)^{-1/2}$　単位は $(\mathrm{mol\,dm^{-3}})^{-1/2}\mathrm{K}^{1/2}\mathrm{cm}^{-1}$

25℃，1気圧の水溶液では $A=0.509$，$B=0.329\times10^8$ となっている。この値を用いるときには限界イオン半径（イオンサイズパラメータともいう）a の単位（cm）に気をつける必要がある。

より高いイオン濃度に対応する関係式も報告されているが，それについては，溶液化学に関する専門書を参考にして頂きたい。高いイオン強度のもとで観測された実験値は，実験条件としてイオン強度を明記して報告するか，あるいはデバイ–ヒュッケル理論を用いて，各化学種の濃度を全て活動度に換算した値を報告するか，あるいは無限希釈状態の値として報告しなくてはいけない（後に述べるように平衡定数など，濃度に関係する物理量は無次元量である）。電

気化学測定においては，高い濃度の無関係塩を加えて電位-電流曲線などを観測するが，この場合は電位勾配による泳動効果をなくす目的で塩を加えている。蛇足ではあるが，pH電極を用いて測定した水素イオン濃度は活動度である（分析濃度ではない）と定義されているので，反応速度則や化学平衡式中における水素イオン濃度の取り扱い（他の化学種の濃度表現は分析濃度であることが多い）には気をつける必要がある。

7-4　イオン会合

静電的相互作用のみを考慮した場合，電荷 z_je の陽イオン j の周囲に存在する電荷 $z_\pm e$ の化学種の動径分布関数 $\rho_\pm r^2 dr$ は次式で与えられる。

$$\rho_\pm r^2 dr = \rho_i^\infty \exp(-z_j z_\pm e^2 / \varepsilon_0 \varepsilon r k_B T) r^2 dr$$

ここで ρ_i^∞ は，イオン j がないときのイオン i の電荷密度を表す。イオン j の周りの同種の電荷（+）を有するイオンと異種の電荷（−）を有するイオンの分布の様子は，分布 $(\rho_\pm/\rho_i^\infty)r^2$ を換算距離 $r/z_i z_j$（絶対値）の関数としてプロットして得られる。

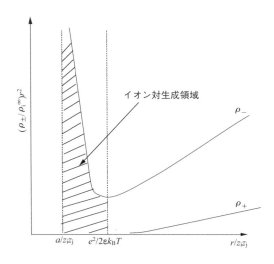

同種電荷のイオンは，着目するイオン j からの距離が小さいときにはほとんど存在しないが，異種電荷のイオンの存在量は換算距離 $r/z_i z_j = e^2/2k_B T\varepsilon$ のときに極小になる様子がわかる。Bjerrum は，このようにエネルギーが $2k_B T$ より大きな相互作用エネルギーを有する領域内（換算距離 $a/z_i z_j \sim e^2/2k_B T\varepsilon$）の異電荷イオン種はイオン j とイオン対を形成していると考えた。Fuoss は Bjerrum の考え方に関連して，2種の異電荷イオン種間に溶媒分子を挟まないペアをイオン対と定義し，次のようなイオン対生成平衡定数 K_i に関する関係式を提唱している。

$$K_i = \frac{4\pi N_A a^3}{3000} \exp(-U/k_B T)$$

$$U = \frac{z_i z_j e^2}{\varepsilon}\left[\frac{1}{a(1+\kappa a)}\right]$$

$$\kappa = \sqrt{\frac{8\pi N_A e^2 I}{1000\varepsilon k_B T}}$$

ただし，単位は cgs であることに注意すること（a はイオンの半径の和／cm，ボルツマン定数は $k_B = 1.3 \times 10^{-16}$ erg K^{-1}，$e = 4.803 \times 10^{-10}$ cgs esu）。なお，N_A はアボガドロ数であり，I はイオン強度である。

K_i の値は，水のように誘電率の大きな溶媒中（比誘電率が 78.5）では 1 価イオン間では 1 程度であり，1 価イオンと 2 価のイオンでも 4 程度である。また，溶液のイオン強度が大きくなるとこれらの値は小さくなる傾向がある。しかし，メタノール（比誘電率が 32）やジクロロメタン（比誘電率が 9.1）では，比誘電率が小さくなるにつれて，イオン対生成定数は非常に大きくなる傾向がある。例えば，メタノール中では，正と負の 1 価イオン間では 4 程度であり，1 価イオンと 2 価のイオンでは 50 程度であるが，ジクロロメタン中では正負の 1 価イオン間でも 1000 程度であり，1 価イオンと 2 価のイオンでは 10^5 以上にもなる。

7-5 反応速度定数のイオン強度依存性

絶対反応速度論(theory of absolute reaction rate, transition state theory と同義)(8章参照)では,次式の反応では始状態(ここではAとBはイオン種と考える)と遷移状態(Z)で平衡が成り立っていると考える。

$$\text{A} + \text{B} \underset{}{\overset{K^*}{\rightleftharpoons}} \text{Z}^* \xrightarrow{k}$$

その平衡定数 K^* は,

$$K^* = \frac{a_Z}{a_A a_B} = K_c^* \frac{\gamma_Z}{\gamma_A \gamma_B}$$

で表される。a は各イオンの活動度であり γ は活動度係数(activity coefficient),K_c^* は濃度で表現された平衡定数である。絶対反応速度論によれば,反応速度定数は

$$k = \frac{k_B T}{h} K^*$$

で表されるから,平衡定数と同様に速度定数についても,k を活動度で表した速度定数,k_c を濃度表現の速度定数 $[k_c = (k_B T/h) K_c^*]$ とすれば,次の関係が成り立つことがわかる。

$$k = k_c \frac{\gamma_Z}{\gamma_A \gamma_B}$$

電解質溶液に関するデバイ–ヒュッケル理論から,溶液のイオン強度を I とすれば次式が成り立つ。ただし α は各イオンのイオンサイズパラメータ,z はイオンの電荷である。

$$\log_{10} \gamma = \frac{-A z^2 \sqrt{I}}{1 + B \alpha \sqrt{I}}$$

イオンサイズパラメータは経験的な値を適用することが多く,一般的に陽イオンと陰イオンの結晶イオン半径の和よりも大きく,それぞれの溶媒和イオン半径の和よりも小さい。そこで,$\alpha_A = \alpha_B = \alpha_Z = \alpha$ と近似し,$z_Z = z_A + z_B$ とおけば最終結果式が得られる。

$$\log_{10}k_c = \log_{10}k + \frac{2z_A z_B A\sqrt{I}}{1+B\alpha\sqrt{I}}$$

これは Brønsted-Bjerrum-Christiansen の式とよばれており，溶液中の2つの反応化学種の電荷の積を実験的に求めるために用いられる．例えば，反応に関係する陽イオンが陰イオン性配位子と錯形成していたり，加水分解している場合には，この式の関係を用いて，実際に反応に関わっている化学種の電荷を推定することができる．しかし，デバイ–ヒュッケル式の適用濃度領域はさほど広くないし，イオン対生成の影響が大きい溶媒中の反応には，この式は適用できない．

7-6 標準状態の考え方

無機化学の分野では，標準状態（standard state, normal state）として通常 25 ℃，1 気圧で，濃度としては「全ての溶質化学種（イオンも含む）について理想挙動の $1\,\mathrm{mol\,dm^{-3}}$ または $1\,\mathrm{mol\,kg^{-1}}$」とする．先に述べたように，化学種の濃度が $1\,\mathrm{mol\,dm^{-3}}$ という高濃度であれば，もちろん理想挙動を示すことはないのであるが，定義では全ての化学種が $1\,\mathrm{mol\,dm^{-3}}$ で，これが活動度 1 になっているとするわけである．もちろん，電気化学／分析化学／無機化学の分野で扱われる「標準酸化還元電位」もこの定義に準拠しているので，水素イオンが関係する半電池反応では，標準酸化還元電位は，水素イオンの濃度は理想挙動の $1\,\mathrm{mol\,dm^{-3}}$ であるという条件を暗黙の了解事項にしている．この定義の仕方は混乱を招きやすいので，次の例を取り上げて「無機化学における標準状態」の意味を今一度考えてみる．

カドミウムイオンが，水溶液中でメチルアミンあるいはエチレンジアミンと錯形成する平衡定数は次のように定義される．

$$\mathrm{Cd^{2+}{}_{aq}} + 4\mathrm{NH_2Me} \underset{}{\overset{\beta_{\mathrm{NH}}}{\rightleftarrows}} [\mathrm{Cd(NH_2Me)_4}]^{2+} + 4\mathrm{H_2O}$$

$$\mathrm{Cd^{2+}{}_{aq}} + 2\mathrm{en} \underset{}{\overset{\beta_{\mathrm{en}}}{\rightleftarrows}} [\mathrm{Cd(en)_2}]^{2+} + 4\mathrm{H_2O}$$

この2つの平衡を表す平衡定数は，慣例に従って次のように表現される。

$$\beta_{NH} = \frac{[Cd(NH_2Me)_4^{2+}]}{[Cd^{2+}{}_{aq}][NH_2Me]^4}$$

$$\beta_{en} = \frac{[Cd(en)_2^{2+}]}{[Cd^{2+}{}_{aq}][en]^2} \tag{5}$$

実験の結果得られた反応のエントロピー並びにエンタルピーと25℃におけるそれぞれの平衡定数の値を下の表に示す。これらの反応は，窒素原子の塩基性度が同じくらいの配位子による錯形成反応とみなせるので，「キレート効果（chelate effect）」を観測するには最適であると考えられた。

錯体	$\log \beta$	$\Delta H^0 / kJ\ mol^{-1}$	$\Delta S^0 / J\ mol^{-1} K^{-1}$
$[Cd(NH_2Me)_4]^{2+}$	6.55	-57.3	-66.8
$[Cd(en)_2]^{2+}$	10.62	-56.5	$+14.1$

観測された2つの平衡定数を比べると，キレート生成反応であるエチレンジアミンによる錯形成反応のほうが，単座配位子による錯形成反応よりも明らかに大きな平衡定数を与えることがわかる。また，反応のエンタルピーはどちらの反応でも同じ程度（$-56 \sim 57 kJ\ mol^{-1}$）なので，キレート効果は「エントロピー効果」として説明できそうである。この考え方を＜案1＞とする。

ところが，この結論を見て過去に次のような疑問が提起されたことがある。「上で定義された平衡定数は次元が違うので直接比較してはいけないのではないか？」というものである。もちろんこれらの実験結果は，一定のイオン強度のもとで観測されたものであり，そのイオン強度のもとで比較するのは正しい。クレームの主旨は，「平衡定数を濃度で定義しているのであるから，β_{NH}の単位は $[mol\ dm^{-3}]^{-4}$ であり，β_{en}の単位は $[mol\ dm^{-3}]^{-2}$ なので，物理的に次元が違うものを比較してはいけない」ということなのである。このクレームは間違っているだろうか？

さらに，このクレームの主は「平衡定数の次元をそろえるために，それぞれの化学種の濃度をモル分率に換算して（全ての化学種の濃度を，系のほとんどをしめる水の濃度$55.5\ mol\ dm^{-3}$で割る）表すと，先の表は次のように書き換

えられる」と主張した。

錯体	log β	ΔH^0/kJ mol^{-1}	ΔS^0/J mol^{-1}K^{-1}
[Cd(NH$_2$Me)$_4$]$^{2+}$	13.5	-57.3	$+67.4$
[Cd(en)$_2$]$^{2+}$	14.1	-56.5	$+80.5$

このようにして表すと，「2つの錯形成反応（平衡）のエントロピーの違いはほとんどなくなり（エントロピーはプロットの切片からでるので誤差が大きいから ±20 J mol^{-1} K^{-1} 程度の違いは有意な差ではない），キレート効果をエントロピー効果とするのは早計だ。また，平衡定数もこれら2つの反応では大きな差がない」という主張である。この主張を＜案2＞とする。

次に，これら2つの＜案＞について考察してみる。

＜案1＞の主張は全く間違っていない。なぜなら，熱力学的標準状態は「理想挙動の 1 mol dm^{-3}」であるから，(5)式で表された平衡定数は「活動度に関して補正はしていないものの」無次元量なのである。すなわち，平衡定数を表す式にはあからさまには書かれていないが，全ての化学種の濃度が 1 mol dm^{-3} で割ってあると考えなくてはいけない（蛇足であるが，β が無次元量でなくては対数をとることさえ許されないはずである）。

それでは，＜案2＞は説得力があるが，間違いなのだろうか？ 実はこちらも間違いではない。そうすると，これら2つの＜案＞には，根本的な違いがあって，どちらも「キレート効果」の本質をついていることが見えてくる。＜案2＞の考え方では標準状態を「理想挙動の 55.5 mol dm^{-3} にずらしてしまっている」とみなすのが正しい見方である。その結果，このような高濃度条件を基準にすれば「キレート効果は消失する」ことが理解できる。このように，平衡定数や速度定数などのパラメータは「標準状態」の取り方によって大きく変わることがあるが，どのような状態を標準状態にしたのかを明記しておけば全て正しい値であることがわかるし，互いに換算すれば，全て同じ土俵で比較しなおすことが可能なのである。

＜案2＞の例では，「(現実的でないほど)非常に高い濃度を標準状態にしている」のであるから，カドミウムイオンとメチルアミンとの反応において，

「ものすごく沢山のメチルアミンがバルクにあれば，見かけ上キレート効果が無くなる」ということを示している。このことは，＜案1＞では，エチレンジアミンのような二座配位子の関与する平衡では，「1つ目の配位サイトが金属イオンに結合した状態では，残りの配位サイトは金属イオンのごく近傍にいるので，バルクに $1\,\mathrm{mol\,dm^{-3}}$ の濃度しかない単座配位子と金属イオンとの反応と比べて反応確率が高い」ことを示していると言い換えても良い。＜案2＞のように標準状態を $55.5\,\mathrm{mol\,dm^{-3}}$ にとれば，「単座配位子であるメチルアミンが $55.5\,\mathrm{mol\,dm^{-3}}$ もバルクに存在していれば，バルクに $1\,\mathrm{mol\,dm^{-3}}$ しかないときよりも金属イオンとの反応確率は 55.5 倍も上がっているということになり，エチレンジアミンが既に単座で配位している状態から閉環するのと同じ程度の確率で反応できるようになったのである」と考えれば，キレート効果の消失も理解できる。

　それでは，「キレート効果」を「エントロピー効果」と考えるのは間違いなのか？　この疑問にも安直な結論を出さない方が良い。キレート効果をエントロピー効果とするときには，一般的には「反応系の分子数より生成系の分子数の方が増加している」ことに根拠をおく。カドミウムイオンとメチルアミンの反応系では，4分子のメチルアミンがバルクから配位圏に束縛される替わりに，配位圏から4分子の水がバルクに放出されるので，各分子の溶媒和などに関する難しい議論を無視すれば，エントロピー変化は小さいはずである。一方，カドミウムイオンとエチレンジアミンとの反応系では，2分子のエチレンジアミンが束縛される替わりに，4分子の水がバルクに放出されるのであるから，反応のエントロピーは正で，「熱力学的に好ましい反応」ということになる。

　ところが，先の標準状態の取り方に関する議論から，「キレート効果は局所濃度効果（キレート配位子では，2個目の配位サイトの反応確率が高い＝2個目の配位サイトが，金属から見て非常に近くにあるので，濃度が高いということと等価な状態になっている）」であることが示唆されている。したがって，すぐ上で述べた「反応系の前後の分子数の変化だけを考慮して結論したエントロピー効果」という安直な解釈は間違っていることがわかる（化学種の濃度がすべて 55.5 倍になっても，反応に伴う進入配位子と脱離配位子の数の比は変

わらない)。

　正しい解釈は，局所濃度効果による見かけのエントロピー効果である。二座配位子であるエチレンジアミンが単座でカドミウムイオンに配位する段階に対応するエントロピー変化は，メチルアミンがカドミウムイオンに配位するときのエントロピー変化とほとんど同じである（実際は溶媒和の効果が違うのでこのように単純ではないが，出入りする分子数の比としては正しい）とみなせば，キレート効果は主としてキレート閉環／開環過程に起因することがわかる。局所濃度が高い状態というのは，配位原子の自由度が小さくて反応する確率が高い状態であるから，閉環前後でのエントロピー変化はさほど大きくない。一方，局所濃度が低い状態というのは，例えば7員環や8員環形成二座配位子の一方の配位原子が金属に固定された状態を想像すると，5員環形成配位子より2個目の配位原子の自由度は大きいので，配位によって失う自由度は大きい（エントロピーは減少する）。従って，局所濃度が低い状態では，自由度の大きい配位サイトが金属に配位すると大きなエントロピーの減少が起こる。これが＜案1＞で結論されたエントロピー効果の正体である。このように考えると，一般的な標準状態で観測されたエントロピー効果が，高濃度を標準状態にした議論で消失することが理解できる。

　反応速度論の立場からも，この効果を検証することが可能である。$Ni^{2+}{}_{aq}$ とエチレンジアミンの反応において，下記の各反応段階の速度定数が報告されている。

$$Ni^{2+}{}_{aq} + en \underset{k_{21}}{\overset{k_{12}}{\rightleftarrows}} (H_2O)_5Ni^{2+}-NH_2CH_2CH_2NH_2 + H_2O$$

$$\underset{k_{32}}{\overset{k_{23}}{\rightleftarrows}} Ni(H_2O)_4(en)^{2+} + H_2O$$

k_{12} が約 $900\,M^{-1}s^{-1}$，k_{21} が約 $15\,s^{-1}$，k_{23} が約 $1.2\times10^5\,s^{-1}$，k_{32} が約 $0.14\,s^{-1}$ である。このように，キレートの閉環の速度定数（k_{23}）は，同濃度の単座配位子による置換反応速度定数（k_{12} に対応する）と比べて非常に速いことがわかっている。また，単座配位子の解離速度定数（k_{21}）と比べて，キレート開環

速度定数（k_{32}）は 100 倍遅く，これもキレート効果の主要な要因になっていることがわかる（5 員環キレートの幾何学的安定性）。

　最近色々な反応系について「エントロピー支配の反応」とか「エンタルピー支配の反応」と言った言葉を良く耳にするが，安直な考えを鵜呑みにせず，各自で論理的に考察すべきであると思う。

第8章
溶液内の反応速度論

　無機化学反応論は，化学反応速度論（chemical kinetics）を抜きに語ることはできない。無機化学合成は，温度や圧力などの実験条件に応じた溶液内平衡や沈殿生成平衡，およびそれら平衡到達に至る時間スケールなど，様々な分析化学的／速度論的要因によって支配されている。例えば，簡単な錯体合成実験においても，(1)金属イオンの溶存状態（溶液内構造）とその置換活性度（lability，金属イオンの溶媒交換速度に関係する），(2)侵入配位子の性質を反映した金属イオンとの錯形成平衡（電荷や，配位子の形状，部分モル体積など，様々な要素が関係する）並びにその達成速度，(3)生成した錯体化学種の関係する固液平衡（沈殿生成平衡）とその達成速度など，数多くの分子論的機構に支配された速度論的過程が存在する。この章では，溶液内での化学反応速度論に関係する考え方について紹介する。

8-1　反応速度論に関係する用語

　溶液内の化学反応の速度（rate）は，化学種の濃度や温度によって変化する。化学反応速度論に関する議論を進めるためには，いくつかの約束事を理解しておく必要がある。
　(1)　反応速度（rate）：例えば，A → B という簡単な反応について，反応速度（rate）は次のように定義される。

$$\text{rate} = -\frac{d[A]}{dt} = \frac{d[B]}{dt}$$

反応速度は常に正の値で，単位は $M\ s^{-1}$ である。ただし M は容量モル濃度または質量モル濃度を用いる。すなわち，反応速度とは，「単位時間，単位体積（あるいは単位溶媒質量）あたりの化学種の数の時間変化」である。

(2) 反応次数（order）：反応速度が $\text{rate} = k[A]^a[B]^b$ ……のように表されるとき，「この反応は，反応種 A の濃度に対して a 次，B の濃度に対して b 次……の反応」など称する。この反応の全次数は a+b+c+…… などともいう。反応機構によっては，a，b，c などは整数とは限らない。$\text{rate} = k[A]^a[B]^b$ ……の形で表された「実験式」を反応速度則（rate law，速度式ともいう）とよぶ。

(3) 反応速度定数（rate constant）k：反応速度が $\text{rate} = k[A]^a[B]^b$ ……のように表される時，比例定数 k を反応速度定数（あるいは，単に速度定数）とよぶ。速度定数の単位は，反応速度の次元が常に $M\ s^{-1}$ であることを考慮すれば，全反応次数に応じて変化することがわかる。

反応速度論の研究は，着目する反応について，反応に関わると思われる全ての化学種の濃度を変えながら，反応の速度を実験的に観測することによって開始される。反応次数は，実験によってのみ決定できるパラメータであると考えなくてはならない。なぜなら，実験的に得られる情報は律速段階とそれに至る微視的プロセスの情報を含むので，着目する反応が化学反応式（最初と最後のみの平衡／反応で表される）にあらわれる化学量論（stoichiometry）に対応しているとは限らないからである。

さらに，反応機構は，*educated guess* によって人間が勝手に考えるものであるから，ある反応機構に対応する化学反応式で測定データがよく再現されるからといって，その反応機構が唯一のもので真実であるとは言えないということを知るべきである。反応速度論的に得られる情報以外の色々な情報（各反応種に関わる様々な熱力学的パラメータや，他の反応系との比較など）に基づいて判断しなくてはいけない。

反応速度の測定で，気をつけなくてはいけないことがいくつかある。まず，(a)温度と圧力は一定にし，イオン種を含む反応系では溶液のイオン強度が反応

中一定に保たれているように工夫しなくてはいけない（電荷を有する化学種を扱う時は特に重要である）。これらは，複数の熱力学的パラメータが同時に変化して，情報が混乱するのを防ぐためと，溶液内のイオン種の活動度係数が反応中に変化するのを避けるために絶対必要な条件である。いわずもがなであるが，(b)反応速度の測定中は，一般的に試料溶液を撹拌してはいけない（ただし，特殊な測定で，撹拌による効果が数学的に分離できるような場合や，ある種の触媒反応の観測などの場合は除く）。

8-2　反応速度定数の求め方

　反応速度の測定では，「擬 1 次条件（pseudo-first order condition）における測定を旨とする」のが原則である。2 次反応やそれ以上の次数の反応条件は極力避けて（観測手段の制限で避けられないこともある），実験誤差の拡大を防ぐことと，反応が「擬 1 次条件下で，確実に 1 次反応であることを確認する」ことが大切だからである。1 次反応は，下に述べるように，直線プロットとして明確に確認することができる。1 次のプロットがわずかにでも「系統的な曲がりや，系統的な直線からのずれ」を示していれば，その実験条件で決定された反応速度定数には信頼性がないか，反応自体が単純なものではないことを意味するのである。

　ここで擬 1 次反応条件とは，着目する 1 つの反応化学種の濃度に対して，他の反応種の濃度を 10～100 倍以上にして事実上反応過程で濃度変化がないように設定した条件のことである。しかし，10 倍程度の過剰条件では，その化学種の量は反応前後で 10％程度変化するため，全時間領域で擬 1 次条件が満たされているわけではないと認識すべきである。

　このように設定した擬 1 次条件で 1 次反応の解析を行うときには，次に記述するように，<u>必ず終点における観測値からの差を利用する</u>。そうしないと，正しい速度定数を得ることはできない。

例えば，一般式 A → B で与えられる反応について，反応速度定数を k とし，反応種 A も生成種 B も光を吸収する（モル吸光係数をそれぞれ ε_A, ε_B とする）場合に，吸光度の変化から 1 次速度定数を求めたいときには，次のように取り扱う。

吸光度を Abs とすると，ランバート–ベールの法則から

$\mathrm{Abs}(A) = \varepsilon_A [A]$, $\mathrm{Abs}(B) = \varepsilon_B [B]$

$\mathrm{Abs}_t = \varepsilon_A [A]_t + \varepsilon_B [B]_t$, $[A]_t + [B]_t = [A]_0$

$\mathrm{Abs}_t = \varepsilon_A [A]_t + \varepsilon_B [B]_t = \varepsilon_A [A]_t + \varepsilon_B ([A]_0 - [A]_t) = (\varepsilon_A - \varepsilon_B)[A]_t + \varepsilon_B [A]_0$

が成り立つ。$\varepsilon_B [A]_0 = \varepsilon_B [B]_\infty = \mathrm{Abs}_\infty$ なので，$\mathrm{Abs}_t = (\varepsilon_A - \varepsilon_B)[A]_t + \mathrm{Abs}_\infty$

従って，$[A]_t = (\mathrm{Abs}_t - \mathrm{Abs}_\infty)/(\varepsilon_A - \varepsilon_B)$ となる。これを速度則に代入して変形すると，化学種 A と B のモル吸光係数が等しくないときには

$$\mathrm{rate} = -\frac{d[A]_t}{dt} = \frac{d[B]_t}{dt} = k[A]_t$$

$$-\frac{1}{\varepsilon_A - \varepsilon_B} \frac{d(\mathrm{Abs}_t - \mathrm{Abs}_\infty)}{dt} = k \frac{1}{\varepsilon_A - \varepsilon_B} (\mathrm{Abs}_t - \mathrm{Abs}_\infty)$$

$-\dfrac{d(\mathrm{Abs}_t - \mathrm{Abs}_\infty)}{dt} = k(\mathrm{Abs}_t - \mathrm{Abs}_\infty)$ を解いて，初期条件を入れると

$$\ln \frac{(\mathrm{Abs}_t - \mathrm{Abs}_\infty)}{(\mathrm{Abs}_0 - \mathrm{Abs}_\infty)} = -kt \tag{1}$$

終点からの差（$\mathrm{Abs}_t - \mathrm{Abs}_\infty$）の絶対値の対数をとって，時間に対してプロットすれば直線になることがわかる。$\varepsilon_A = \varepsilon_B$ になるような波長では，反応に伴う吸光度変化は観測されない。このように時間とともに吸光度が変化しない点を等吸収点（isosbestic point）とよぶ。単一の反応過程では，反応中に等吸収点がシフトすることはない。しかし，反応時に等吸収点が観測されたからといって，必ずしも反応が「単一の過程」で進行していることを保証するものではない（等吸収点の観測は，単一反応過程であることの必要十分条件ではない）。

それでは，反応が遅すぎて，終点がわからないようなときには「1 次反応の保証」が得られないので途方に暮れてしまうだけであろうか。昔から，このよ

うな反応を正確に解析するための手法が提唱されている。ここでは，最も一般的な Guggenheim 法と Kezdy-Swinbourne 法について記述する。

(1)式の関係から $Abs_t = (Abs_0 - Abs_\infty)e^{-kt} + Abs_\infty$ であるから，t のかわりに，ある一定時間 τ を足した t+τ で置き換えてもこの関係は変わらない。

$$Abs_t = (Abs_0 - Abs_\infty)e^{-kt} + Abs_\infty \qquad (2)$$

$$Abs_{t+\tau} = (Abs_0 - Abs_\infty)e^{-k(t+\tau)} + Abs_\infty \qquad (3)$$

(2)式の両辺から(3)式の両辺をそれぞれ差し引いて，

$$Abs_t - Abs_{t+\tau} = (Abs_0 - Abs_\infty)[1 - e^{-k\tau}]e^{-kt}$$

が得られる。この式の両辺の対数をとると，

$$\ln(Abs_t - Abs_{t+\tau}) = -kt + \text{constant}$$

になるので，$\ln(Abs_t - Abs_{t+\tau})$ を時間 t に対してプロットすると，その傾きから速度定数 k が得られる。この方法は Guggenheim 法とよばれており（JACS, 74, 563 (1952)），市販の測定装置（Stopped-Flow 装置など）に付属する速度解析プログラムは，ほとんどがこの方法に頼っている。この方法の欠点は，τ を十分長くとらないと精度が低いことである。市販のプログラムでは，フィットの良否を誤差プロットで示すものが多いが，「系統的なずれ」に十分に気をつけないと，とんでもないことになる。このような事態を避けるために，必ず「実験者自身が一度は手計算でプロットして，直線性を確認しておく」ことをお勧めする。そのための簡単な方法を次に示す。

(2), (3)式を用いて，次の式の左辺に対応する比をとる。

$$\frac{Abs_t - Abs_\infty}{Abs_{t+\tau} - Abs_\infty} = e^{k\tau}$$

これを Abs_t について解くと，

$$Abs_t = Abs_\infty[1 - e^{k\tau}] + Abs_{t+\tau}e^{k\tau}$$

となるが，右辺の第 1 項は時間に依存しないので，Abs_t を $Abs_{t+\tau}$ に対してプロットすると，傾きが $e^{k\tau}$ の直線になるはずである。一方，t = ∞ のとき，$Abs_t = Abs_{t+\tau}$ となるはずなので，反応終点では上記のプロットと原点を通る傾き 1 の直線の交点から終点（t = ∞ のとき）の Abs_∞ を見積もることができる。この方法は Kezdy-Swinbourne 法とよばれている（JCS, 2371 (1960); J. Appl.

Phys., 30, 443 (1958))。

　ここでは簡単のため，観測される物理量として吸光度を例にとったが，濃度に比例するあらゆる物理量で置き換えることが可能である。例えば，電気伝導度，体積変化，NMRのシグナル強度などの観測値の変化を反応速度の測定に用いることができる。NMRについては本章の最後で述べる。

8-3　拡散律速反応（diffusion-controlled reaction）

　溶液内の2分子反応は溶存する化学種の拡散によって支配される（反応種どうしがある一定の距離にまで接近しなければ2分子反応は起こらない）ので，溶液内で起こる最も速い2分子反応は拡散が律速となる反応である。このような拡散過程は古典的に取り扱われる。

　溶液内の粒子AとBの拡散係数（diffusion coefficient）をD_A, D_B（単位は$cm^2 s^{-1}$）とし，半径をr_A, r_Bとするとき，ブラウン運動に関する理論から拡散反応速度定数は次式で与えられることが知られている（$r_A + r_B$が，2つの粒子が遭遇したときに反応が起こる距離と考えると理解しやすい）。

$$k_D (M^{-1} s^{-1}) = 4\pi N_A (D_A + D_B)(r_A + r_B)/1000$$

電荷を持ったイオン間の衝突では，前章で扱ったデバイ-ヒュッケルの静電理論による補正を行って，

$$k_D (M^{-1} s^{-1}) = [4\pi N_A (D_A + D_B)(r_A + r_B)][U/\{\exp(U) - 1\}]/1000$$

$$U = z_A z_B e^2 / 4\pi\varepsilon_0 \varepsilon (r_A + r_B) k_B T$$

である。この式から見積もられる拡散律速反応の2次速度定数は，通常の溶媒中の反応では$10^{10} M^{-1} s^{-1}$程度である（反応に関係するイオン種の拡散係数と半径に依存する）。例えば，水中で最も大きな拡散係数を持つ化学種はH^+イオンとOH^-イオンであるから，$H^+ + OH^- = H_2O$という右向きの反応が最も速い反応であるといえる。

　次に，水の自己プロトリシス反応を実測した例に基づいて，反応速度定数と平衡定数の関係を見てみる。

第8章 溶液内の反応速度論

$H_2O = H^+ + OH^-$ の反応の正反応（右向き）の速度定数を k_1，逆反応（左向き）の速度定数を k_{-1} とすると，速度則は次のように表される。

$$\frac{d[H^+]}{dt} = k_1[H_2O] - k_{-1}[H^+][OH^-]$$

瞬時に温度を少しずらして（温度ジャンプ法とよばれている。レーザーパルスや，放電を用いて，マイクロ秒以下の時間で試料の温度を数度あげることができる），別の平衡値にすると，時間とともに H^+ の濃度が変化する様子が見られる。

ある時刻 t において，$[H^+] = [OH^-] = x$ であったとすると，$[H_2O] = [H_2O]_0 - x$ が成り立つ。ここで x は，t = 0 においてはゼロであり，温度を瞬時にジャンプさせたことによって新たに生じた（あるいは減じた）水素イオンの濃度である。

速度則から $\frac{dx}{dt} = k_1([H_2O]_0 - x) - k_{-1}x^2$ であるから，新しい平衡時（t = ∞ のとき）の水素イオン濃度を $[H^+]_\infty$ とし，そこからのずれを Δx とおくと，$\Delta x = x - [H^+]_\infty$（このとき $d\Delta x/dt = dx/dt$ となる）である。この式を上の速度則に代入して

$$\frac{d\Delta x}{dt} = k_1([H_2O]_0 - \Delta x - [H^+]_\infty) - k_{-1}(\Delta x + [H^+]_\infty)^2$$

$$= k_1([H_2O]_0 - \Delta x - [H^+]_\infty) - k_{-1}(\Delta x^2 + 2\Delta x[H^+]_\infty + [H^+]_\infty^2)$$

次の3つの条件，(a) Δx は小さいので Δx^2 は無視できる，(b) $[H_2O]_\infty = [H_2O]_0 - [H^+]_\infty$（最初と最後の水濃度の差は，温度変化で生じた水素イオンの濃度に等しい），(c) 新しい平衡状態（t = ∞ のとき）では $\frac{d[H^+]_\infty}{dt} = 0 = k_1[H_2O]_\infty - k_{-1}[H^+]_\infty^2$ である，を考慮して下式の関係が成り立つことがわかる。

$$\frac{d\Delta x}{dt} = -(k_1 + 2k_{-1}[H^+]_\infty)\Delta x$$

温度ジャンプ法による実際の測定によって，この反応の緩和時間 τ ($= k_{obs}^{-1}$) は 33 マイクロ秒であることが報告されている。298 K では K_W は 10^{-14} であるとすれば，この結果から，$k_1 = 2.43 \times 10^{-5} s^{-1}$，$k_{-1} = 1.35 \times 10^{11} M^{-1} s^{-1}$ である

ことになる。水素イオンと水酸化物イオンの拡散係数は全てのイオンの中で最も大きい。従って $1.35 \times 10^{11} \mathrm{M}^{-1}\mathrm{s}^{-1}$ の速度定数を超えるような2次反応は水溶液中では存在しない。

本書は基礎的な原理のみを記述することを目的としているので，反応機構に関する具体的な研究例は省くが，反応機構を考える上で知っておくべき重要なガイドラインが2つある。それは(a)詳細釣り合いの原理（principle of detailed balancing）と，(b)微視的可逆性の原理（principle of microscopic reversibility）である。詳細釣り合いの原理は，系が平衡にあるときには，右向きの反応速度と左向きの反応速度はいつでも同じであることを保証している。例えば，平衡にある光の吸収と失活の過程では，光の吸収のrateは失活過程（発光，衝突による熱的失活など）のrateと等しいので，速度定数の比は2つの状態間のポピュレーションの比になることがわかる。微視的可逆性の原理では，「正方向の反応で最もエネルギーの低い経路は，逆反応でも最もエネルギーの低い経路である」ことを示している。当たり前であると言われればそれまでであるが，プロの研究者でもこの原理に抵触する反応機構を堂々と掲げていることがあるので，複雑な反応機構を議論する場合には特に気をつけなくてはいけない。この原理に抵触するような反応機構は，どんなにもっともらしくても間違っているのである。

8-4 遷移状態理論

ここでは，活性化エンタルピーとエントロピーに関わる遷移状態理論（transition state theory）について簡単に記述する。遷移状態理論（絶対反応速度論）を理解するためには，統計力学（statistical mechanics）における分配関数の概念を導入する必要がある。

統計力学の基礎

1種類の化学種からなる系(総数 N)において,それぞれ n_i 個の分子が ε_i のエネルギーを有している場合には,系を構成する全分子数 N について次式が成り立つ.

$$N = \sum_i n_i = a\sum_i \exp(-\varepsilon_i/k_B T) \tag{4}$$

ここで,

$$n_i = a\exp(-\varepsilon_i/k_B T)$$

である。a は絶対活動度とよばれる系の粒子全体に共通のパラメータである。エネルギー ε_i を有する粒子数 n_i の系内の全粒子数 N に対する比は,

$$f_i = \frac{n_i}{N} = \frac{a\exp(-\varepsilon_i/k_B T)}{a\sum_i \exp(-\varepsilon_i/k_B T)} = \frac{\exp(-\varepsilon_i/k_B T)}{\sum_i \exp(-\varepsilon_i/k_B T)}$$

の関係が成り立つ。上の式の右辺の分母を状態和または分配関数 (partition function, Q で表す) とよぶ。分配関数は,その系の粒子が取りうる全てのエネルギー状態を数え上げたものになっていることがわかる。

また,例えばこの系の粒子が,回転と振動のみの,それぞれ2つのエネルギー状態 (1と2) のみを有すると仮定すると,この系の全分配関数は,

$$\begin{aligned}
Q &= \sum_{i=1}^{2}\sum_{j=1}^{2} \exp\{-(\varepsilon_{r_i}+\varepsilon_{v_j})/k_B T\} \\
&= \sum_{i=1}^{2}\sum_{j=1}^{2} \exp(-\varepsilon_{r_i}/k_B T)\exp(-\varepsilon_{v_j}/k_B T) = \sum_{i=1}^{2}\exp(-\varepsilon_{r_i}/k_B T)\sum_{j=1}^{2}\exp(-\varepsilon_{v_j}/k_B T) \\
&= Q_{rot}Q_{vib}
\end{aligned}$$

となり,分配関数の独立性が成り立つことが証明される。

エネルギーの基準値を ε_0 として表現し直すと,$\varepsilon_i = (\varepsilon_i - \varepsilon_0) + \varepsilon_0$ であるから,

$$Q = \sum_{i=1} \exp\{-(\varepsilon_i - \varepsilon_0)/k_B T\}\exp(-\varepsilon_0/k_B T) = Q'\exp(-\varepsilon_0/k_B T)$$

になる。ここまで,分配関数の説明をして来たが,この節における目的は,濃度表現 (活動度表現) の平衡定数を,分配関数で表すことであり,その結果を用いて絶対反応速度式が導かれることを証明することである。詳しいことは成書にゆずるとして,その目的には,振動と並進の分配関数のみが必要になるので,それを下に示す。

$$Q_{vib} = \frac{1}{1-\exp(h\nu/k_B T)}$$

$$Q_{trans} = \left(\frac{2\pi m k_B T}{h^3}\right)^{3/2} V$$

ここで，V は系の体積を表す．もちろん化学種は回転モードも有するが，一般的には，化学反応は非対称な振動モードの1つで開始されると考えられているため，回転モードは反応過程で変化しないものとして取り扱われる．並進モードの分配関数を必要とする理由は，次に述べる系の濃度の表現において体積成分が現れるためである．

絶対反応速度論（theory of absolute reaction rate）

次に $A+B \rightleftarrows Z$ の平衡が，統計力学的にどのように扱われるのかを考える．この平衡定数は，各化学種の粒子数 N_i と系の体積 V を用いて，モルを単位として考えると，次のように表現される．

$$K = \frac{[Z]}{[A][B]} = \frac{\left(\dfrac{N_Z}{V}\right)}{\left(\dfrac{N_A}{V}\right)\left(\dfrac{N_B}{V}\right)} = \frac{N_Z}{N_A N_B} V$$

(4)式の関係を用いて，

$$N_A = a_A \exp(-\varepsilon_{A0}/RT) Q_A'$$
$$N_B = a_B \exp(-\varepsilon_{B0}/RT) Q_B'$$
$$N_Z = a_Z \exp(-\varepsilon_{Z0}/RT) Q_Z'$$

であるから，

$$K = \frac{N_Z}{N_A N_B} V = \frac{a_Z}{a_A a_B} \frac{Q_Z'}{Q_A' Q_B'} V \exp(-\Delta\varepsilon/RT)$$

ただし，$\Delta\varepsilon = \varepsilon_{Z0} - (\varepsilon_{A0} + \varepsilon_{B0})$ である．ここで，Q' から体積 V を括りだしたあとの分配関数を Q'' と定義し直すことにより，上式における系の体積成分は消滅する．

$$Q' = Q_{vib}' Q_{trans}' = Q_{vib}' Q_{trans}'' V = Q'' V$$

$$K = \frac{a_Z}{a_A a_B} \frac{Q_Z''}{Q_A'' Q_B''} \exp(-\Delta\varepsilon/RT)$$

さらに，この式における絶対活動度の比は，平衡の条件を用いて 1 になることがわかる（平衡時には，化学ポテンシャルの差 $\Delta\mu = \mu_Z - (\mu_A + \mu_B) = 0$ なので，$a_Z = a_A a_B$ が成り立つからである）。その結果，平衡定数は次のような形になる。

$$K = \frac{Q_Z''}{Q_A'' Q_B''} \exp(-\Delta\varepsilon/RT)$$

遷移状態理論では，化学種 Z を反応の活性化状態（遷移状態）であると考え，この活性種が一定の頻度で壊れて生成種を与えると仮定する。化学反応が化学種 Z の非対称振動モードの 1 つで進行すると考えると，この頻度が反応の速度に関係することが理解できる。

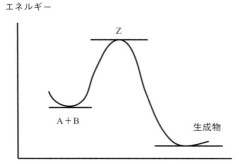

化学種 Z の非対称振動モードのうちで，低周波数モードのみが反応に関係すると考え，Q_{vib} の低周波極限値として $k_B T/h\nu$ が得られる。もちろん，これは Z の有する全ての振動モードの 1 つであるから，この値を Q_{Zvib} から括りだした後の平衡定数は $Q_Z''' \times (k_B T/h\nu) = Q_Z''$ として，次式で表されることになる。

$$K = \frac{Q_Z'''}{Q_A'' Q_B''} \frac{k_B T}{h\nu} \exp(-\Delta\varepsilon/RT)$$

この平衡定数を濃度表現の平衡定数と比較して，両辺に $c_A c_B$ をかけて整理すると

$$\frac{Q_Z'''}{Q_A'' Q_B''} \frac{k_B T}{h\nu} \exp(-\Delta\varepsilon/RT) = \frac{c_Z}{c_A c_B}$$

$$\nu c_Z = \frac{k_B T}{h} c_A c_B \frac{Q_Z'''}{Q_A'' Q_B''} \exp(-\Delta\varepsilon/RT)$$

が得られる。この式の左辺は c_Z が壊れる頻度 (moles per liter per second) を表しており，反応の速度 (rate) に対応することがわかる。従って，反応の速度則である rate $= -dc_A/dt = dc_Z/dt = kc_A c_B$ と比較すれば，

$$k = \frac{k_B T}{h} \frac{Q_Z'''}{Q_A'' Q_B''} \exp(-\Delta\varepsilon/RT)$$

であることが示される。ここで，

$$\frac{Q_Z'''}{Q_A'' Q_B''} \exp(-\Delta\varepsilon/RT)$$

を新たな平衡定数 K^* とみなすことにより，絶対反応速度論の最終式が導かれる。

$$k = \frac{k_B T}{h} K^*$$

このような導出法から，遷移状態の Z は，単に A と B 2 つの化学種がぶつかってできた化学種ではなく，反応が起こるために十分な準備が整った状態（反応に関わる振動励起状態にある化学種）であることがわかる。始状態からこの遷移状態に到達するのに必要なエントロピーとエンタルピーの変化量を ΔS^* と ΔH^* と置けば，$\Delta G^* = -RT\ln K^*$ であるから，次のアイリングの式 (Eyring's equation) が得られる。

$$k = \frac{k_B T}{h} \exp[-(\Delta H^* - T\Delta S^*)/RT]$$

通常は，この式を変形して

$$-\ln(kh/k_B T) = \Delta H^*/RT - \Delta S^*/R$$

とし，この式の左辺の値を $1/T$ に対してプロットすることにより，その傾きと切片から，それぞれ活性化エンタルピー (activation enthalpy) と活性化エントロピー (activation entropy) を求めることができる。

アイリングの絶対反応速度論のほかに，経験的な関係式としてアレニウスの式 (Arrhenius' equation) がある。

$$k = A\exp(-\Delta E_\mathrm{a}/RT)$$

ΔE_a は活性化エネルギーであり A は頻度因子（frequency factor）とよばれる。

活性化エンタルピーと活性化エネルギーの間には $\Delta E_\mathrm{a} = \Delta H^* + RT$ の関係がある。

媒質の密度／粘度と反応速度定数

アイリングの関係式では，始状態と遷移状態における熱平衡を仮定している。しかし，一般的な化学反応において，このような始状態と遷移状態が常に熱平衡にあると考えるのは誤りである。反応系において熱平衡が成り立つのは，反応容器内において，「反応種を含む全ての粒子間で十分な衝突頻度が保証され，反応容器内の全ての化学種のエネルギー分布が一様の状態にある場合」だけである。

溶媒中における反応速度定数は，ほとんどの場合，遷移状態理論（TST，絶対反応速度論）で説明される。それは，液体のような高密度の媒質中では熱平衡が完全に達成されていることが多いためである。ところが，1980年代に入って超高速反応の測定法が確立すると，溶液中の反応であっても TST が破綻するような反応系が報告されるようになった。TST の破綻も含めた化学反応論は 1940 年にクラマースによって報告されている。しかし非常に遅い反応では TST が破綻することは稀である。

著者の研究室では，未臨界二酸化炭素中におけるアゾベンゼンの熱異性化反応について検討し，いわゆるクラマースの反転領域（低密度側）の観測に成功した。クラマースの理論（Kramers' theory）によれば，このような低密度溶媒中におけるクラマースの反転とは対照的に，高密度流体中では溶媒の粘度によって反応速度が低下するという現象が起こる。このような，低摩擦領域（TST が成り立つ領域）から高摩擦領域（高粘度領域）へ移行する過程では，TST から期待されるときの速度定数 k_TST と実測される速度定数 k_obs の関係は次の式で表されると言われている。ξ は，粘度に関係するパラメータである。

$$\frac{k_\mathrm{obs}}{k_\mathrm{TST}} = \sqrt{1+\left(\frac{\xi}{2\omega_b}\right)^2} - \frac{\xi}{2\omega_b}$$

ここで ω_b はエネルギー障壁に関するパラメータ（反応座標に関する2次微分成分）で，この値が大きいほど障壁が鋭く尖っていることを示す．低摩擦領域では $(\xi/2\omega_b) < 1$ となり反応速度定数は TST に準ずる．逆に高摩擦領域では $(\xi/2\omega_b) \gg 1$ となり反応速度定数は TST で予想されるより小さくなる．また $(\xi/2\omega_b)$ は粘度に比例すると考えられるため TST から逸脱する領域では次の式が成立する．

$$\frac{k_{\mathrm{obs}}}{k_{\mathrm{TST}}} = \sqrt{1 + \left(\frac{\eta}{A}\right)^2} - \frac{\eta}{A}$$

ただし，η は媒質の粘度，A は定数である．このように反応速度定数に及ぼす粘度効果，つまり TST の破綻はスチルベンのような非常に速い速度で起こる熱異性化反応や，高粘度溶媒中における高圧下での比較的遅い熱異性化反応について報告されている．

高摩擦領域における TST の破綻に関する理論は，他にも Grote-Hynes の理論や Sumi-Marcus 理論などが知られている．これらの理論では「熱揺らぎによって活性化された分子がポテンシャルエネルギーの山を登りはじめても，周囲の分子との摩擦により途中で押し戻される」現象について考察されている．クラマースの理論によれば高摩擦領域（$k_{\mathrm{TST}} \gg k_{\mathrm{obs}}$）で反応速度は下式のように粘度の逆数に比例する．

$$k_{\mathrm{obs}} = B\eta^{-1}$$

しかし，スチルベンのような高速の異性化反応で観測された結果はこの式を満たさず，次式に従うことが報告されている．

$$k_{\mathrm{obs}} = B\eta^{-\beta} \qquad 0 < \beta \leq 1$$

溶媒中において，反応する分子内の核配置の変化は原子間振動のタイムスケールで進行しており，この振動モードが反応座標を与える．また，溶媒中に存在する分子は，それより遅い溶媒の運動による影響を受けている．クラマースは，高粘度流体中における反応では，反応の進行には後者の「遅い揺らぎ」が関与しているという考えに基づいて理論式を導いたが，現実にはそのような単純な結果ではなく，むしろ後の方の式の関係が成り立っていることがわかっている．

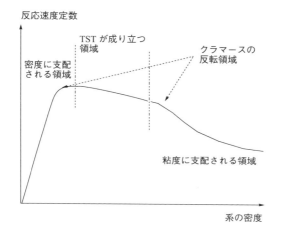

8-5　核磁気共鳴法を用いた化学交換速度定数の測定原理

　溶液内の化学反応を追跡する手段は数多く開発されて来ているが，本書ではその中から，溶液中の反応としては最も基本的で重要と考えられる「電子交換反応や溶媒交換反応」などを追跡するために用いられるNMR緩和法のみを取り上げる。

　核磁気共鳴法では，他の分光法と同様に，光（この場合はラジオ波）の吸収とそれによって励起した核の無輻射な緩和が測定される。例えば，核スピン1/2の核種であれば，つぎのような緩和過程（relaxation process）で励起した核スピンの緩和が起こる。(1)双極子−双極子（d-d）緩和：距離r離れた2つの双極子核の間の相互作用，(2)非共有電子対との相互作用（ue）による緩和：距離r離れた合成スピンSの電子スピンとの相互作用，(3)スピン−ローテーション（sr）相互作用による緩和：核スピンと分子の等方的回転の相互作用などの熱的緩和機構である。

　この他に，観測系で化学交換反応（等価な核が，磁気的環境の交換によって緩和する）が起こっていれば，(4)化学交換による緩和が起こる。(1)〜(3)などの

緩和機構が，核磁気共鳴シグナルの自然幅を与えるが，化学交換のある反応系ではエキストラの緩和としてその反応過程が観測される。以下の記述では，核磁気共鳴の理論を眺めながら，化学交換現象の観測法について概説する。

ブロッホ式とその解

トルクの大きさは，角運動量 P の時間変化に等しいので，次の関係式が得られる。

$$\frac{dP}{dt} = \mu \times H \quad (\mu \text{ は磁子，} H \text{ は外部磁場})$$

全磁化 M は，$M = \Sigma \mu$ であり，角運動量 P は，$\gamma P = \mu$（γ：磁気回転比）であるから，次式の関係が成り立つ。

$$\frac{dM}{dt} = \gamma M \times H$$

H_0 を z 軸方向の固定磁場とし，外部から与えられる摂動を H_1 とすると，

$H = H_0 + H_1$

$H = (H_1 \cos\omega t)\vec{i} - (H_1 \sin\omega t)\vec{j} + H_0 \vec{k}$ として（ただし $\vec{i}, \vec{j}, \vec{k}$ は互いに直交する単位ベクトルである），縦緩和時間（longitudinal relaxation time）T_1 と，横緩和時間（transverse relaxation time）T_2 を考慮すると，緩和のある時の一般的なブロッホ式（Bloch equation）が得られる。縦緩和と横緩和という表現は，装置の磁場の方向（z 軸）とそれに垂直な方向の成分（x 軸と y 軸）に，便宜的に緩和時間を割り振ったものであり，特別な意味はない。観測方法にも依存するが，通常の測定では横緩和が観測される。

緩和のある時のブロッホ式：

$$\frac{dM_x}{dt} = \gamma(M_y H_0 + M_z H_1 \sin\omega t) - \frac{M_x}{T_2}$$

$$\frac{dM_y}{dt} = \gamma(M_z H_1 \cos\omega t - M_x H_0) - \frac{M_y}{T_2}$$

$$\frac{dM_z}{dt} = -\gamma(M_x H_1 \sin\omega t + M_y H_1 \cos\omega t) - \frac{M_z - M_0}{T_1}$$

上式を角速度 ω で回転する回転座標系に変換すると取扱いが簡単になる。z 軸周りの角速度を ω，回転座標系の x 軸と y 軸方向の成分を u と v とすれば，回転座標系のブロッホ式は以下のようになる。

$$\frac{du}{dt} = \Delta\omega v - \frac{u}{T_2}$$

$$\frac{dv}{dt} = -\Delta\omega u - \gamma H_1 M_z - \frac{v}{T_2}$$

$$\frac{dM_z}{dt} = \gamma H_1 v - \frac{M_z - M_0}{T_1}$$

ただし，$\Delta\omega = \omega_0 - \omega$ で，ω_0 は共鳴周波数に対応する z 軸周りの角速度である。小さな摂動の条件下では，全磁化は定常状態となっているはずである。この条件は，

$$\frac{du}{dt} = \frac{dv}{dt} = \frac{dM_z}{dt} = 0$$

である。

このときのブロッホ式の解は，

$$u = \frac{\Delta\omega \gamma H_1 T_2^2 M_0}{1 + (T_2\Delta\omega)^2 + \gamma^2 H_1^2 T_1 T_2}$$

$$v = \frac{\gamma H_1 T_2 M_0}{1 + (T_2\Delta\omega)^2 + \gamma^2 H_1^2 T_1 T_2}$$

$$M_z = \frac{M_0\{1 + (T_2\Delta\omega)^2\}}{1 + (T_2\Delta\omega)^2 + \gamma^2 H_1^2 T_1 T_2}$$

となるが，摂動 H_1 は非常に小さいので（不飽和の条件），分母の $\gamma^2 H_1^2 T_1 T_2 \approx 0$ と近似することができる。その結果最終式は次のような簡単なものになる。

$$M_z \approx M_0$$

$$u = \frac{\Delta\omega \gamma H_1 T_2^2 M_0}{1 + (T_2\Delta\omega)^2}$$

$$v = \frac{\gamma H_1 T_2 M_0}{1 + (T_2\Delta\omega)^2}$$

u と v は観測される NMR 信号強度の関数であり，横軸を共鳴周波数（角速度）

の関数として記述すると，v は共鳴周波数（$\omega_0 = 2\pi\nu_0$ の関係がある）を中心として，下式で表されるローレンツ型関数（Lorentzian resonance curve）になっていることがわかる。

$$y = \frac{a}{b + cx^2}$$

従って，NMR シグナルの半値幅が緩和時間の逆数になっていることが良くわかる。

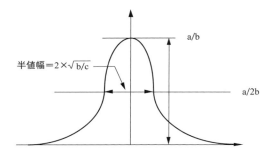

u は分散波形に対応している。このような座標軸に対する波形の関係は電子スピン共鳴においても見られる。

化学交換に関する関係式

次に，NMR シグナルの吸収波形と，分散波形の和を用いて，$G = u + iv$ のように，波形を表す関数の実部と虚部を同時に考え，それに基づいて，最も単純な，NMR 的に区別できる 2 つのサイトの間の交換（2-site exchange）現象を考えてみる。

G_A と G_B を，それぞれ 2 つのサイトのシグナルを表す関数（複素関数）とすれば，

$$-\frac{dG_A}{dt} = k_A G_A - k_B G_B$$

であり，これが交換反応の速度則になる。

緩和のあるブロッホ式において，xy 平面におけるシグナル関数 G は次のよ

うになっている（回転座標系における u と v に関する式を参照せよ）。

$$\frac{dG}{dt} = -G\left[\frac{1}{T_2} + 2\pi i(\nu_0 - \nu)\right] - C \qquad (\text{ただし } C = i\gamma H_1 M_0)$$

ここで，$\Delta\omega = 2\pi(\nu_0 - \nu)$ である。$\frac{1}{T_2} + 2\pi i(\nu_{0A \, or \, B} - \nu) = \alpha_{A \, or \, B}$ とし，対応する C（スケーリング因子）をそれぞれ C_A, C_B とすれば，速度定数の関係を緩和に関係する項として考慮することによって，次式を得ることができる。

$$\frac{dG_A}{dt} = -\alpha_A G_A - C_A - k_A G_A + k_B G_B$$

$$\frac{dG_B}{dt} = -\alpha_B G_B - C_B - k_B G_B + k_A G_A$$

これら両式の左辺をゼロとおいて（断熱通過の条件），G_A, G_B について解くと，サイト A と B の NMR シグナル関数，G_A と G_B が得られる。それぞれの虚数成分が NMR 吸収波形を与える関数形である。ただし，もともと同じ化学種が，異なる 2 つの磁気的環境下（A と B）に存在すると考えているので，それぞれのサイトの化学種の存在量は，ポピュレーションとよばれるパラメータ P_A と P_B で表されている（$P_A + P_B = 1$ である）。

$$G = \frac{-iC_0(k_A + k_B + \alpha_A P_B + \alpha_B P_A)}{\alpha_A k_B + \alpha_B k_A + \alpha_A \alpha_B}$$

吸収波形 v は次のような関数型になる。

$$v = -C_0 \times \frac{\left\{P\left[1 + \tau\left(\frac{P_B}{T_{2A}} + \frac{P_A}{T_{2B}}\right)\right] + QR\right\}}{P^2 + R^2}$$

ただし，C_0 は化学種の全濃度，

$$P = \tau\left[\frac{1}{T_{2A}T_{2B}} - 4\pi^2(\Delta\nu)^2 + \pi^2(\delta\nu)^2\right] + \frac{P_A}{T_{2A}} + \frac{P_B}{T_{2B}}$$

$$Q = \tau[2\pi(\Delta\nu) - \pi(\delta\nu)(P_A - P_B)]$$

$$R = 2\pi(\Delta\nu)\left[1 + \tau\left(\frac{1}{T_{2A}} + \frac{1}{T_{2B}}\right)\right] + \pi(\delta\nu)\tau\left(\frac{1}{T_{2B}} - \frac{1}{T_{2A}}\right) + \pi(\delta\nu)(P_A - P_B)$$

ここで，$\delta\nu = \nu_A - \nu_B$, $\Delta\nu = \frac{\nu_A + \nu_B}{2} - \nu$, $\tau = \frac{P_A}{k_B} = \frac{P_B}{k_A}$ である。

これらの関係式を Rogers & Woodbrey の式（JPC, 66, 540 (1962)）とよぶ。このままでは複雑なので，以下に，測定に良く用いられる 2 つの場合のみを記す。

①遅い交換領域 (slow-exchange limit)：化学交換がさほど速くないときには，AとBのシグナルは，それぞれ独立した位置に観測され，AとBの化学種の濃度や温度が変わっても，シグナルの観測周波数は一定のままである。このようなときに，2つのシグナルが十分に離れて観測される場合には，化学種Aのシグナルは下式で与えられる。

$$\nu_A = \frac{C_A T_{2A}}{(1+T_{2A}k_A)\left[1+\frac{4\pi^2(T_{2A})^2(\nu_{0A}-\nu)^2}{(1+T_{2A}k_A)^2}\right]}$$

このときの半値幅 w_A は，次のように表される。

$\pi(w_A - w_{0A}) = k_A \, (\text{s}^{-1})$

w_A：交換があるときの線幅

w_{0A}：交換がないときの線幅

従って自然幅に対する線幅の広がりが，直接的に交換速度定数を反映していることがわかる。

②速い交換領域 (fast-exchange limit)：シグナルはAとBのポピュレーションの内分比のところに1本だけ観測され，そのシグナルの化学交換による半値幅の広がり成分は次式のように近似される。

$$\frac{1}{T_2^*} = \frac{P_A}{T_{2A}} + \frac{P_B}{T_{2B}} + P_A^2 P_B^2 4\pi^2(\nu_{0A}-\nu_{0B})^2(\tau_A+\tau_B)$$

この関係は Wahl の式とよばれ，反応相手の濃度が変化すると，観測される共鳴線の化学シフトが変化しながら線幅が変わっていく様子がよくわかる（$\tau = 1/k$）。この式の関係を利用して化学交換速度定数を求める場合には，観測核を含む化学種の濃度に対して，反応相手の化学種の濃度は 1/10 未満にしておく必要がある。

①と②の中間の速度領域では，速度定数の増大に伴って A，B 2 つのシグナルは歩み寄りながら線幅が広がっていく。このような領域では，広幅化した線

幅から化学交換速度を直接求めることはできないので，コンピュータでシミュレーションする必要がある。

以上に述べた線広幅化法（line-broadening method）ではラジオ波周波数の上限（～$10^6 s^{-1}$）から，核緩和が有意な値で観測できる下限（～$\pi\Delta\nu \approx 10\,Hz$）（→ $k \sim 10 \sim 100\,s^{-1}$）の交換速度領域に適用できる。それより遅い交換速度領域の測定では，次に述べる saturation transfer 法が簡便である。

saturation transfer 法

次の式で示すような交換反応系を仮定する。

$$A \underset{k_B}{\overset{k_A}{\rightleftarrows}} B$$

ここで，それぞれのサイトにおける化学交換の緩和時間を τ_A および τ_B とする。このとき，ν_B の周波数の強い照射（デカップリング）を行いBのサイトのシグナルを完全に飽和させると，遅い化学交換により，Bのサイトの化学種がAに移動するが，Aサイトにある化学種の緩和時間（T_{1A}）より速い速度で化学交換が起こると，本来Aのサイトのシグナルとして観測されるシグナルの強度が，Bにおける飽和の影響で小さくなる。

この現象が観測されるのは，次の2つの条件が満足される場合である。

① 交換反応が十分に遅くて，2つのサイトが独立して観測される。

$$\frac{1}{\pi\Delta\nu_{AB}} < \tau = \frac{\tau_A + \tau_B}{2}$$

② 化学交換の緩和時間 τ について，$\tau < T_{1A}$ を満たす。

速度則は次のように表される。

$$\frac{dM_z^A(t)}{dt} = \frac{M_z^A(0) - M_z^A(t)}{T_{1A}} - \frac{M_z^A(t)}{\tau_A} + \frac{M_z^B(t)}{\tau_B} \tag{5}$$

ここで，$M_z^A(0)$ は交換がないときのAサイトの磁化のz成分，$M_z^A(t)$，$M_z^B(t)$ はA，Bサイトの磁化のz成分である。

ここで，Bにラジオ波を照射して飽和させるとBの全磁化は0となる。こ

の時点の時刻を t=0 とおく。照射を引き続き行えば $M_z^B(t) \equiv 0$ であるから(5)式は次式のように表される。

$$\frac{dM_z^A(t)}{dt} = \frac{M_z^A(0) - M_z^A(t)}{T_{1A}} - \frac{M_z^A(t)}{\tau_A} \tag{6}$$

(6)式を解くと，次式の結果が得られる。この時の境界条件は t=0 で $M_z^A(t) = M_z^A(0)$ である。

$$M_z^A(t) = M_z^A(0)\left[\frac{T_{1A}}{T_{1A}+\tau_A}\exp\left(-t\Big/\frac{T_{1A}\tau_A}{T_{1A}+\tau_A}\right) + \frac{\tau_A}{T_{1A}+\tau_A}\right]$$

従って，$\ln[M_z^A(t) - M_z^A(\infty)]$ を時間に対してプロットしたときの傾きから $\frac{T_{1A}\tau_A}{T_{1A}+\tau_A}$ が，さらに，t=∞ では $M_z^A(\infty) = M_z^A(0)\left(\frac{\tau_A}{T_{1A}+\tau_A}\right)$ なので，t=∞ のときと t=0 の時のシグナル A のピーク強度の比から $\frac{\tau_A}{T_{1A}+\tau_A}$ が決まり，その結果 T_{1A}, τ_A が同時に求められることがわかる。

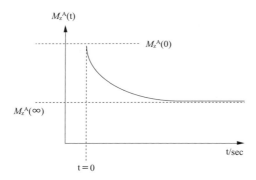

第9章
電子移動反応とその理論

　電子移動反応（electron transfer reaction）は，酸化剤と還元剤との間で電子が授受される反応である。一般的に，活性化状態における化学種間の架橋構造の有無により，内圏型電子移動反応と外圏型電子移動反応に分類されている。内圏型電子移動反応（inner-sphere electron transfer reation）とは，遷移状態において酸化剤と還元剤の第一配位圏で，少なくとも1つ以上の配位子が架橋し，架橋配位子が介在して電子移動反応が進行するものである。一方，外圏型電子移動反応（outer-sphere electron transfer reaction）とは，反応過程において酸化剤と還元剤の配位構造が保持されており，反応中に金属間で架橋構造を有しない。従って外圏型電子移動反応は，次式のような簡単な式で表すことができる（M_1，M_2 は中心金属イオン。L，Y は配位子）。電子の移動がわかるように金属イオンは3価と2価で表してある。

$$M_1^{III}L_6 + M_2^{II}Y_6 \longrightarrow [(M_1^{III}L_6)(M_2^{II}Y_6)]^* \longrightarrow M_1^{II}L_6 + M_2^{III}Y_6 \quad (1)$$

　溶液内の電子移動反応はバルク溶媒物性の影響を受けており，一般的に気相中における電子移動反応より遅い。マーカス（Marcus）は，外圏型電子移動反応における活性化障壁が溶媒緩和により形成されると考えた。この理論では，反応に関与する2つの化学種が溶液内で会合した後の変化を取り扱う。実際の反応の活性化自由エネルギー（ΔG^*_{total}）の計算には，マーカス理論を用いて見積もられる外圏の活性化自由エネルギー（ΔG^*_{OS}）の他に，9-2節で記す内圏活性化自由エネルギー（ΔG^*_{IS}）と，半径が r_1 と r_2 で，電荷が z_1 と z_2 の2つの化学種を比誘電率 ε の媒質中で会合させるために必要なエネルギー（ΔG_{Fuoss}）を加える必要がある。最後の静電的仕事に対応するエネルギー成分を表す関数形

は，7-4 節に記した Fuoss の式を用いるのが一般的である（140 ページ参照）。

$$\Delta G^*_{total} = \Delta G^*_{OS} + \Delta G^*_{IS} + \Delta G_{Fuoss}$$

9-1　外圏型電子移動反応に関するマーカス-ハッシュ理論と外圏活性化自由エネルギー（ΔG^*_{OS}）

マーカスの理論

誘電媒質中の電荷を有するイオンが溶媒和によって安定化されることは，ボルン式に代表される連続媒体理論から説明されている。金属イオンを誘電媒質中に溶かすと，イオンのすぐそばにある溶媒分子の動きは束縛され，誘電体としての機能を 100％発揮しない。この状態は誘電飽和（dielectric saturation）現象とよばれており，誘電飽和された領域と，その外側のバルク領域（純溶媒の比誘電率を有すると仮定できる領域）に分けて考えれば理論的取扱いが易しくなる。溶媒和錯体（solvation complex）では，第一溶媒和圏の溶媒分子は誘電飽和の状態にあると考えている。

マーカスは，2 つの金属イオンが電子移動反応に関与するとき，電子移動反応に関わる自由エネルギー成分を，次の 3 つの静電的相互作用で説明できると考えた（先に述べたように，これら 2 つの金属錯イオンは既に溶液内で接触して会合体になっていると考える）。

(1) それぞれの金属イオンのすぐ周りで誘電飽和した，配位圏を構成する分子／イオンが，中心金属イオンの電荷と，あるいは配位圏を構成する分子／イオンどうしで相互作用をすることに対応するエネルギー
(2) 2 つの金属錯イオンの外（誘電飽和した領域の外のバルク）にある溶媒分子が，互いに，あるいは電荷を帯びた誘電飽和領域（境界がはっきりしていると仮定）と相互作用することに対応するエネルギー（2 つの金属錯イオン間には溶媒分子を挟まないと考える）
(3) 2 つの金属錯イオンどうしの相互作用に対応するエネルギー

マーカスは，2つの金属イオンが互いに近づくときにそれぞれの誘電飽和領域内では構成原子の平均核位置は変化しないと仮定したときには，最初の相互作用(1)は変化しないので，遷移状態に至るプロセスに寄与しないと考えた。すなわち，電子移動に関わるポテンシャル成分は，会合した後に，主として，反応に関与する2つの化学種が会合体内で遷移状態に至るときのバルク誘電媒体の応答によって形成されると考えたわけである。このような考えに至るまでには，歴史的には様々な曲折があった。例えば，電子移動に関与する金属中心間に存在する配位子を電気抵抗と考えて，電子移動速度の違いを説明しようとする試みもあった。

　マーカス理論（Marcus theory）が登場するまでの誘電媒体理論では，電子移動に関与する2つの反応種間では軌道間の重なりは非常に大きく，特定の遷移状態では，周りの溶媒分子は一定の配向と分極を保つ平衡状態にあると考えられていた（平衡分極理論，equilibrium polarization theory）。しかし，このようなモデルでは，溶媒の効果を過小評価しており，観測結果を正しく説明することができなかった。マーカスは，2つの反応種間における軌道の重なりはさほど大きくないと仮定した（この仮定がマーカス理論は medium overlap model とよばれる理由である。マーカスは理論の展開に際して，実際には「*little overlap of the electronic orbitals* の場合」という表現を用いており，「この理論は *large-overlap activated complex* には適用できない」と明言している）。その結果，遷移状態では様々な溶媒和状態が非平衡で存在するものと考えた（電子移動は中心金属間の直接の軌道間相互作用で起こることを想定している）。このことは，電子移動に至る活性化経路は無限に存在し，それぞれのマニホールド（反応の起こる筋道／活性化経路）に対応する無限の溶媒和状態が存在することを容認したものである。マーカス理論が「非平衡分極過程（non-equilibrium polarization）に関する理論」とよばれるのはそのせいである。このような活性化過程の中で，最もエネルギーの低い経路に対応するものが遷移状態であると考えれば，誘電媒体内の電子移動反応が合理的に説明できるとマーカスは考えた。そのために，マーカスは上で考えた(2)と(3)に対応する相互作用のエネルギーを計算し，最も低いエネルギーを与える溶媒の配向／分極が遷移状態を与え

るとした。現在では、「2つの反応種を取り巻く溶媒分子の配向と溶媒分子上の電荷密度の配向/分極がちょうど良い（エネルギーの最も低い）状態を作り出した瞬間に電子が非常に速い速度で移動する」と説明されているが、このような「ちょうど良い配向/分極状態」が、最低エネルギーのマニホールドにおけるバルクの配向/分極状態を指し示していると考えれば良い。以下に、マーカスがたどった論理を概説する。

2つの反応種が反応前駆体（precursor：反応種が溶媒分子を挟むことなく接触し、まだ電子移動が起こらない状態で、配位子と金属の間の結合は電子移動に最適になった錯合体X^*）を形成し、そこから電子移動反応が起こると考えると、電子移動反応の前と電子移動反応のすぐあと（後駆体：successor、前駆体から電子移動が起こった直後の錯合体で、電子が移動した以外は外圏溶媒分子の配向の様子のみが違う錯合体X）では全く同じ核配置（nuclear configuration、錯合体を構成する全ての原子の核位置）をとり、前駆体と後駆体における電子波動関数は遷移状態において均等の寄与があると考えられる。ただし、ここで言う前駆体/後駆体とは、単一の接触錯合体を指すのではなく、電子移動を行う前後の「あらゆる」可能なペアを指し示しており、接触錯合体形成の後に錯体間で電子的なアレンジが起こって、それに対応するバルク溶媒分子の再配列も起こった「電子移動が起こる前後の状態のペア」を意味している（金属-配位子相互作用ならびに接触錯合体周辺の溶媒分子の配向状態が異なる無限種類の前駆体/後駆体の組み合わせが存在している）。すなわち、無限に存在するX^*とXの組の中で、最低エネルギーを有するペアだけが反応に関係すると考えるわけである。

これらX^*とXを取り囲む溶媒には、反応種の電子状態の変化に呼応する2つの分極過程がある。1つは溶媒分子の配向変化（回転緩和と考えて良い）であり、もう1つは溶媒分子上の電荷密度の変化（電子雲のゆらぎ）である。前者が$10^{-11} \sim 10^{-12}$秒程度のタイムスケールで進行する比較的ゆっくりした緩和であるのに対して、後者は極めて速い。これらの緩和過程を電磁気学ではE-型の緩和（inertな緩和、P_e）とU-型の緩和（labileな緩和、P_u）とよんでいる。

X*とXは空間内の同じ座標（位置ベクトル r）に存在し，その全分極 P はともに P_e+P_u で表される．X* からXに至る活性化過程においては，核配置は X* およびXと同じであるが，電子配置（electronic configuration）は異なる．

$$P(r) = P_e(r) + P_u(r)$$

誘電飽和された殻の外側の溶媒分子による分極のうち，inert な成分については，X* からXに至る間のいつでも，溶媒に固有の低周波分極率 α_e を介して電場の強さ E と比例関係が成り立つ．

$$P_e(r) = \alpha_e E(r)$$

一方，活性化状態（非平衡状態で，電子状態のみが時々刻々変化する状態）に対応する labile な成分である $P_u(r)$ は，X* やXによる電場との単純な比例関係を示さない．

真空中の位置 r に存在する帯電した剛体球による電場は，位置 r' において，次のように定義される．

$$E_c(r') = -\nabla_{r'} \left[\int \frac{\rho(r)\mathrm{d}V}{|r-r'|} + \int \frac{\sigma(r)\mathrm{d}S}{|r-r'|} \right]$$

ρ は剛体球の体積電荷密度であり，σ は表面電荷密度である．微分記号の添字の r' は，後ろの関数を r' で微分することを示している．ここで考えている剛体球では，電荷密度は均一になっている．溶媒内の座標 r' におけるポテンシャル $\Psi(r')$ は，全分極 P と電場ベクトル E_c に依存して，次の関数で表されることが知られている．

$$\Psi(r') = \int \left(P - \frac{E_c}{4\pi} \right) \cdot \nabla \frac{1}{|r-r'|} \mathrm{d}V$$

この関数は，系が平衡状態にあるときのみならず，非平衡状態であっても成り立つことが証明されている．バルク領域では誘電飽和がないので，電場がポテンシャルエネルギーの1次微分であることから，次の関係が成り立っている．

$$P(r') = \alpha E = -\alpha \nabla \Psi(r')$$

ここで，α は，平衡分極と非平衡分極過程では異なる値になる（メカニズムが異なる）．

非平衡分極過程について，静電自由エネルギーの表現は，マーカスによって

次のような関数形で表されることが示された。星付きの関数は，これが X^* に対応するものであり，星なしは X に対応するものである。

$$G^* = \frac{1}{2}\int\left\{\frac{E_c^{*2}}{4\pi} - P^* \cdot E_c^* + P_u \cdot \left(\frac{P_u}{\alpha_u} - E^*\right)\right\}dV \tag{2}$$

$$G = \frac{1}{2}\int\left\{\frac{E_c^2}{4\pi} - P \cdot E_c + P_u \cdot \left(\frac{P_u}{\alpha_u} - E\right)\right\}dV$$

labile な分極は X と X^* に共通なので，星記号で区別していない。α_u は labile な分極に対する分極率であり，次の関係が成り立つので，$4\pi\alpha_u = D_{op} - D_s$ である。

$$D_s = 4\pi(1+\alpha_s)$$
$$D_{op} = 4\pi(1+\alpha_s+\alpha_{op})$$

ここで，D_s と D_{op} は低周波比誘電率と高周波比誘電率（可視光を基準とした屈折率の 2 乗）である。

G と G^* の組は，電子移動を行う前後の「あらゆる」可能なペアを指し示しており，接触錯合体形成後の「電子移動の前後の状態のペア」を意味している（多種類の前駆体／後駆体の組み合わせが存在している）ので，このなかで，最もエネルギーの低いペアが電子移動反応の遷移状態になると考えられる。

そのようなペアを捜すためには，(2)式を電場に関わるパラメータ（$P_u(r)$ に関係する）で微分して求める必要がある。ここでは，電荷分布は一定に保たれていると考えるので，$\delta E_c = 0$ である。また，$\delta P = \delta P_u(r) + \alpha_e \delta E(r)$ の関係から，G^* に関する微分は次のようになることが報告されている。

$$\delta G^* = \frac{1}{2}\int\left\{-\delta P^* \cdot E_c^* + \frac{2P_u}{\alpha_u}\cdot\delta P_u - P_u \cdot \delta E^* - E^* \cdot \delta P_u\right\}dV$$

$$= \frac{1}{2}\int\left\{\left(-E_c^* + \frac{2P_u}{\alpha_u} - E^*\right)\cdot\delta P_u - (\alpha_e E_c^* + P_u)\cdot\delta E^*\right\}dV$$

P_u と E^* とは，独立な関係ではなく，マーカスはこれらの間の関係を導くことによって，δG^* は次式で表すことができることを示した（この証明は複雑なので省略する）。

$$\delta G^* = \int\left(\frac{P_u}{\alpha_u} - E^*\right)\cdot\delta P_u(r)\,dV$$

同様に次式が成り立つ。

$$\delta G = \int \left(\frac{P_{\mathrm{u}}}{\alpha_{\mathrm{u}}} - E\right) \cdot \delta P_{\mathrm{u}}(r) \mathrm{d}V$$

　最もエネルギーの低い X^* と X の組を求めるためには，δG と δG^* の関係を示すもう1つの式が必要になる。それは反応の自由エネルギー差に関する要請で与えられる。反応の自由エネルギー差（ΔG^0）は，無限に離れた2つの反応種から X^* あるいは X を生成する仕事（$G^* - W^*$ および $G - W$）の差と X^* から X を生成するのに必要なエネルギー差（この差は状態の違いのみであるため，$-T\Delta S$）に等しいから，

$$\Delta G^0 = (G^* - W^*) - (G - W) - T\Delta S$$

と書くことができる。エントロピー差 ΔS は X^* と X におけるマニホールドの数の違いに起因すると考えれば良い（一般的には，ΔS は非常に小さいかゼロである）。この式の中で，G と G^* 以外のパラメータは電子移動反応に関わらないので，

$$\delta G^* - \delta G = 0$$

でなくてはならないことがわかる。すなわち，

$$\delta G^* - \delta G = \int (E - E^*) \cdot \delta P_{\mathrm{u}} \mathrm{d}V = 0$$

を満たす必要があるのである。

　最もエネルギーの低い X^* と X の組は，この関係と

$$\delta G^* = \int \left(\frac{P_{\mathrm{u}}}{\alpha_{\mathrm{u}}} - E^*\right) \cdot \delta P_{\mathrm{u}} \mathrm{d}V = 0$$

の関係を同時に満たす解を求めることに帰着する。この解は，ラグランジュの未定定数法を用いて求めることができる。未定定数 m を用いると，

$$\int \left\{\frac{P_{\mathrm{u}}}{\alpha_{\mathrm{u}}} - E^* + m(E - E^*)\right\} \cdot \delta P_{\mathrm{u}} \mathrm{d}V = 0$$

あらゆる P_{u} の変化について常にこの式が成り立つためには，$\{\ \}$ 内がゼロでなくてはならないので，

$$P_{\mathrm{u}} = \alpha_{\mathrm{u}} \{E^* + m(E^* - E)\} \tag{3}$$

であることがわかる。この式は，項をまとめて

$$P_u = \alpha_u \{(m+1)E^* - mE\} \tag{4}$$

と書き下すことができるので，電子移動の活性化過程における電場成分は反応前駆体と反応後駆体の核配置／電場環境の内分点にあることが良くわかる（反応前後で電場が反転するので，$m = -1/2$ において 1:1 の寄与がある関係，あるいは $m = 0$ では前駆体の核配置／電場環境のまま電子移動し，$m = -1$ では遷移状態は後駆体と同じ核配置／電場環境のまま電子移動するという関係）。

マーカスは，さらに E^* と E が，次の関係式を用いて E_c（これだけが簡単に計算できる）で表現できることを証明した。

$$E^* - E = (E_c^* - E_c)/D_{op}$$

$$E^* = \frac{E_c^*}{D_s} - m(E_c^* - E_c)\left(\frac{1}{D_{op}} - \frac{1}{D_s}\right)$$

この結果を用いると，(3)の関係は次のように表される。

$$P_u(r) = \alpha_u\left\{\frac{E_c^*}{D_s} - m(E_c^* - E_c)\left(\frac{1}{D_{op}} - \frac{1}{D_s}\right) + \frac{m(E_c^* - E_c)}{D_{op}}\right\}$$

これらの関係を G^* の関数に代入して次式を得る。

$$G^* = \frac{1}{8\pi}\int\left\{\frac{E_c^{*2}}{D_s} + m^2(E_c^* - E_c)^2\left(\frac{1}{D_{op}} - \frac{1}{D_s}\right)\right\}dV$$

また，E^* と E の関係が(4)式の比を表すことを考慮すれば，G は次式になることが容易にわかる。

$$G = \frac{1}{8\pi}\int\left\{\frac{E_c^2}{D_s} + (m+1)^2(E_c^* - E_c)^2\left(\frac{1}{D_{op}} - \frac{1}{D_s}\right)\right\}dV$$

これらの式における第1項は，バルク（比誘電率 D_s）による前駆体あるいは後駆体の溶媒和エネルギーに関係する成分である。従って，ここまでで得られた関係が1個の接触錯合体に関するものであったので，アボガドロ数（N_A）をかけて G^* と G の差をとれば，この差は電子交換反応の場合（$m = -1/2$ のとき）にはゼロになっていることが理解できる。

$$N_A(G^* - G) = \frac{N_A}{8\pi}\int\left[\frac{E_c^{*2} - E_c^2}{D_s} - (2m+1)(E_c^* - E_c)^2\left(\frac{1}{D_{op}} - \frac{1}{D_s}\right)\right]dV = \Delta G^0 = 0$$

電子交換反応（反応する 2 つの化学種が電荷だけ異なる同一錯体の場合）を考えるときには，反応の対称性から，第 1 項の E_c^{*2} と E_c^2 に関する積分値は同じ値になる。また，電子交換反応では反応の自由エネルギー差はゼロ（$\Delta G^0 = 0$）であるから，$m = -1/2$ でなくてはならないが，上の式はこの関係を満たしている。

G^* あるいは G を表す上の式において $m = -1/2$ とおき，反応において移動する電荷と前駆体あるいは後駆体（ともに同じエネルギーの活性化状態）の溶媒和安定化に関する成分を考慮すれば，電子交換反応の活性化自由エネルギー（純粋に誘電緩和に起因する最も低いエネルギーの反応経路に対応する）が得られる。

$$\Delta G^* = \frac{1}{4} N_\mathrm{A} A$$

ただし，A は次式で表される積分である。

$$A = \frac{1}{8\pi} \int \left\{ (E_\mathrm{c}^* - E_\mathrm{c})^2 \left(\frac{1}{D_\mathrm{op}} - \frac{1}{D_\mathrm{s}} \right) \right\} \mathrm{d}V$$

A の値については，真空の誘電率 ε_0 を用いて，SI 単位で以下のような解が報告されている。

(ⅰ) 半径 a_1 と a_2 の球状イオンが，無限遠に離れて存在するとき

$$A = \frac{e^2}{4\pi\varepsilon_0} \left(\frac{1}{D_\mathrm{op}} - \frac{1}{D_\mathrm{s}} \right) \left(\frac{1}{2a_1} + \frac{1}{2a_2} \right)$$

(ⅱ) 半径 a_1 と a_2 の球状イオンが，距離 R 離れて存在するときの近似解

$$A = \frac{e^2}{4\pi\varepsilon_0} \left(\frac{1}{D_\mathrm{op}} - \frac{1}{D_\mathrm{s}} \right) \left(\frac{1}{2a_1} + \frac{1}{2a_2} - \frac{1}{R} \right)$$

(ⅲ) 半径 a_1 と a_2 の球状イオンが，距離 R 離れて存在するときの，より厳密な近似解

$$A = \frac{e^2}{4\pi\varepsilon_0} \left(\frac{1}{D_\mathrm{op}} - \frac{1}{D_\mathrm{s}} \right) \left\{ \frac{1}{2a_1} + \frac{1}{2a_2} - \frac{1}{R} - \sum_i f(R, a_i) \right\}$$

$$f(R, a_i) = \frac{1}{4} \frac{R}{R^2 - a_i^2} \left[\frac{a_i}{R} - \frac{1}{2} \left(1 - \frac{a_i^2}{R^2} \right) \ln \frac{R + a_i}{R - a_i} \right]$$

これ以外にも，前駆体における「誘電飽和境界面」を回転楕円体型とした場合などが計算されたが，現実的なモデルとしては(ii)で十分であることが知られている。その結果，電子交換反応の活性化障壁における外圏成分（外圏活性化自由エネルギー，ΔG_{OS}^*：誘電媒体の分極変化によって形成される自由エネルギー成分）としては，下式（SI 単位）を用いるのが一般的である。

$$\Delta G_{OS}^* = \frac{N_A e^2}{16\pi\varepsilon_0}\left(\frac{1}{D_{op}} - \frac{1}{D_s}\right)\left(\frac{1}{2a_1} + \frac{1}{2a_2} - \frac{1}{R}\right)$$

ハッシュの考え方

ハッシュ (Hush) は，2 つの反応種の間で電子が移動する際に，その電子の挙動を与える波動関数は前駆体（p）と後駆体（s）における波動関数の線形結合で表されるものと考えた。

$$\Psi_t = c_1\Psi_p + c_2\Psi_s$$

左辺の添字 t は，遷移状態という意味である。この場合，電子が前駆体と後駆体に局在しているときには，電子のエネルギーは

$$U_p = \langle\Psi_p|H|\Psi_p\rangle$$
$$U_s = \langle\Psi_s|H|\Psi_s\rangle$$

で表されるが，その中間の状態では

$$U_t = c_1^2\langle\Psi_p|H|\Psi_p\rangle + 2c_1c_2\langle\Psi_p|H|\Psi_s\rangle + c_2^2\langle\Psi_s|H|\Psi_s\rangle$$

となっている。マーカスが考えたのと同様に，「前駆体と後駆体の間の弱い相互作用」を考えると，まん中の項はゼロに近似され，

$$U_t = \lambda U_s + (1-\lambda)U_p$$

となる。ただし，λ は c_2^2 であり，正の数である。真空中にある荷電粒子を誘電媒質中に瞬時に（ただし可逆的に）放り込んだときには，先に述べたように(1)非常に速い電子雲の緩和（μ_1）の後，(2)それよりもゆっくりした溶媒分子の回転緩和（μ_2）が起こると考えられる。この時の全エネルギーは

$$\mu = \mu_1 + \mu_2 = \frac{1}{2}\varepsilon_0\left(1 - \frac{1}{D_{op}}\right)\int E_c E_c dV + \frac{1}{2}\varepsilon_0\left(\frac{1}{D_{op}} - \frac{1}{D_s}\right)\int E_c E_c dV$$

で与えられることは，先の議論からわかる。

一方，真空中で遷移状態にある化学種を瞬時に媒質中に放り込んだ時にも，遅い分極成分の応答は間に合わないので，まず，速い（labile な）分極成分だけが応答すると，ハッシュは考えた．遷移状態は前駆体と後駆体の寄与が，$(1-\lambda):\lambda$ の状態にあることを考慮すると，この時のエネルギーは

$$\mu_1^f = \frac{1}{2}\varepsilon_0\left(1-\frac{1}{D_{op}}\right)\left[(1-\lambda)\int E_c^p E_c^p dV + \lambda \int E_c^s E_c^s dV\right]$$

である．この後さらに，遅い分極成分が追従するが，この時の電場成分も前駆体と後駆体の寄与の内分比であることを仮定した．

$$\mu_2^f = \frac{1}{2}\varepsilon_0\left(\frac{1}{D_{op}}-\frac{1}{D_s}\right)\int [(1-\lambda)E_c^p + \lambda E_c^s]^2 dV$$

その結果，活性化自由エネルギーは，上で求めた A と λ を用いて，

$$\Delta G^* = \lambda \Delta G^0 + \lambda(1-\lambda)A$$

で表され，λ で微分することによって最小の活性化エネルギーを与える λ が

$$\lambda^* = \frac{1}{2}\left(1+\frac{\Delta G^0}{A}\right)$$

で表されることを示した．最終的に，外圏活性化自由エネルギーは

$$\Delta G^* = \frac{1}{4}A\left(1+\frac{\Delta G^0}{A}\right)^2$$

であることが示された（$\Delta G^0 = 0$ の電子交換反応では，活性化自由エネルギーは $A/4$ になり，マーカス理論と一致していることがわかる．ΔG^0 が負のことが一般的に多い点に注意）．この議論からわかることは，マーカスの未定定数パラメータである $-m$ がハッシュの λ と相関している点である．ただし，ハッシュの λ が，反応座標（反応が進行する方向にとった座標）に対応するのに対して，マーカスの m パラメータは反応座標とは無関係で，遷移状態に対してのみ定義されたものである．このように定義されたマーカスの m パラメータが「反応座標としての側面」を持つ点は興味深い．

以上の理論は連続媒体モデルに基づいているが，より優れた誘電媒体理論として MSA（mean spherical approximation）を用いた修正マーカス理論も提唱されている．MSA は，溶媒分子の大きさを考慮するなど，ボルン型の関数形よりも現実的な取り扱いであるが，比誘電率が極端に小さな溶媒（たとえばクロ

ロホルムなど）をのぞけば，修正マーカス理論と古典的なマーカス理論における計算値の差は非常に小さいことが知られている。

その他の考えかた：Levich-Dogonadze のフォノンモデル（phonon model）

この考えは，イオン性結晶固体中における無輻射電子遷移に基づくものである。イオン性固体においては，格子振動が音波と局所双極子の原因になる。格子中でも，遅い分極成分（格子振動）と速い分極成分（電子雲の揺らぎ）が存在するので，結果的にはマーカス並びにハッシュと同様の分極率パラメータが電子移動を支配することになる。

$$\alpha(\omega) = 2\pi \left(\frac{1}{D_{op}} - \frac{1}{D_s} \right)^{-1}$$

純粋な溶媒の基準振動に関する座標を用いたハミルトニアンを用いて，時間依存する摂動論から，サイト間の電子の遷移確率を計算することにより，Levichと Dogonadze は，マーカスと同様の結論を得ることに成功した。

結晶格子モデルを液体中の電子移動と関係づけることは，固体を基準にして溶液を眺めるアプローチである。マーカスとハッシュの理論が気相（真空）を基準にしていることを考えると，溶液論が「気相と固相に関する理論からの演繹として展開されている様子」が良くわかる。

電子移動反応を利用した溶媒物性の研究

マーカス理論では外圏活性化自由エネルギーは Pekar 因子（溶媒の屈折率の2乗の逆数から誘電率の逆数を引いた値，$1/D_{op}-1/D_s$）に支配される。すなわち，溶媒物性によって活性化自由エネルギーが記述されるわけである。この関係を利用して，イオン液体の誘電率の異常を検討した例を紹介する。

イオン液体中で電気化学測定を行うと，指示電解質を加えなくても極めて綺麗な電位–電流曲線が得られることはよく知られている。この現象を最初に説明したのは，電極表面とバルク溶媒の表面力を観測したグループである。電極表面付近ではイオン液体は陽イオンと陰イオンに解離しているという報告である。ただし，バルク溶媒は全く解離していないことも確認されている。その後，

各種イオン液体の誘電率が精密に測定され，誘電緩和に 3 つの領域が存在することが明らかになった。そのうちの 1 つが遅い緩和を伴う領域であり，報告者は陰イオンと陽イオン間の距離が長くなって各イオンの回転とイオン液体全体の回転緩和が緩和時間に影響を与えていると解釈した。彼らはバルクの誘電特性を観測しているつもりであるから，そのような「解離現象」はイオン液体のバルク特性であると考えていた。しかし，誘電率の観測では高周波電場を用いるから，彼らはバルク（電極から離れた領域）のイオン液体と電極近傍でのイオン液体の寄与の総和を観測していたと解釈するのが自然である。

2017 年に，筆者らはイオン液体中における遷移金属錯体間の電子移動反応の観測に世界で初めて成功し，(1)電子交換反応の外圏活性化自由エネルギーはイオン液体のバルク物性から計算される Pekar 因子に依存しないこと，(2)遷移金属イオンのまわりの誘電率がバルクの誘電率よりかなり大きくなっている可能性，(3)その大きさの順番がイオン液体の陽イオン部分の大きさ（実際には側鎖の長さ）に依存していることを見出し，イオン液体中の電荷を有する遷移金属錯イオンや，分極した化合物や遷移状態の周囲では電極近傍と同様にイオン液体の解離が起きていることを突き止めた。このような現象は，イオン液体に対する様々な溶質の溶解度についての説明を与えるだけでなく，分極した遷移状態を経由する有機化学反応の活性化エネルギーの値の予測も可能にする。

9-2　内圏活性化自由エネルギー（ΔG_{IS}^*）

9-1 節では，電子の移動に伴う媒質の分極過程を扱った。金属錯体が関与する電子移動反応を例としてマーカス理論の実験的検証を行う過程で，遅い電子移動反応では，外圏成分よりもむしろ，錯体の配位圏における再配列（結合長の伸び縮み）に起因する自由エネルギー成分（内圏成分）が無視できないくらい大きいことがわかって来た。その結果，電子移動反応の活性化過程は，マーカス理論における媒質の遅い方の分極過程（10^{-10}〜10^{-12} 秒）と錯体配位圏における再配列（内圏成分，10^{-13} 秒程度で起こる金属と配位子の間の結合長の

変化）が協奏的に活性化障壁を作ると考えることによって，遅い電子移動反応を理解することができるようになった。以下に，内圏活性化成分に関する理論を取り上げる。

内圏活性化エネルギー（inner-sphere activation energy，電子移動に際して必要な錯体配位圏の構造変化が障壁を作る）とは，酸化剤が還元剤と電子移動を起こすためには，基底状態の構造から，それぞれの反応種が「電子移動に適した構造に変化する」必要があると考えて導かれた。反応に関わる各錯体における金属－配位原子間の結合長の変化は配位子場の大きさを変えるので，このエネルギーは配位子場活性化エネルギーにも関係する。さらに，電子交換反応系（酸化剤と還元剤が酸化数のみが異なる同じ錯体どうしの反応）では，このような構造変化は一般的に酸化体と還元体で均等であり，その結果，遷移金属錯体の関与する電子交換反応では内圏活性化によって酸化体と還元体のd軌道エネルギーレベルはおおむね等しくなる。マーカスとハッシュの考え方に従えば，このような条件においてさえも，軌道間の相互作用は「さほど大きくない（intermediate overlap case）」。すなわち，これまで報告されている実験事実はマーカス理論の正当性を支持しているので，金属中心間の軌道の重なりは「同じエネルギーのd軌道間であってもさほど大きくない」のである。

ここでは，電子交換反応を例にして，内圏活性化エネルギーを見積もる方法を概説する。下の図では，反応種（酸化体と還元体：全エネルギーは U_0）のそれぞれが，中心金属と配位原子間の結合長を変化させて，反応に最適な内圏構造変化を行う様子が示されている。

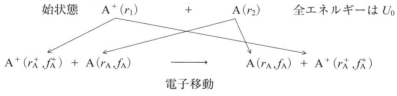

rを金属イオンと配位原子間の距離とし，fを金属と配位原子の間の力の定数（force constant）としたとき（+の記号は酸化体に，記号なしは還元体に対応す

る)，外圏活性化エネルギーの場合と同様にして反応前駆体と反応後駆体を考えると，反応前駆体のエネルギーは，基底状態の構造パラメータをもとにして，

$$U_p = U_0 + \frac{1}{2} N_A f_A^+ (r_A^+ - r_1)^2 + \frac{1}{2} N_A f_A (r_A - r_2)^2$$

で与えられる。一方，後駆体のエネルギーは

$$U_s = U_0 + \frac{1}{2} N_A f_A (r_A - r_1)^2 + \frac{1}{2} N_A f_A^+ (r_A^+ - r_2)^2$$

であり，反応座標において最低の活性化自由エネルギーを与える経路を考慮することによって，遷移状態における結合距離 r^* と，内圏活性化に対応する自由エネルギーは以下のように求めることができる。

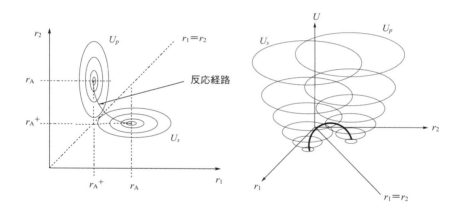

$$r^* = \frac{f_A^+ r_A^+ + f_A r_A}{f_A^+ + f_A} \quad (\text{このとき } U_s = U_p)$$

$$\Delta G_{IS}^* = \frac{N_A f_A^+ f_A}{2(f_A^+ + f_A)} (r_A^+ - r_A)^2$$

外圏型電子移動反応については，これまでに膨大な数の反応系について，様々な溶媒中で研究されてきたが，反応の活性化自由エネルギー（速度定数と言い換えることもできる）は上記 2 つの自由エネルギー成分（$\Delta G_{IS}^* + \Delta G_{OS}^*$）と

Fuoss の式によって表される自由エネルギーとの和で良く説明できることがわかっている。

$$\Delta G^*_{total} = \Delta G^*_{OS} + \Delta G^*_{IS} + \Delta G_{Fuoss}$$

9-3　二状態理論（two state model）と調和性（harmonicity）

　電子移動反応前における会合前駆体の反応座標（x）に沿ったポテンシャルを調和振動にたとえて，変位に対して2次関数的に変化するものと仮定して U_p で表すと $U_p = A_p x^2$（x：反応座標）になる。ここで A_p は単なる定数である。一方，電子移動反応後の会合後駆体については，前駆体の基底状態とのポテンシャル差を考慮して $U_s = A_s (1-x)^2 + \Delta U^0$（但し，一般的に ΔU^0 は負の値であることに注意）で表すことができるとする。A_s も単なる定数である。

　このようにして下図のような2つの透熱曲面を想定することによって，遷移状態における活性化エネルギーを求めることができる。ただし，反応前と反応後では極端に異なる曲面を想定しなくても良いので，$A_p \approx A_s = A$ と仮定することにする。

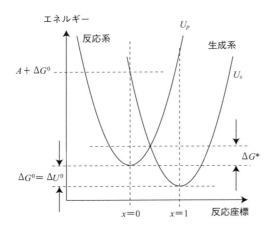

遷移状態では $U_s = U_p$ なので

$$x^* = \frac{1}{2}\left(1 + \frac{\Delta U^0}{A}\right)$$

従って，活性化自由エネルギーとして

$$\Delta G^* = \frac{1}{4}A\left(1 + \frac{\Delta U^0}{A}\right)^2 \tag{5}$$

が得られる．この関数形は，9-1 節で導かれた外圏活性化エネルギーを与える関数形（ハッシュの考え方を参照）と同じである．また，内圏活性化エネルギー成分は，明らかに調和性を示すから，A は 2 次関数の単なる 2 次の項の係数であるが，9-1 節と 9-2 節で求めた内圏と外圏の両方の成分を含む活性化のポテンシャルに関係すると考えることもできる．この A を本質的活性化障壁（intrinsic energy barrier）とよび，内圏活性化障壁まで考慮した場合には，電子交換反応では，「生成物の電子状態と結合長を保ったまま，反応物と同じ環境にする」ために必要なエネルギーに対応する（$x = 0$ における生成種のポテンシャル曲面の値）．したがって，「前駆体と後駆体のポテンシャル曲面間のあまり大きくない相互作用」を仮定すると（この場合，量子論的には相互作用により 2 つの透熱曲面（diabatic surface）の交点部分で非交差則により 2 つの断熱曲面（adiabatic surface）が現れるが，2 つの断熱曲面間の距離は無視することに対応する．非交差則について詳しくは 10-1 節参照），電子移動の活性化エネルギーは「本質的活性化障壁」の 1/4 になっていることがわかる．一般的には，$(1/4)A = \Delta G^*_{\text{IS}} + \Delta G^*_{\text{OS}}$（＝内圏と外圏の活性化障壁の和）と考える．

電子移動反応のブレンステッド係数（Brønsted coefficient，反応の遷移状態が前駆体と後駆体の間のどの辺りにあるかを示す因子）は，(5)式の左辺（活性化自由エネルギー）を反応の自由エネルギー差 ΔG^0（＝ΔU^0）で微分して得られるが，その値は一定ではなく，$1/2 + \Delta G^0/2A$ になる．このことは，電子交換反応（$\Delta G^0 = 0$）に際しては，前駆体と後駆体の寄与が 50％ずつである（ちょうど中間の遷移状態をとる）のに対して，反応のドライビングフォースが負で大きいような交差反応系では，「かなり前駆体に偏った（反応系に近い）」遷移状態を経由することを示している．この帰結は 9-1 節で記したマーカス理論や

ハッシュの考え方に一致していることがわかる。

一方，(5)式から ΔG^0 が負で非常に大きくなると，活性化自由エネルギーが逆に増大するという現象が期待される。このような領域はマーカスの逆転領域（inverted region）とよばれ，長い間実験的検証の対象となって来たが，溶液内で進行する通常の電子移動反応については，このような逆転領域が見られる可能性は低い。これは，極端に大きなドライビングフォースを有する反応系では，反応は拡散律速に近づき，活性化自由エネルギーは ΔG^0 に依存しない一定の値になってしまうためである。一方，分子内電子移動反応ではこのような拡散の制約を受けないため，逆転領域が観測されることが期待される。これまでに，分子内電子移動反応でいくつかの逆転領域の観測例が報告されている。

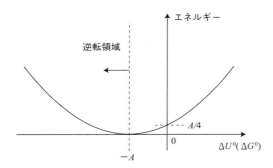

9-4 マーカスの交差関係

2つの電子交換反応系と，それらの間の交差反応を考える。交差反応では2つの電子交換反応系の本質的活性化障壁の相加平均に相当する本質的活性化障壁を有すると仮定すれば，マーカスの交差関係（Marcus cross relation）式を導くことができる。A_{11} と A_{22}，A_{12} は，それぞれ交換反応と交差反応に対応する本質的活性化障壁である。

第 9 章　電子移動反応とその理論　189

$$A^+ + A \underset{}{\overset{k_{11}}{\rightleftarrows}} A + A^+ \qquad \Delta G^* = \frac{1}{4}A_{11}$$

$$B^+ + B \underset{}{\overset{k_{22}}{\rightleftarrows}} B + B^+ \qquad \Delta G^* = \frac{1}{4}A_{22}$$

電子交換反応

$$A^+ + B \underset{}{\overset{k_{12}}{\rightleftarrows}} A + B^+ \qquad \Delta G^* = \frac{1}{4}A_{12}\left(1+\frac{\Delta G_{12}^0}{A_{12}}\right)^2$$

$A_{12} \approx \dfrac{A_{11}+A_{22}}{2}$ と近似し，アイリングの絶対反応速度論の結果式を適用して

$$k_{12} = \sqrt{k_{11}k_{22}K_{12}f}$$

$$\ln f = \frac{(\ln K_{12})^2}{[4\ln(k_{11}k_{22}/k_D{}^2)]}$$

ただし

$$\begin{cases} \Delta G_{12}^0 = -RT\ln K_{12} & (K_{12} \text{は交差反応の平衡定数}) \\ k_D = \dfrac{k_\mathrm{B}T}{h} \quad (\sim 10^{11}\mathrm{s}^{-1}) \end{cases}$$

である。

　一般的には，各化学種の電荷に起因する静電的仕事の寄与（coulombic work term，W_{12}）を考慮して $k_{12} = \sqrt{k_{11}k_{22}K_{12}f}W_{12}$ と表現する。

　後に Ratner と Levine は，熱力学的な考察からこれと同じ交差関係を導き，交差関係式が成り立つための必要十分条件は「各化学種が反応相手とは無関係にいつでも同じ活性化過程を通って反応することと，電子移動反応では，各化学種が自己交換反応と交差反応で全く同じ活性化プロセスをたどること」であることを示した。

$$k_{12} = \sqrt{k_{11}k_{22}K_{12}f}W_{12}$$

$$\ln f = \frac{[\ln K_{12}+(w_{12}-w_{21})/RT]^2}{4[\ln(k_{11}k_{22}/Z_{11}Z_{22})+(w_{11}+w_{22})/RT]}$$

$$W_{12} = \exp\left(-\frac{w_{12}+w_{21}-w_{11}-w_{22}}{2RT}\right)$$

$$w_{ij} = \frac{z_i z_j e^2}{D_s \sigma (1+\beta\sigma\sqrt{I})}$$

$$\beta = \sqrt{\frac{8\pi N_A e^2}{1000 D_s k_B T}}$$

w は，溶液内で 2 つの化学反応種を近づけるのに必要な静電的仕事（coulombic work）であり，Z は拡散律速の速度定数に対応する。σ はイオンサイズパラメータであり，D_s は溶媒の比誘電率，I は溶液のイオン強度である。

　標準酸化還元電位の値の近い反応種間の交差反応では，f の値は 1 に近似できる。交差関係を用いると，自己交換反応速度定数が既知の酸化還元対を用いた交差反応の測定から，未知の酸化還元対の自己交換反応速度定数を見積もることができる。

9-5　半古典論的拡張

　一般的に，電子移動反応速度定数は $k = \kappa_{el} \cdot \nu_n \cdot \kappa_n$ で表される。ただし，ここまでで取り扱った「古典論に基づく」電子移動反応論では，断熱性を表す因子である $\kappa_{el} = 1$，核振動数である $\nu_n = k_B T/h$，核振動に由来する核因子 $\kappa_n = \exp(-\Delta G^*/RT)$，活性化自由エネルギーは $\Delta G^* = \Delta G_{IS} + \Delta G_{OS}$ である。半古典論的（semi-classical treatment of electron transfer theory，半量子論的）取扱いでは，非断熱性や核トンネル効果も定量的に取扱う。

非断熱的電子移動反応の理論的取扱い

　核トンネル効果の寄与が小さいとき（一般的な高温近似条件）には，電子移動反応速度定数は次式で表される。

$$k = \kappa_{el} \nu_n \kappa_n$$

κ_{el} は透過係数（断熱性の尺度），ν_n は実効核振動数（活性錯合体を破壊する核振動数 $= k_B T/h$），κ_n は内圏と外圏の再配列に関する活性化自由エネルギーで定義される核因子である。後で述べるように，電子移動反応は「断熱反応」と断

っている領域でもある程度の非断熱性を許容しているので，κ_{el} は常に1より小さい。

　電子移動反応における断熱性と非断熱性は，一般的な化学反応における取扱い（第10章）と基本的に同じである。電子移動反応の透熱曲面は反応系（r，実際には酸化剤と還元剤の会合体で電子移動反応が起こる前の前駆体）と生成系（p，実際には会合体で電子移動反応後の後駆体）に対して定義され，それら2つの透熱曲面の交差点（遷移状態）付近で上下2つの断熱曲面が出現する。そのとき，2つの断熱曲面は $2H_{rp}$ のエネルギーだけ離れている。断熱反応では H_{rp} は十分大きく，反応はエネルギーの低い方の断熱曲面に沿って進行する。

　H_{rp} は理論的には $H_{rp} = \int \Psi_r H_1 \Psi_p d\tau = \left\langle \Psi_r \left| \frac{\partial U}{\partial Q} \right| \Psi_p \right\rangle Q$ で定義され，遷移状態前後の2つの状態（波動関数）に対する摂動成分（U は全エネルギー，Q は反応座標）である。U は等方的であり，Q も遷移状態付近では全対称になることが要求される（反応に際して反応分子間の位置関係は特定の配置になり，その結果遷移状態を形成する分子間では反応座標は全対称の主軸または主平面に含まれることになる）ので，この表式の限りでは H_{rp} は値を有するかゼロかの2通り（Ψ_r と Ψ_p が同じ対称性を有するかあるいは異なる対称性なのかの2通り）しかないはずである。しかし，一般的な金属錯体間の1電子移動に際しては反応種の「遷移状態前後における軌道対称性」は保持されており，H_{rp} は必ず値を持つ。そのため，H_{rp} は電子移動に関係する軌道間の重なりの程度に応じた積分値を与えることになる。このことは電子移動反応が確率過程であることを示しており，軌道の重なりの度合いに応じて，様々なマニホールド（電子移動の起こる配置。異なる配置で電子移動の確率（＝H_{rp} に関係する）が異なり，それを κ_{el} に押し込めていると考える）があると考えなくてはいけない。一般的に断熱的とされる電子移動反応ではこのようなマニホールドは非常に多く存在する（電子は色々な核配置から移動できる）が，反応の非断熱性が強くなるとマニホールドは非常に少なくなると考えられる。その結果，非断熱的な（断熱性の低い）反応では活性化エントロピーが負で大きくなる（反応確率が低下する）ことが期待される。

電子振動数 ν_{el} と軌道間（状態間）のカップリング因子 H_{rp} の間には以下の関係があることが知られている。

$$\nu_{el} = \frac{2H_{rp}^2}{h}\left(\frac{\pi^3}{\lambda RT}\right)^{1/2} \qquad \lambda : 4\Delta G^*,\ h : \text{プランク定数}$$

従って断熱性の低下（H_{rp} が小さくなる）は電子振動数の低下をもたらすことがわかる。

一方，透過係数 κ_{el} は核振動数と電子振動数を用いて下記の式で表される。

$$\kappa_{el} = \frac{2\left[1 - \exp\left(\frac{-\nu_{el}}{2\nu_n}\right)\right]}{2 - \exp\left(\frac{-\nu_{el}}{2\nu_n}\right)}$$

$\nu_{el} \gg 2\nu_n$ では $\kappa_{el} = 1$ と近似され，このときには反応は断熱的に進行する（とは言っても，後述のように κ_{el} が 10^{-3} 程度までは断熱反応と考える）が，$\nu_{el} \ll 2\nu_n$ では $\kappa_{el} \approx (\nu_{el}/\nu_n) \ll 1$ となり，電子移動反応速度定数は核振動数 ν_n ではなく遅い電子振動数 ν_{el} に支配されるようになる。従って，非断熱的電子移動反応の速度定数は次式で与えられる。

$$k = \nu_{el}\kappa_n = \frac{2H_{rp}^2}{h}\left(\frac{\pi^3}{\lambda RT}\right)^{1/2}\kappa_n$$

マーカス理論では，「軌道間の重なりがさほど大きくない電子移動反応」を想定しているため，酸化剤と還元剤の間の軌道間のカップリング因子 H_{rp} の値はもともと小さく，$\kappa_{el} = 1 \sim 10^{-3}$ 程度までは断熱反応の範疇であると考えている。

H_{rp} については経験的に

$$H_{rp} = H_{rp}^0 \exp\left(-\frac{\beta(r-r_0)}{2}\right) \tag{6}$$

で表すことができる（β はパラメータ）と考えられている。すなわち，電子移動に関与する反応サイト間の距離 r が断熱反応が期待できる距離 r_0 より十分大きくなると，H_{rp} は指数関数的に低下する。このような表現が可能であるのは，H_{rp} が2つの軌道の重なりに由来するとの考えが背景にある。

通常は，反応サイト間の距離 r が大きくなると，H_{rp} は十分小さくなり，反応の非断熱性は高まるが，反応の非断熱性を与える因子が $\nu_{el}/2\nu_n$ に支配され

ることを考慮すると，核振動数が十分に小さい反応系では，rがいかに大きくても反応は断熱的になりうることがわかる．このような例としては，「電子移動が十分に遅い構造変化とカップリングした」タンパク質における電子移動反応の場合があり，電子移動に関与するサイト間距離が大きい反応であっても，金属タンパクのような巨大分子の関与する（核振動数が十分小さい）電子移動過程は断熱的になることがわかっている（例えば，Electron Transfer in Biology & Solid State : ACS, 1990, pp. 65-88）．

また，反応サイト間にスペーサーを入れて，反応サイト間の距離を大きくとったモデルにおける電子移動反応でも，必ずしも全ての反応系が非断熱的になるとは限らず，スペーサーにあたる原子，あるいは原子団の HOMO, LUMO のいずれかを利用して，後述する超交換現象に対応する電子移動反応が起こることも知られている．

断熱反応というと一般的には $\kappa_{el} = 1$ の場合のみを指すが，先にも述べたように，マーカス理論ではもともと電子移動反応はある程度非断熱的であると考えており，実際には κ_{el} が 10^{-3} 程度までは断熱的として取扱うので，断熱反応の範疇に入ると考えられる反応（例えば非常に早い反応）であってもマイルドに非断熱的（$10^{-3} < \kappa_{el} < 1$）であるかもしれない．このことは常に頭に入れておく必要がある．

それでは(6)の関係が断熱反応にも適用できるかと言われれば，その答えは Yes であり，また No でもある．たしかに，断熱反応とされるものであっても非断熱性がないわけではない．その点では電子移動反応はシームレスに非断熱的である．一方で，(6)式は一連の特定の反応の非断熱性の評価には有効であるが，異なる形態の反応に適用できるという保証はない．なぜなら，β は物理的に意味を持たない（しかし一連の類似した反応系に対しては一定の値になりうる）パラメータだからである．

化学反応のエネルギープロファイルを理解する上で，活性化エントロピーの解釈には注意が必要である．電子移動過程に関わる軌道間の重なりが十分に大きければ，通常の「熱」という意味での活性化エントロピーには意味がある．しかし，負で大きな活性化エントロピーが観測されるような反応では，確率過

程である電子移動反応の寄与が大きく非断熱的である可能性も考慮する必要がある。

核トンネル効果を含む電子移動反応の取扱い

核トンネル効果とは，反応系が活性化の山を超すことなく，山の前後で確率振幅が一致した瞬間に電子の移動が起こる現象である。半古典的取扱いでは，核トンネル因子 Γ_n は，「核トンネル効果を含む核因子」と「High-Temperature limit（高温近似限界：核トンネル効果を含まない領域）における核因子（$\kappa_n(HT)$）」の比で定義される。

$$\Gamma_n = \frac{\kappa_n}{\kappa_n(HT)}$$

$$\ln \Gamma_n = \frac{\Delta G_{IS}^* - \Delta G_{IS}^*(HT)}{RT}$$

このとき，核因子 $\kappa_n(HT)$ は $\kappa_n(HT) = \exp\left(-\frac{\Delta G_{OS}^* + \Delta G_{IS}^*(HT)}{RT}\right)$ である（$k = \Gamma_n \kappa_{el} \nu_n \kappa_n(HT)$）。

ホルスタインの鞍点法（saddle point method）から半古典的なモードにおける $\Delta G_{IS}^*(HT)$，Γ_n，κ_n は次のように求められている。λ_{IS} は 1 分子あたりの内圏の本質的活性化障壁（ΔG_{IS}^* の 4 倍）である。

$$\Delta G_{IS}^*(HT) = \lambda_{IS}\left(\frac{k_B T}{h\nu_{IS}}\right)\tanh\left(\frac{h\nu_{IS}}{4k_B T}\right)$$

$$\Gamma_n = \exp\left\{-\frac{\lambda_{IS}}{h\nu_{IS}}\left[\tanh\left(\frac{h\nu_{IS}}{4k_B T}\right) - \left(\frac{h\nu_{IS}}{4k_B T}\right)\right]\right\}$$

$$\kappa_n = \exp\left\{-\left[\frac{\lambda_{OS}}{4k_B T} + \frac{\lambda_{IS}}{h\nu_{IS}}\tanh\left(\frac{h\nu_{IS}}{4k_B T}\right)\right]\right\}$$

高温近似（HT limit）では $\tanh(h\nu_{IS}/4k_B T)$ は $h\nu_{IS}/4k_B T$ で近似されるので，内圏活性化自由エネルギーは $(1/4)\lambda_{IS}$ となる（古典論に戻る）。

一般的には，反応に高周波分子振動がカップリングしていない場合には，$\Gamma_n \sim 1$ が成り立つ。しかし，金属と配位原子間の振動のような遅い振動（M-L $\Rightarrow$ 300〜500 cm^{-1}）ではなく，比較的速い核振動（C-C, C-H, O-H $\Rightarrow$

1000～3000 cm^{-1}）が電子移動反応とカップリングすると $\Gamma_n > 1$ となり，核トンネル効果による反応速度定数の増大が期待される。このような場合には，エネルギー保存則を満たす限り，核が電子移動に最適な配置を取ることなく，いかなる核配置からでもトンネル効果による電子移動が起こる可能性のあることを示している。

9-6 外圏型電子移動反応に関わる軌道と非断熱性

　マーカス理論においては，反応化学種間の軌道間相互作用は「さほど大きくない重なり（medium overlap case）」を仮定していることは既述した。しかし，このような重なりにどのような軌道が関わるのかについては明記しなかった。
　一般的に，電子移動反応に関わる軌道は s，p，d 軌道であり，多くの研究の結果，ほとんどの反応でマーカス理論に沿った挙動（マーカシアンな挙動）が観測される。しかし，f 軌道が関わる電子移動反応では異常な傾向を示すことがある。例えば，反応化学種が Eu などのランタノイド金属の錯体の場合には，反応相手（通常は d ブロック元素の錯体）との酸化還元電位差に依存して反応機構のシフト（速度定数が連続的に変わらない現象）が見られることがある。Cu(II)/(I) 錯体を含む反応系においても，通常のマーカシアンな挙動が見られないことが多い。
　通常の電子移動過程では，各反応種の内圏と 2 つの化学種を包含する接触錯合体の外圏の再配列の最適化が達成されている状態で，2 つの反応種間の軌道の重なりは対称性の要請に反することなく達成される。従って，電子移動反応における非断熱性は，状態や軌道に関わる対称性禁制の結果生じるものではない。そのため，既に半古典的理論に関する節で記述したように，外圏型電子移動反応に関わる非断熱性は，主として「軌道間の重なりが不十分」であることに起因することが多いと考えられている。

9-7　内圏型電子移動反応に関する理論と非断熱性

水溶液中の内圏型電子移動反応の例を下にあげる。

$$[(NH_3)_5Co^{III}Cl]^{2+} + [Cr^{II}(OH_2)_6]^{2+} \longrightarrow [(NH_3)_5Co^{III}-Cl-Cr^{II}(OH_2)_5]^{4+}$$
$$\xrightarrow{電子移動} [(NH_3)_5Co^{II}-Cl-Cr^{III}(OH_2)_5]^{4+}$$
$$\longrightarrow [Co(OH_2)_6]^{2+} + [(H_2O)_5CrCl]^{2+} + 5NH_3$$

Co(III)錯体とCr(III)錯体は置換不活性（substitution inert）であり，Cr(II)錯体とCo(II)錯体は置換活性（substitution labile）であるため，活性錯合体において形成されたCl⁻イオンによる両金属中心間の架橋構造を通して電子移動反応が進行し，その後にCl⁻イオンは置換不活性なCr(III)側に移動した形で反応が終了する。多くの無機化学の教科書では，内圏型電子移動反応に関する記述はここまでである。

　CrとCoの関与する内圏型電子移動反応と外圏型電子移動反応の速度定数を比較すると，Cl⁻が単なる架橋配位子として存在しているだけではないことがわかる。例えば，置換不活性で架橋配位子を含まない $[Co(NH_3)_6]^{3+}$ 錯体と置換活性な $[Cr(OH_2)_6]^{2+}$ の間の外圏型電子移動反応の速度定数は，およそ $9 \times 10^{-5} M^{-1} s^{-1}$ である。また，同じく置換不活性な $[Co(en)_3]^{3+}$ 錯体と置換活性な $[Cr(OH_2)_6]^{2+}$ との外圏型電子移動反応の速度定数は $2 \times 10^{-5} M^{-1} s^{-1}$ であることが知られている。しかし，架橋配位子であるCl⁻，Br⁻，I⁻イオン（Xとする）などが存在する場合，置換不活性な $[Co(NH_3)_5X]^{2+}$ 錯体と置換活性な $[Cr(OH_2)_6]^{2+}$ 錯体との電子移動反応速度定数は，約 $5 \times 10^6 M^{-1} s^{-1}$ と，架橋配位子がない場合と比べて 10^{10} 倍以上大きく，反応終了後にCr(III)-Cl⁻結合の生成が確認されているので，明らかに内圏機構（inner-sphere mechanism）で進行していることがわかる。このように，内圏型電子移動反応では，一般的に外圏型電子移動反応よりも非常に速い反応が起こる。外圏型ではなく内圏型で反応が進行することによって，見かけ上低い活性化エネルギーで反応が起こることは，超交換（super exchange）または連続電子移動（sequential transfer）の2つの機構で説明できると考えられる。

超交換反応機構

　酸化剤と還元剤の間に利用できるもう1つの軌道（架橋配位子の軌道など）が介在する場合，3つの軌道の間に非交差則が成り立てば，もともとの酸化剤と還元剤の軌道の重なりのみによって形成されるポテンシャル障壁よりも，架橋配位子の軌道が関与することによって生じた断熱ポテンシャル障壁が低いので，反応が有利に進行する。この様子を，下図に示した。

　aからcで示した曲線は，それぞれ反応系，生成系，および架橋配位子の軌道が関係する透熱曲線であり，1から3で示した曲線はその組み合わせによって生成する断熱曲面である。電子移動に関与するD（還元剤），B（架橋配位子），A（酸化剤）の間で，DBA→D$^+$B$^-$A→D$^+$BA$^-$ の超交換系が形成されるときには，1の断熱曲面の遷移状態が架橋のない場合に比べてかなり低いことがわかる。この図では λ を 8 kK（K = cm^{-1}）（〜96 kJ mol^{-1}）に取ってある。カップリング要素は簡単のため $H^{ac} = H^{bc} = 2$ kK（〜24 kJ mol^{-1}）にしてある。

　$[Fe(CN)_6]^{3-/4-}$ 錯体の関与する電子移動反応系や $[IrCl_6]^{2-/3-}$ 錯体の関与する電子移動反応系では，昔から陽イオンの種類と濃度に依存して反応速度定数が大きく変化することが知られている。この傾向は電極電子移動反応でも同様で，支持電解質濃度が低いと，酸化還元波が擬可逆になる（支持電解質濃度が

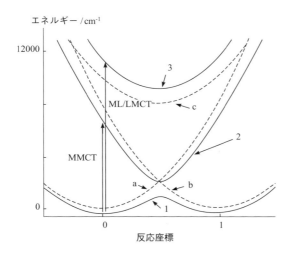

低いときに電極電子移動反応速度定数が小さい）など色々と奇妙な現象を示すことが知られている。これらの錯体は置換不活性なので外圏機構で電子移動が進行するはずであるが，これらのイオンはその大きな電荷のせいで溶液中では（水溶液中でも）イオン対を形成していることがわかっている。

　イオン対が外圏型電子移動反応に及ぼす効果としては，(1)反応化学種の電荷密度を減らすことによって活性錯合体形成が有利になり電子移動反応が加速される効果と(2)対イオンが反応相手との間に介在することによって金属中心間の距離が長くなり，断熱性が低下して電子移動反応が遅くなる，という全く逆の2つの効果があると考えられている。ここでは，これらの効果のほかに，(3)対イオンの存在に起因する超交換相互作用の可能性も含めておきたい。

連続電子移動機構

　電子移動反応に関わる2つのサイト間に介在する配位子が，原子団ごとに空の電子励起レベルを有しており，ドナーサイトとそれらの軌道との相互作用が逐次起こることによって，ドナーサイトの電子が順次移動して最終的にアクセプターサイトに移る機構があると考えられている。この場合も両端のドナーとアクセプターのサイト間の直接の相互作用は，距離が遠いので小さいと考えられる。一般的に，連続電子移動の場合には区別できる電荷移動中間体が発現すると考えられる（この逆を言う人もいるので注意が必要である）が，観測装置の時間分解能の制約もあるので厳密に判断できないことが多い。

　この機構に関連して，内圏的ではない反応でも，類似した機構で反応が加速される場合があると考えられている。例えば，フェロセンの関与する電子移動反応系では，置換不活性であるから反応は外圏機構で進行するのは明らかである。しかし，フェロセンのz軸方向（2つのシクロペンタジエニル環を貫く軸）から反応相手が近づく際の電子移動反応速度定数と，xy平面方向から反応相手が近づく際の電子移動反応速度定数は1桁以上違うことが指摘されており，これらの方向でフェロセンと反応相手の電子的相互作用が異なると言われている。特にシクロペンタジエニル環の方向における相互作用は，xy平面における金属間の直接相互作用より有利であり，それは鉄イオンとシクロペンタ

ジエニル環の CT 相互作用（一種の連続電子移動）に関係しているものと思われる。また，Gate 反応系と呼ばれる特殊な反応系では，金属中心と配位子の間の CT 相互作用が低エネルギーの連続電子移動を助けていると考えられているが，この場合も反応自体は外圏型反応である。Gate 反応系は，いまのところ銅（II）/（I）酸化還元対のみに観測される現象である。

　Gate 反応系は，マーカス理論が仮定しているような「協奏過程」ではない。すなわち，内圏構造変化が外圏溶媒緩和と協奏的に活性化障壁を作っている訳ではなく，何らかの要因で最初に内圏の大きな構造変化が起こり，構造変化した化学種と反応相手との間で非常に速い外圏型電子移動が起こるような反応系である。このような反応系の一般的特徴は，銅錯体どうしの反応と自己交換反応は協奏的に起こるのに対し，Gate 現象は銅錯体と銅以外の金属錯体との交差反応についてのみ観測される点である。このことは，銅錯体と他の金属との間の電子相互作用（軌道間相互作用）に原因がある（断熱性が低い）ことを示唆している。下図に，Thomas-Fermi-Dirac ポテンシャルに基いて計算された各原子の軌道エネルギーレベルを示すが，明らかに銅原子の d 軌道だけが，他の遷移金属の d 軌道と比べてエネルギーレベルが異常に低いことがわかる。この

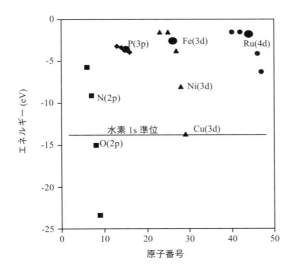

ような傾向は各周期（ブロック）の右端の元素で見られる有効核電荷（effective nuclear charge）の増大（電子による核電荷の不完全遮蔽（insufficient shielding））によって説明できることは明らかである。

以上のことは，CT 摂動（CT-perturbation）の関与する電子移動反応では，基本的に非断熱的（ここでは軌道間の相互作用が小さく，その結果カップリング要素が小さいので 2 つの断熱曲面の分裂が非常に小さいという意味である）な反応であっても，CT 相互作用が強くなると極めて反応速度が速くなる可能性を示している。

MLCT-LMCT 相互作用があるような金属（R）-配位子（j）-配位子（j'）-金属（P）の組み合わせの外圏型電子移動反応系について，Rayleigh-Schrödinger の摂動論により次の式が得られる。

$$k = K_{OS}\kappa_{el}\nu_{eff}\Gamma_n \exp(-\Delta G^*/RT)$$

$$\kappa_{el}\nu_{eff} \approx \frac{2H_{PR}^{eff2}}{h}\left(\frac{2\pi^3}{2E_{OS}RT + E_{IS}h\nu_{IS}\cosh(h\nu_{IS}/2k_BT)}\right)^{1/2}$$

$$H_{PR}^{eff} = \sum_j \frac{H_{R,CT_j}^{ii} H_{CT_j,CT_{j'}}^{if} H_{CT_{j'},P}^{ff}}{(\Delta E_{CT_j}^0)^2}$$

ここで，ΔE^0 は透熱曲面上の仮想的遷移状態に対応する反応座標上における熱的活性化エネルギーと対応する CT エネルギーレベルの差であり，H は金属と配位子の，あるいは配位子間の CT 相互作用に関わるカップリング要素（$H_{a,b} = \langle \Psi_a | H_{el} | \Psi_b \rangle$）である。この関係から，金属原子間の軌道の直接的重なりが小さくて断熱性が低い場合でも，配位子との CT 相互作用が大きく，しかも CT エネルギーレベルが低いときには，かなりの大きさの CT 摂動が期待され，その結果，予想以上に大きな電子移動反応速度定数が観測されることになる。

9-8 非断熱的電子移動反応とプロトン移動反応の類似性

水素原子のような小さくて軽い原子やイオンの移動反応は，溶液中で起こる

重要な反応の1つである。プロトンや水素原子の移動に関する理論は大きく分けて2つある。1つはアイリングの絶対反応速度論に基づく考え方（核位置を反応座標とする考え方）であり，後に Bell によってトンネル効果の補正が加えられたものである（Bell モデル（Bell model）といわれている）。もう1つは Kuznetsov と Dogonadze によって提唱された，溶媒の揺らぎを反応座標とする考え方である。これら2つの理論の間には決定的な見解の違いがある。前者の理論ではプロトン移動反応は基本的に熱反応過程であり，それにトンネル効果（nuclear tunnelling effect）による補正を加味すれば良いと考えているのに対して，後者は例外的な場合を除いてプロトン移動はトンネル効果のみで起こると考えている。後者の取扱いは非断熱的電子移動反応の取扱いと類似しているので，この節で取り上げてみた。

　Kuznetsov と Dogonadze は，プロトンの移動前と移動後（電子移動反応における前駆体と後駆体に対応する）で，周囲の溶媒分子の環境が整った瞬間（溶媒緩和の後）にプロトンの移動が起こると考えた。これだけであれば，反応の活性化エネルギーが溶媒再配列エネルギー（電子移動反応における外圏因子）に相当する熱反応過程なので，Bell モデルとほとんど差異はない。Kuznetsov と Dogonadze は，プロトンの移動は分子振動によって起こるのでエネルギーは量子化されており，その結果，熱過程で反応が起こるのは最低振動エネルギー（$n=0$ の振動エネルギー）が活性化障壁よりも大きいときだけであると考えた。従って，最低振動エネルギーが活性化障壁よりも小さなプロトン移動反応は，トンネル効果によって進行するしかない。

　Kuznetsov と Dogonadze の理論では，電子移動反応におけるマーカス理論（特に外圏因子）と同様に，前駆体と後駆体でプロトン移動前の周囲の溶媒環境は，プロトン移動に最適な溶媒和構造になっている。その状態における活性化エネルギーが最低振動エネルギーよりも小さいか同じ程度であれば，古典論的な概念に従って（核座標に沿って）プロトンは熱的に移動する（次ページ図右）。非断熱的電子移動反応系ではこのように直接的な熱的過程は基本的にありえない。前駆体と後駆体のポテンシャル曲面は交差しているので，磁気的相互作用のような禁制の緩和プロセスを介してか，トンネル効果以外に電子移動

電子移動反応の非断熱過程では2つの透熱曲面は交差する

プロトン移動反応では透熱曲面は必ずしも交差しない

は起こりえない（上図左）。

　しかし，プロトン移動反応では核座標に沿った活性化エネルギーが最低振動エネルギーよりも十分に大きいときには，熱的過程で活性化障壁を乗り越えて反応することはできない。この状況は非断熱的電子移動反応では熱的過程が基本的に禁制であるのと同じである。このとき，プロトン移動反応はトンネル効果によってのみ起こる。もはや古典的な Bell モデルに基づく議論は不可能なのである。トンネル効果が起こるのは，溶媒分子の揺らぎによって前駆体と後駆体のエネルギーが等しくなった瞬間である。量子論的には，このようなプロトン移動反応速度定数は非断熱的電子移動反応に関する式と類似した関数で表される。ただし，電子振動数 ν_{el} のかわりに，プロトンカップリングに関わる積分項 C^2 の関数として表される点が異なる。

$$k = AC^2 \exp(-\Delta G^*/RT)$$

ただし，A は定数で，ΔG^* は溶媒緩和のみの関数である。この場合にも，(5)式と同様の関係が成立することが知られているので，プロトン移動反応においても逆転領域の観測が期待できることがわかる。実際，いくつかのプロトン移動反応においてこのような逆転領域が観測されており，Kuznetsov と Dogonadze の理論は正しいことが証明されている。しかし，後駆体（プロトン移動後）の振動励起状態を経由する反応では，逆転領域は消失するといわれている。

　この様子をプロトン移動の反応座標に沿った図1の中央に示す。後駆体の振動励起レベルを経由する反応では，溶媒再配列のエネルギーは相対的に小さく，

第9章 電子移動反応とその理論　203

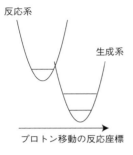

反応系と生成系で、それぞれ最適な溶媒和状態を表したとき

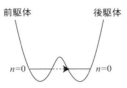

溶媒緩和により、反応系と生成系がそれぞれプロトン移動に最適な状態になったとき

生成系の基底状態の振動が関与する時の反応
下の場合よりも大きな溶媒再配列エネルギーが必要で、しかも障壁の厚みが大きいので、共鳴によるトンネル確率が低い

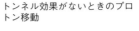

トンネル効果がないときのプロトン移動

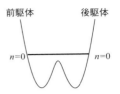

プロトン移動反応で、最低振動レベルが活性化障壁より高いときには、溶媒緩和による活性化障壁をあたかも、熱的反応であるかのようにクリアする

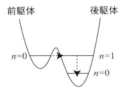

生成系の振動励起レベルが関与する時の反応
上の場合よりも溶媒再配列エネルギーが小さく、しかも障壁の厚みが薄いので、共鳴によるトンネル確率が高い

図1　プロトン移動反応において逆転領域がある場合（中央上）とない場合（中央下），および，トンネル効果がないときの様子（右）

トンネル効果に関係する活性化障壁の厚みも減少するため，ドライビングフォースが非常に大きくなっても，逆転現象は見られないのである。

第 10 章
化学反応を支配する物理学的理論

　化学反応が自発的に進行したり，しなかったりする（たとえ熱力学的に好ましい条件であっても）のは，どのような因子に支配されているからであろうか？　このような疑問は，化学に興味を持つ全ての人たちが心のどこかで抱いているはずである。しかし，このような疑問に直接答えてくれる理論を扱った文献は非常に少ない。一方で，そのヒントを与えてくれる論理は，私たちの周りに沢山ある。例えば，誰もが思いつくような「エネルギー保存則」や「角運動量保存則」といった概念で化学現象が支配されていると考えたらどうだろうか。この考えはもちろん正しいと思われる。問題は，いかにしてそのコンセプトを具体的な形で表現するかである。エネルギー保存則はあらゆる反応系に適用できるであろうが，反応の前後の軌道や活性化に関する具体的な束縛条件を提供するとは考え難い。一方，角運動量保存則は，「結構いけそうな」概念であることがわかる。この考えは過去にも提唱され，単原子どうしの反応や2原子分子の反応について有用であることがわかっている（Wigner-Witmer 則（Wigner-Witmer's rule）とよばれている）。しかし，より複雑な反応系に適用しようとすると，一気に大変なことになってしまうので，実用的な議論には不向きであるため普及しなかった。

　それでは，「こんなに科学が進歩しても，反応が起こるかどうかを簡単に，しかも論理的に見極める方法はないのか？」というとそうでもない。有機化学を勉強した者は，ウッドワードやホフマンによる反応機構に関する説明があることを知っている。多くの場合，彼らの考えは「個別に記憶しておけば十分」ということで片付けられてはいまいか。煩雑な量子論的な議論と計算が，有機

化学を学ぶ人たちを彼らの論理から遠ざけているものと思われる。本章で記述する事柄は，表現に用いる言葉はちがっていても，本質的には彼らの論理と同じものである。この論理を理解すれば，既に先の章で記述した群論の知識とちょっとした量子力学に関する基礎知識さえあれば，誰でも目の前にある化学反応が「起こらないのかどうか」くらいは合理的に判断できる。

その論理は，一言で言えば「ある反応が起こりやすいか否かはその反応の断熱性（adiabaticity）を判断すれば理解できる」という考えに基づいている。断熱性を判断する定性的な基準が軌道（orbital）や状態（state）の対称性であり，群論の知識を駆使すれば，その概念が容易に理解できることは言うまでもない。

10-1　反応の断熱性とそれを保証する条件

一般的に「2つの透熱曲面（diabatic surface）が交差すると avoided-crossing（非交差則，時と場合で配置間相互作用などとよばれているものと同じ原理）により，2つの断熱曲面（adiabatic surface）が出現し，軌道／状態の交差は起こらない」と言う表現が使われる。多少乱暴な表現ではあるが，化学反応を記述する際に，反応系と生成系（通常は調和関数で表す）をつなぐ反応座標（reaction coordinate）に沿った滑らかな曲面が断熱曲面である。ここでは，avoided-crossing が起こるための厳密な条件（非交差の条件）を検証することによって，この表現の意味を理解することからはじめてみよう。

反応座標に沿った1次の摂動を考えると，これは，2つの電子軌道が相互作用して1対の結合性軌道と反結合性軌道を生じる場合と似ている。違いはハミルトニアンの摂動成分が反応座標 Q の関数になっている点である。摂動を受けたエネルギーは，変分法から，次のような永年方程式を満たすことが容易に示される（詳しくは付録 A-6-2 参照）。

$$\begin{vmatrix} H'_{11}-E & H'_{12} \\ H'_{12} & H'_{22}-E \end{vmatrix} = 0$$

ただし，この場合には，6章で考えたのと同じように，摂動に関する演算子は

状態のエネルギー U の反応座標 Q による微分成分で表される。
$$H'_{12} = \langle \Psi_1 | \partial U/\partial Q | \Psi_2 \rangle Q$$
この時の摂動エネルギーは次式で与えられる。
$$E = \frac{E_1+E_2}{2} \pm \left(\frac{(E_1-E_2)^2}{4} + {H'_{12}}^2\right)^{1/2}$$

U は反応座標 Q の変化に伴うポテンシャルエネルギーで，反応座標とともに全対称である。この式は，摂動がない時の2つのエネルギーの平均値に対して，上下に均等に，上式の平方根で表される2つのエネルギー項が現れることを示している（結合性軌道と反結合性軌道が出現するのと同じ理屈である）。すなわち，反応座標 Q に沿って2つの軌道（orbital）や状態（state）が交差点にさしかかった時，反応が断熱的であれば「2つの透熱曲面（それぞれの反応種の軌道や状態に対応すると考えればわかりやすい）は，上の式の平方根で表される値の2倍だけ離れた2つの断熱曲面に分かれる」のである。もし，反応が非断熱的であれば，2つの透熱曲面は互いに交差する。反応が断熱的であれば断熱曲面に沿った「活性化状態を経由して」，スムーズな反応（許容反応）が期待できるが，反応が非断熱的なときには，2つの状態や軌道は交差し，交差点において状態間（軌道間）での「乗り換え」が起こらないので，反応は進行しない（禁制反応という）。すなわち，「断熱反応では反応は進行しやすい（許容）が，非断熱反応では反応は進行しない（禁制）」。より正しい言い方をすれば，この表現は「状態間」の相互作用については厳密に正しいが「軌道間」の相互作用については「厳密には」そうではない。いずれにしても，着目する反応が断熱反応であるからといって，その反応が速い（活性化エネルギーが低い）ことを意味しているわけではないことに気をつけるべきである。反応の断熱性による「許容と禁制」の議論は，反応の活性化エネルギーに関する情報を一切含んではいない。

さて，先程の式に戻って考えると，2つの状態（あるいは軌道）に対応する波動関数が，$E = E_1 = E_2$ で交差する条件は，$H'_{12} = 0$ ということである。逆に言えば「非交差の条件は，交差する2つの状態（あるいは軌道）が同一の対称性を有するとき」ということになる。これは系のハミルトニアンにおいて，エネ

ルギー U と反応座標 Q が全対称だからである。

例えば下のような反応（この反応の詳細については 10-5-2 で説明する）では，状態の対称性（state symmetry）については，それぞれ 4 個の電子を含む軌道の組み合わせなのでともに A_1 になっており，「状態に関しては許容反応」である。

反応例 1：
2 つのエチレン分子が横に並んでシクロブタンを生成する反応

従ってこの反応は，状態に関する限り，下図に示すように，2 つの透熱曲面（それぞれを傾きの符号が逆の 2 本の直線で示してある）が交差することなく，2 つの断熱曲面に奇麗に分裂する（詳しくは，222 ページを参照）。

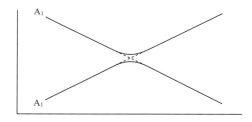

すなわち，2 つの透熱曲面の対称性がともに A_1 に帰属されるものであるため，$H'_{12} = \langle \Psi_1 | \partial U / \partial Q | \Psi_2 \rangle Q$ が値を有し，非交差の条件を満たすからである。従って，この反応は，「状態の対称性の観点からは，断熱反応である」と結論される。

しかし，この反応がスムーズに低エネルギーで起こるかどうかは，軌道の対称性からも判別しなくてはならない問題である（状態に関して非断熱的であれば，その反応は絶対に起こらないので，それ以上議論する必要はない）。重要なことは，「状態に関して断熱的であるからといってスムーズに反応するとは言えない」ということである。その結果，軌道対称性に関わる禁制と許容のみを議論することによって，反応の起こりやすさが判断できることがわかる。以

降の記述では，もっぱら軌道対称性に関わる禁制と許容に関して議論する。実際には，ここで例にした反応は軌道対称性禁制反応（forbidden by orbital symmetry）であるため，起こらない（10-5-2 参照）。

10-2　2次のヤーン-テラー効果と反応の活性化エネルギー

　6章で説明した「2次のヤーン-テラー効果（SOJT）」は，分子やイオンが安定構造へと変形することに関する理論であった。SOJT においては，基底状態の軌道とは異なる既約表現に属する励起状態の軌道との相互作用であっても，それらの直積（$\Gamma_{\Psi_0} \times \Gamma_{\Psi_k}$）と同一の対称性を有する基準振動モードに従って分子が変形することを示した。しかし，10-1 節に記した断熱性の要請によれば，SOJT に対応する分子振動によって引き起こされた変形が化学結合の開裂に結びつくには，「非交差則」が要求する「基底状態の軌道と同じ対称性を有する励起状態の軌道」が関与しなくてはならない。これらの関係をより深く考えてみよう。

　2次のヤーン-テラー効果（SOJT）が，反応座標上の極大値（エネルギーに関して）において起こる現象であることを思い出せば，遷移状態（同じく反応座標上の極大値）においても SOJT と同じように，$\Gamma_{\Psi_0} \times \Gamma_{\Psi_k} \subset \Gamma_Q$ を満たす方向への変形が起こることがわかる。しかし反応が進行して結合の切断が起こるためには（断熱反応となって非交差則が成り立つためには）反応座標 Q は全対称になっていなければならない。このことは，「もとの対称性の高い分子において SOJT に関係した2つの軌道が相互作用して分子の変形を促し，変形した（対称性の低下した）あとの分子において，結合の切断に関係する2つの全く同じ対称性の（結合性と反結合性の）軌道に移行して，遷移状態において SOJT に関係する軌道混合が引き続き起こることにより，化学反応が進行する（断熱的反応が起こる）」ことを示している。

　このことを水分子の OH 結合の切断を例にして説明すると，次のようになる。基底状態において，b_2–a_1^*（p_x 軌道とすぐ上の a_1^* 軌道）軌道混合による

SOJT によって，水分子は B_2 非対称伸縮基準振動モードに従って解離モードに入る。解離モードに入った水分子は，もはやもとの C_{2v} 群ではなく，対称面のみを要素とする C_s 群に属する。C_s 群の指標表は下に示すようなものである。C_s 群まで対称性の低下した水分子でも C_{2v} 構造の場合と類似の分子軌道を呈するが，遷移状態に近づくに従って，結合性軌道と反結合性軌道間のエネルギー差はさらに小さくなって非交差則の要件を満たすようになる。遷移状態においては，同じ対称性の軌道間における相互作用しか許容されないので，SOJT 相互作用（非対称伸縮）が引き続いて起こり，その結果 OH 結合は切断される。この場合には，平面内の A' 振動が結合開裂に関係することがわかる。

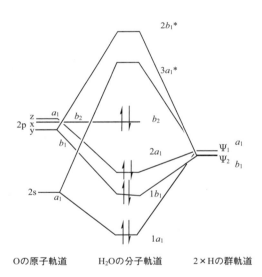

O の原子軌道　　　H₂O の分子軌道　　　2×H の群軌道

C_s	E	σ		
A'	1	1	R_z, T_x, T_y	x, y, z^2, y^2, x^2, xy
A''	1	-1	T_z, R_x, R_y	z, yz, xz

一般的に，かなり大きな結合エネルギーを有する結合であっても，SOJT に

よって誘起される変形があるときには，比較的小さな活性化エネルギーで開裂することが知られており，その活性化エネルギーは「もとの対称性の高い分子における SOJT に関わる軌道間のエネルギー差」に関係している。ただし，溶液中で起こる反応では，遷移状態の安定化をもたらす溶質と溶媒，あるいは溶質どうしの相互作用も遷移状態のエネルギーに大きな影響を与えることを忘れてはならない。

10-3　principle of least motion（PLM）

　SOJT と関係の深い重要な原理（考え方）として，「principle of least motion」（PLM）がある。6 章を含むここまでの議論では，全く説明しないままその原理を使ってきたが，PLM は，一言で言えば「分子の反応／変形方向は，基底状態からの最も小さな核の動きで起こるものであり，この場合には，変形に伴う分子の全エネルギー（電子エネルギー）変化が最も小さいはずである」ということである。すなわち，結合開裂反応では，(1)出発物質と生成物を見比べたときに，最も小さな核の動きを伴う変形が「最大数の対称要素を保持した変形」であろうし，2 分子以上が関与する反応では(2)反応化学種は「生成物を与えるときに，できるだけ元の分子の対称性を保持できるようにお互いに接近する」と言い換えることができる。これまでに，何人もの研究者が，PLM の正当性を証明しようとしたが，一般的な証明は困難であり，しかも全ての反応について検証できる訳ではないので，完全な検証は不可能である。しかし，「最小の構造変化に起因する分子軌道の変化（摂動）が最小であり，その変形のためのエネルギーが最も低い」ことは十分納得できる。したがって，PLM を受け入れれば，「出発物質と生成物で，反応に関与する結合以外の全ての結合が保持されるような構造変化」に対して，反応系と生成系に関与する最低数の軌道だけについて対称性の議論を行うことにより，その反応が「軌道に関して対称性禁制であるかどうか」を判断することができるはずである。実際これまでに，多くの反応について PLM と対称性に関する規則に基づいた関係が調べら

れ，このような考え方は正しいことが証明されて来ている（いまのところ破綻しないからと言って，正しいことが完全に証明されたわけではないが）。2次のヤーン-テラー効果と PLM の帰結は，反応を促進させるために必要な，基底状態と相互作用する励起状態の軌道のエネルギーが低いほど，反応の活性化エネルギーは小さいであろうと言うことである。

前節で述べたように変形が始まった分子は，もはやもとの分子の属する点群よりも低い対称性の点群に属する。もちろん始状態と終状態は，より高い対称性の原子配置を有する分子やイオンであるかもしれないが，始状態から終状態に至る反応座標に沿って保持される分子の対称性は，「より低い点群」に対応するものであり，この「低対称部分群」の表記を用いれば，始状態から遷移状態を経て終状態に至る全ての反応座標上の過程を1つの点群表記で記述できる。以下に具体的ないくつかの例で説明してみよう。

10-4 単分子解離反応

HCl 分子の解離反応 $HCl \rightleftarrows H+Cl$ を考える。この反応では，H 原子と Cl 原子間の結合が伸びて解離するので，反応は，C_∞ 軸（HCl 分子を串刺しにする方向）を保持したまま進行する。下に $C_{\infty v}$ 群の指標表を示す。

$C_{\infty v}$	E	$2C_\infty^\phi$	......	$\infty \sigma_v$	
A_1	1	1	......	1	z, x^2+y^2, z^2
A_2	1	1	......	-1	
E_1	2	$2\cos\phi$	......	0	$(x,y)(xz,yz)$
E_2	2	$2\cos 2\phi$	......	0	(x^2-y^2, xy)
E_3	2	$2\cos 3\phi$	......	0	
......	......	......	......	......	

このように主軸を取ると，反応座標（結合が切れる方向）の対称性（Γ_Q）は全対称の A_1 になる。SOJT 的に表現すれば，遷移密度に関する $\Gamma_{\Psi_0} \times \Gamma_{\Psi_k} \subset \Gamma_Q$ の関係が成り立つので，反応の開始は基底状態と同じ対称性を有する励

起状態との混合で始まる（エネルギーギャップが大きいので，この反応は遅そうであることが理解できる）。基底状態の結合性軌道の対称性は $C_{\infty v}$ 群では a_1 であり，励起状態（反結合性軌道）も a_1 であるため，$\Gamma_{\Psi_0} \times \Gamma_{\Psi_k} = a_1$ であり，反応の進行も反応開始時と同じ軌道の混合のままで起こる。この反応は軌道対称性許容反応である。ここで大切なことは，「微視的可逆性の原理（principle of microscopic reversibility）」から，「正反応が許容であれば逆反応も必然的に許容」になっていることが保証されるということである。

次にこの考え方で説明できる例を，メタン分子からの水素原子の解離反応を例にとって見てみよう。メタン分子からの水素原子の解離反応は，反応座標として最も対称性の高い C_3 軸に沿って起こるはずである（このような方向に反応座標を取れば，切断される1つの結合以外の全ての結合の対称性は保持されるので，PLMの要請を満たす）。メタン分子は基底状態において T_d 群に属するが，水素原子の解離反応に際しては C_{3v} 群まで対称性が低下していると考えるわけである。下に C_{3v} 群の指標表を示す。

C_{3v}	E	$2C_3$	$3\sigma_v$	
A_1	1	1	1	z, z^2, x^2+y^2
A_2	1	1	-1	
E	2	-1	0	$(x,y)(xz,yz)(xy,x^2-y^2)$

メタン分子において切断される軌道は C_3 軸方向の σ 結合であり，これの対称性は当然 a_1 である。この結合の反結合性軌道（励起軌道）もやはり a_1 であるから，メタンからの水素原子の解離反応は軌道対称性許容である。

ただし，この反応では，SOJTに関わる軌道混合も結合性軌道と反結合性軌道の間で起こり，そのエネルギー差は非常に大きいから，反応は非常に遅い（熱的には事実上起こらない）。このように，対称性に基づく議論とSOJTに関わるPLMの要請を考えれば，反応が量子力学的に許容されるかどうかを論じるだけでなく，その反応が速いのか遅いのか（事実上起こらないかどうか）を推測することができる。メタンからの水素原子の解離反応の活性化エネルギーが大きいことは，この反応の初期変形がエネルギーの高い「反結合性軌道」と

の混合で起こる（PLM からエネルギーギャップが小さいとは言えない）ことから推測されるのである。

　より複雑な結合開裂反応の例として，非直線形 3 原子分子であるオゾンの分解反応を示しておく。オゾンは C_{2v} 群に属する 3 原子分子であるが，オゾンから 1 つの酸素原子が解離する反応は許容される反応であろうか？

この反応は，水分子から水素が解離する反応と同様に，C_{2v} 分子に特有の B_2 非対称伸縮振動モードによって進行するはずである。こんなことは知らなくても，PLM の要請から，この反応が 1 つの O–O 結合が伸びて結合の開裂を起こすことは容易に推測できる。この場合，オゾン分子は C_s 対称（対称面のみを対称要素として有する点群）を保持して進行することがわかる。このとき，反応座標は 3 つの酸素原子を縦割りにする対称面に含まれている。この解離反応で切断される結合は，O=O 二重結合における σ 結合と，π 結合であり，これらの結合性軌道の対称性は C_s 群まで低下した部分群ではそれぞれ a' と a'' である。もちろんこれらの軌道に対応する反結合性軌道もそれぞれ a' と a'' であるから，この解離反応は軌道対称性許容反応であることが簡単に証明できるわけである（それぞれの結合性軌道と反結合性軌道の間で，<u>相互作用が協奏的 (concerted) に進行して結合の開裂が起こるといえる</u>）。

　ところで，オゾンと同じ構造を有する SO_2 分子からの，酸素原子の解離反応も同様に軌道対称性許容反応であるが，オゾンからの酸素原子の解離が 24 kcal mol^{-1} の活性化エンタルピーであるのに対して，SO_2 からの酸素原子の解離は 130 kcal mol^{-1} と，非常に大きな活性化エンタルピーを呈することが知られている。同じ許容反応であるのに，このように大きな活性化エンタルピーの違いを呈する理由は，一般的には「電気陰性度の差による結合エネルギーの違い」と説明される（基底状態の安定度の差と考える）。しかし，基底状態のエネルギー差が活性化エネルギーに線形的に関係していると考えるのは多分に直感的であり，速度論的パラメータである活性化エネルギーと熱力学的パラメー

タである基底状態のエネルギーを，証明なしに同じ土俵で論じることは許されない。オゾンと SO_2 の分解の活性化エネルギーが大きく異なることは，SOJT と PLM を考慮することによって説明されるべきなのである。ご存知のように，O_3（青色），NO_2（茶色），NO_3（青色）は有色分子であり，このような有色分子では，HOMO-LUMO（基底状態（0）と励起状態（k））間のエネルギー差が非常に小さい。LUMO は必ずしも基底状態と同じ対称性を有している訳ではないが，このような場合には解離モードに繋がる変形を促す SOJT エネルギーが小さいので，解離反応の活性化エネルギーも小さく，反応性が高いことが多いのである。

このように，結合開裂反応の活性化エネルギーは，SOJT に関わる軌道間のエネルギーギャップを反映することが理解される。光化学反応では莫大なエネルギー（結合性軌道と反結合性軌道のギャップに相当するエネルギー）を必要とするにもかかわらず，化学結合の開裂が熱的に（比較的低い活性化エネルギーで）起こる理由はこのあたりにあると考えられる。

ここまでで得られた結論は非常に重要な意味を持っている。すなわち，新たな結合の生成や（もちろん結合生成に必要な軌道が存在することが絶対条件であるが）既に存在する単一の結合の開裂反応は全て許容な反応である，ということである。なぜなら，どのように複雑な分子であっても，開裂する結合の方向を主軸にとれば，開裂の前後で軌道の対称性が保持されるためである。

このあたりで話を元に戻して，より複雑な反応系において，着目する反応の「許容と禁制」を非交差則の要請を用いて判断する方法について記述する。反応の断熱性を判断するには，始状態（反応物）から終状態（生成物）に至る過程で保持される分子あるいは分子群の対称性を知らなくてはいけないが，それはもはや個々の反応化学種が所属する点群ではないのである。なぜなら，そのような対称性は，反応の進行とともに分子が変形して損なわれてしまうためである。

10-5　軌道対称性の要請に基づく反応性の判断1：基礎的な反応

　ウッドワードとホフマンは，「反応に関与する2つの化学種の結合の基底状態と励起状態の対称性のマッチング」を考慮して反応性を議論した。しかし，既に議論した「非交差の条件」を利用すれば励起状態の軌道の対称性を考慮しなくても，その反応が軌道対称性禁制かどうかを判別することができることがわかる。すなわち，2分子の結合組み替え反応の場合を例にとれば，非交差の条件を満たすために「反応に関係する2つの化学種のそれぞれで，基底状態の軌道と励起状態の軌道の対称性が同一でなくてはならない」のであれば，必然的に『2つの反応種の反応に関わる軌道（結合開裂に関係する軌道）の対称性は，生成種において新たに生じた結合に関係する軌道の対称性と一致していなくてはいけない』ことが容易に理解できるからである。ここで，あえて「反応に関わる軌道（結合開裂に関係する軌道）」あるいは「新たに生じた結合に関係する軌道」と書いたのは，これらの軌道以外の軌道は反応において変化しないので，反応中に不変である（と近似的にみなせる，あるいはPLMの要請と考えても良い）ため，考慮する必要がないからである。

　このことを，A+BがC+Dとなるような反応を例にして考える。A分子とB分子のある結合が切れて，結合の組み替えでC分子とD分子が生成するとき，遷移状態近傍では，これらの2つの結合に関与する軌道の対称性が同一でなくては，軌道が交差してしまい，反応は軌道対称性禁制になる。このことは，2つの分子を並べてできる新たな点群を定義したとき，A分子において反応に関係する軌道と，B分子内の反応に関係する軌道の対称性の「和」は，生成するC分子とD分子内の，反応によって生じた全ての新たな結合に関係する軌道の対称性の「和」と同じでなくては非交差の条件を満たさないことを意味している。すなわち，軌道に関して対称性許容な反応では，「反応系において切断される軌道（結合性）の対称性の総和と，生成系において新たにできた結合に関する軌道（結合性）の対称性の総和」は，同じ点群の中で保持されているはずであるということが結論できるのである。対称性の「和」と記述したのは，

第10章　化学反応を支配する物理学的理論　217

一般的にはどのような反応でも，切れる結合の数と生成される結合が取りうる場合の数は同じになっている（ラジカル種を含む反応でも数え方を変えれば同じ）からである。

次にこの論理を適用して，いくつかの反応の軌道対称性許容と禁制を判断してみよう。

10-5-1　2原子分子間の結合組み替え反応

最初に2個の水素分子の反応による，結合の組み替え反応を考える。

$$H_2 + H_2 \longrightarrow H_2 + H_2$$

2個の水素分子を構成する4個の水素原子が，遷移状態でD_{4h}配置になるように近づくときには，反応系はD_{2h}配置からD_{4h}配置の遷移状態を経由して，D_{2h}配置の生成物に至ると考えられる。

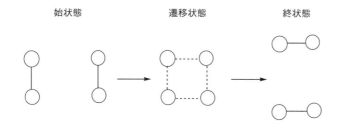

上の図のそれぞれの軌道の極性を+と-で表示すると，始状態と終状態における結合性と反結合性の軌道の組み合わせは次ページの図で示すようになる。ただし，4個の水素原子を配置した点群の主軸は紙面に垂直に取ってある。このように考えると，反応の進行に伴って4個の水素原子の配置が変化しても，反応中で最も対称性の高いD_{4h}中間体も含めて，より低い点群であるD_{2h}の表現で全ての軌道や状態を表すことができるのである。

218　第Ⅲ部　無機化学反応

D_{2h} における記号　D_{4h} における記号

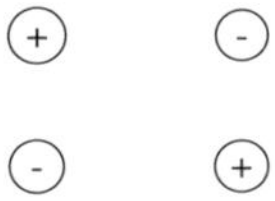

b_{1g}　b_{2g}　始状態でも終状態でも反結合性の励起状態

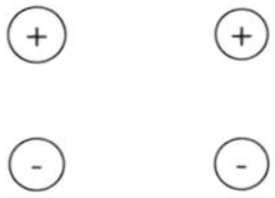

b_{3u}　e_u　始状態では反結合性の励起状態だが，終状態では結合性の基底状態

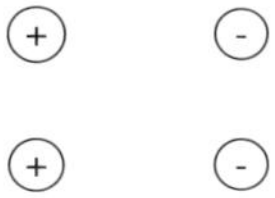

b_{2u}　e_u　始状態では結合性の基底状態だが，終状態では反結合性の励起状態

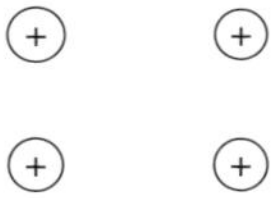

a_g　a_{1g}　始状態でも終状態でも結合性の基底状態

D_{2h}	E	$C_2(z)$	$C_2(y)$	$C_2(x)$	i	$\sigma(xy)$	$\sigma(xz)$	$\sigma(yz)$		
A_g	1	1	1	1	1	1	1	1		x^2, y^2, z^2
B_{1g}	1	1	−1	−1	1	1	−1	−1	R_z	xy
B_{2g}	1	−1	1	−1	1	−1	1	−1	R_y	xz
B_{3g}	1	−1	−1	1	1	−1	−1	1	R_x	yz
A_u	1	1	1	1	−1	−1	−1	−1		xyz
B_{1u}	1	1	−1	−1	−1	−1	1	1	T_z	z
B_{2u}	1	−1	1	−1	−1	1	−1	1	T_y	y
B_{3u}	1	−1	−1	1	−1	1	1	−1	T_x	x

　これを用いて，各軌道を反応座標に沿って記述すると次ページの図のようになる。

　この図からわかることは，始状態の結合性軌道の1つである b_{2u} 軌道と，始

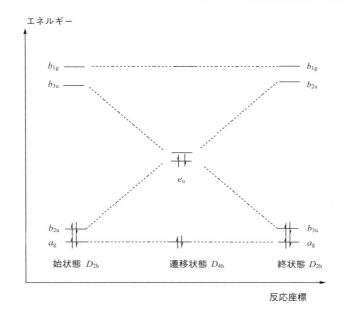

状態の励起軌道（反結合性軌道）である b_{3u} 軌道が交差することである。軌道の非交差の条件は，「交差する軌道の両方が同じ対称性を有すること」であるから，この反応では，その条件を満たさず，2つの軌道が交差することがわかる。したがって，このような反応は非断熱的であり，軌道対称性禁制反応（forbidden by orbital symmetry）ということになる。その結果，この反応の見かけの活性化エネルギーは非常に高いものになる（反応確率の低下による見かけの効果）ことを示している。

ところが，この反応について状態 (state) の変化を記述すると次のようなことが起こる。すなわち，始状態は $(a_g)^2(b_{2u})^2 = A_g$ の状態であり，終状態では $(a_g)^2(b_{3u})^2 = A_g$ であるため，『この反応系は非交差条件を満たすので状態に関しては許容』ということになる。

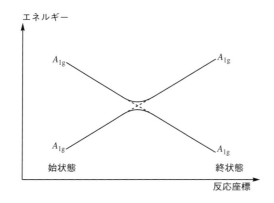

　「非交差に関するルールは，状態に関しては，厳密に成り立つものであり，軌道に対しては，その厳密性を欠く」ことに気をつけるべきである．すなわち，「軌道対称性禁制」にかかる反応であっても，「状態の混合による非交差が保証されていれば，遷移状態において，1つの軌道から他の軌道への電子の乗り換え（有効な軌道間の混合）が起こる可能性がある」ため，『断熱的反応（ただし軌道対称性禁制にかかる反応である点は変わらないので，何らかの形でこの禁制を緩和させるような経路が必要）』であると言えるのである．ここで例にした水素分子間の結合の組み替え反応は，『状態に関しては断熱反応ではあるが，軌道対称性禁制にひっかかるので非常に起こりにくい』と言うのが正確な表現である．実際，この反応の見かけの活性化エネルギーは 145 kcal mol^{-1} と，非常に高く，通常の反応条件ではほとんど起こらない．

　この反応が軌道対称性に関して禁制になることは，上のように各軌道の帰属を行わなくても簡単に証明できる．それは本章で着目する「始状態と終状態の基底状態のみの対称性を検証する方法」である．この考え方では，低対称群で表現される反応座標系において，反応種において切断される軌道と生成種で新たにできる軌道の対称性のみを考慮すれば良いだけである．この反応例で4個の原子の配置が反応前後で D_{2h} に保たれているとしたとき，反応系（始状態）で切断される結合の帰属の総和は a_g+b_{2u} であり，生成系（終状態）で新たにできた結合については a_g+b_{3u} である（次ページの図を参照．主軸は紙面に垂

第10章 化学反応を支配する物理学的理論　221

直）。従ってこの反応では，始状態と終状態における基底状態の反応に関係する軌道の対称性の「和」が一致しないので，軌道対称性禁制であることが容易に証明できることがわかる。

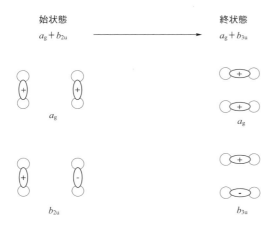

　この反応に対して，より低対称な部分群で反応系を考えても同じ結論に至ることを証明してみよう。例えば，D_{2h}群からいくつかの対称要素を取り除くと，この反応系はC_{2v}群とみなすことも可能なのである。このようにして始状態の結合の対称性を検討すると（例えば反応座標の方向を主軸のC_2軸とすれば）a_1+a_1であることがわかる。

　一方生成した結合は，同じC_2軸を保持しているのでa_1+b_1であることがわかる。これらの対称性の「和」が反応の前後で一致しないので，この反応は軌道対称性禁制であると言えるのである。このC_{2v}群による分析の様子を次ページの図に示す。このように，対称性の高い点群表記を用いなくても，低対称な部分群を利用して簡便に反応の許容と禁制を判別することが可能なのである。その理由は，先にも述べたように，反応に際して分子は十分に変形して低対称になっていると考えられるためである。

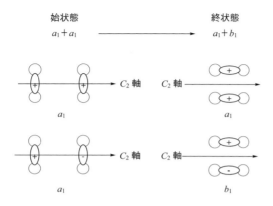

ここまでで得られた結論から,高等学校の教科書で丸暗記させられた「H_2 と X_2(X はハロゲン)の混合物は暗所では反応しないが,光をあてると爆発的に反応する」という記述の意味が理解できるであろう。これらの反応は軌道対称性禁制反応なので熱的には起こらないが,光励起による X_2 の解離がきっかけになって,反応はいたって迅速に起こるのである(前節で見たように,単分子解離と結合生成は許容反応であるから)。

10-5-2 分子間の軌道対称性禁制反応

「始状態と終状態の基底状態のみの対称性を検証する方法」について,もう少し例を挙げてみよう。先に記述した反応例を用いて,この反応が軌道対称性禁制であることを説明してみる。

$$\| + \| \longrightarrow \square$$

この反応では,反応座標は紙面上で左右方向(図の矢印の方向)である。2つのエチレン分子が並んだ状態を C_{2v} 群とみなし,主軸(C_2 軸)を反応座標方向に取った時の分析例を示す(生成するシクロブタン分子は折れ曲がった構造であるが,ここでは単純化して,反応直後は平面構造になっていると考える)。

この反応では，反応系において開裂する結合はそれぞれのエチレン分子上のπ結合である。

反応系では，例えば下図に示すように，反応に直接関係する基底状態の2つのπ結合の組み合わせの対称性は，ともにa_1であり，a_1+a_1と記述することができる。

一方，生成系では，新たに生じた2本の単結合に対して，2つの対称性（a_1+b_1）が可能である。

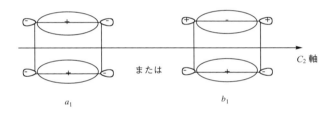

ここまでの考察だけで，この反応が$2a_1 \to a_1+b_1$という「軌道対称性禁制反応」であることは明らかである。

この関係を，より明確にするために，反応種と生成種の励起状態（反結合性軌道）を考えてみる。反応種の反結合性軌道は，次の図のような組み合わせであり，C_{2v}群として記述するとb_1+b_1である。

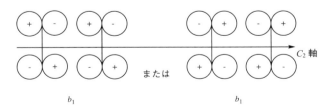

同様に，生成物であるシクロブタンにおいて新たに生成した結合のみについて

反結合性軌道を考えると次のようになる。

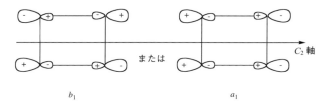

この関係を，反応座標に沿った軌道エネルギーレベルで記述すると，次図のようになり，この反応では「軌道の交差が起こって，軌道対称性に関しては非断熱反応（＝軌道対称性禁制）になっている」ことが明白である。

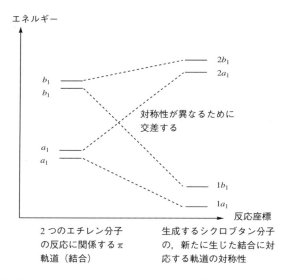

反応座標に沿った各エチレン分子の a_1 軌道にある電子が，遷移状態において，図の左上からおりてきた反結合性軌道 b_1 にスムーズに乗り換えられるかどうかが議論の焦点なのである。この反応では，スムーズな電子の乗り換えが起こらない（対称性が違うので軌道が交差している）ので，反応座標に沿って，より低いエネルギーの状態（生成物であるシクロブタン）に至ることはない。

しかし，この反応について『状態』を考慮してみると（関係する軌道に電子をつめたものを考える），反応系の基底状態では2つのエチレン分子において

$[(a_1)^2(a_1)^2]$ であり，励起状態（反結合性軌道）では $[(b_1)^2(b_1)^2]$ となる（実際の分子では基底状態でこの軌道に電子が入ることはないが反応論では，上述のように，電子の乗り換えを論じるので，反結合性軌道に電子が入ったとして『状態』を論じる）。$[(a_1)^2(a_1)^2]$ の電子状態が A_1 で表現されるのは明らかである。$[(b_1)^2(b_1)^2]$ も A_1 に帰属されることがわかる。このことは，『状態』については交差が起こらず，この反応が（もし起こるなら）断熱的に進行することがわかる。

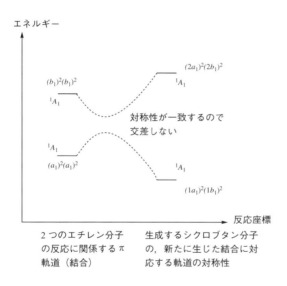

励起状態の1つを示したもの。対応する軌道（電子配置）は前のページの軌道に関する図を参照すること

反応が完全に非断熱的な場合には，状態に関わる2つの透熱曲面は完全に交差してしまう（次ページの図）。この場合，反応は途中まで（2つの曲面の交差点まで）進行しても，電子状態は不安定になるだけで反応が起こる確率はゼロであり，「反応は絶対に起こらない」と結論される。

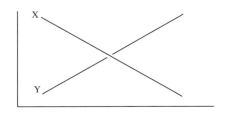

10-5-3 アゾ化合物とオレフィンの熱異性化反応

R–N=N–R 型の化合物では，一般的にトランス体が安定であるが，これらに光照射するとシス体ができる。これは，π–π* 遷移により N=N 結合が自由回転するからである。シス体からトランス体への熱異性化反応（thermal isomerization reaction）は活性化エネルギーが大きく，一般的には遅い。それではアゾ化合物の熱異性化反応はどのような機構で進行しているのであろうか。

一般的に R–N=N–R の熱異性化経路は 2 通りあると考えられている。すなわち，N=N 軸周りに回転する<u>回転機構</u>（rotation mechanism）と，1 つの置換基 R が，N=N–R が直線状態になるような中間体を経る<u>反転機構</u>（inversion mechanism）である。以下にこれら 2 つの機構が量子論的に許容されるのかどうかについて考えてみる。

(1) 回転機構に関する考察

回転機構では，C_2 対称が保持された形で反応が起こると考えられる。ここで，C_2 軸は右図の紙面に垂直で N=N 二重結合の中心を通る軸である。参考のため，C_2 群の指標表を示しておく。

C_2	E	C_2
A	1	1
B	1	−1

まず，C_2 群の指標表を用いてトランス異性体について検討する。2つのN-R 結合の基底状態における可能な配置は a と b であることがわかる（下図参照）。

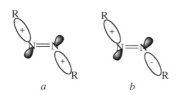

同様に，トランス体の2つの lone pair も a と b である。

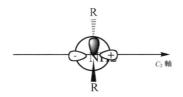

つぎに，トランス体における π 結合に着目すると，それは上図の紙面に対して垂直方向のp軌道で形成される結合性軌道であるから，C_2 群に属する分子に対しては a である。

一方，シス異性体について考えると，同じ C_2 対称を保持するためには C_2 軸は紙面上で，下の図のようにN=Nの中間を横切る軸になる。この場合，異性

化によって，C_2 軸は 90 度回ったことになる。このあたりが，この反応の対称性禁制に関わってくる。

シス体における N–R 結合の基底状態の帰属は a と b である。

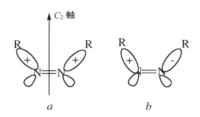

また，シス体における lone pair の帰属も a と b である。

ところが，シス体では π 結合の帰属が変化している。シス体における π 軌道は，上図の紙面に対して垂直方向に出ているので C_2 軸に対しては b である。

従って，この異性化反応では，基底状態間の反応に関わる結合の状態が $(a+b)+(a+b)+a \longleftrightarrow (a+b)+(a+b)+b$ となるので，軌道対称性禁制になっていることがわかる。つまりアゾ化合物の熱異性化反応では，回転機構は軌道対称性禁制なのである。この機構で結合の組み替えが起こるのは N=N π 結合だけであるから，もちろんそれのみに着目して，簡単に同じ結論を得ることができる。

(2) **反転機構に関する考察**

反転機構では次ページの図に示すように 1 つの置換基 R が紙面上を移動し，N=N–R が直線となる遷移状態を経由する。この場合，反応系は C_s 対称面（紙面そのもの）を保持した反応となる。

C_s 群では，N–R 結合ならびに lone pair の対称性は，シス，トランスいずれの異性体であっても a' であり，また，N=N 二重結合における π 結合は，いずれの場合においても a'' である。したがって，アゾ化合物における反転機構は軌道対称性許容なのである。実際には，この機構で熱異性化反応は進行するが，この機構も活性化障壁が大きいので，反応速度は速くない。

lone pair を有さない二重結合性化合物（オレフィン類）でも同様の議論が可能である。ただしオレフィンの場合には，アゾ化合物と違って反転機構は困難なので（入れ替わるサイトの１つが非共有電子対ではない），回転機構のみが可能な反応経路になる。しかし，この経路はアゾ化合物に関する上記の議論と同様に，軌道対称性の議論からは，禁制反応（起こらない）ということになる。

ところが，1968 年に Lin と Laidler は 1,2-dideuterioethylene の異性化反応が熱的に起こることを実験的に示した（Can. J. Chem., 46, 973 (1968)）。この事実については，当初 π–π^* 間の熱的電子励起で反応が進行すると考えられたが，観測された活性化エネルギーは 65 kcal mol^{-1} と比較的小さく（結合性軌道と反結合性軌道のエネルギーギャップ程ではないので，完全な禁制反応とは考えにくいが，けっして小さな値ではないので反応は遅い），この説は否定されている。それでは，どう考えればよいのだろうか？

実は，D_{2h} 対称のエチレンや置換エチレンのような分子では，以下に述べるように，回転機構の禁制が緩和される（軌道対称性禁制に完全にはかからない）のである。基底状態のエチレンは D_{2h} 群に属する。D_{2h} 群の分子においては，ねじれに対応する分子振動によって，その対称性は D_2 に低下する。D_{2h} 群と D_2 群の指標表を次ページに記すので，その関係を理解して頂きたい。

D_{2h}	E	$C_2(z)$	$C_2(y)$	$C_2(x)$	i	$\sigma(xy)$	$\sigma(xz)$	$\sigma(yz)$	
A_g	1	1	1	1	1	1	1	1	x^2, y^2, z^2
B_{1g}	1	1	−1	−1	1	1	−1	−1	xy
B_{2g}	1	−1	1	−1	1	−1	1	−1	xz
B_{3g}	1	−1	−1	1	1	−1	−1	1	yz
A_u	1	1	1	1	−1	−1	−1	−1	xyz
B_{1u}	1	1	−1	−1	−1	−1	1	1	z
B_{2u}	1	−1	1	−1	−1	1	−1	1	y
B_{3u}	1	−1	−1	1	−1	1	1	−1	x

D_2	E	$C_2(z)$	$C_2(y)$	$C_2(x)$	
A	1	1	1	1	x^2, y^2, z^2
B_1	1	1	−1	−1	z, xy
B_2	1	−1	1	−1	y, xz
B_3	1	−1	−1	1	x, yz

D_{2h}対称の基底状態にあった時のπ軌道とπ*軌道（x軸を二重結合に沿って取ったときに，それぞれb_{1u}とb_{2g}：図1参照）は，D_2に対称性が低下したエチレン分子では，それぞれb_1とb_2になる（対称性の低下で，反転対称性がなくなり，gとuが取れる）。さらに変形が進みD_{2d}構造になると，これら2つの軌道は縮重したeになり，さらなる変形で再びD_2対称に低下するとb_2とb_1となって，2と1の記号が入れ替わる。下に，D_{2d}の指標表を示す（z軸をC_2主軸に取っているので，上の2つと比較する時はzをxと入れ替えること）。

D_{2d}	E	$2S_4$	C_2	$2C_2'$	$2\sigma_d$	
A_1	1	1	1	1	1	x^2+y^2, z^2
A_2	1	1	1	−1	−1	
B_1	1	−1	1	1	−1	x^2-y^2
B_2	1	−1	1	−1	1	z, xy
E	2	0	−2	0	0	$(x,y)(xz,yz)$

そのまま回転を続けると，90度×2回転して，基底状態と同じD_{2h}構造にもどるが，この場合には，元の構造のときに取ったy軸とz軸（共に2回回転軸）が入れ替わったものになっている。しかし，構造自体はもとと同じD_{2h}であり，

第 10 章 化学反応を支配する物理学的理論　231

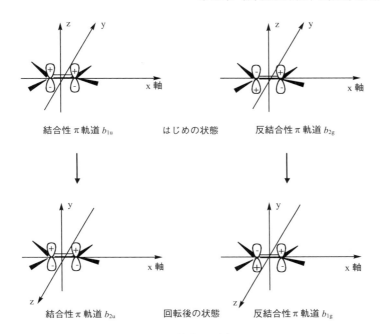

図1　π軌道の関係

これら2つの軸の取り方は任意である。その結果，D_{2h} から D_2 を経て D_{2d} に至り，さらに D_2 を経て D_{2h} になるという，180度の回転が起こるような反応経路では，出発状態（D_{2h}）における π 軌道（b_{1u}）は，$b_{1u} \to b_1 \to b_2 \to b_{2u}$ と変化し，π* 軌道（b_{2g}）は $b_{2g} \to b_2 \to b_1 \to b_{1g}$ と変化する（図2参照）が，y と z 軸が互換関係にあるため，記号の 1 と 2 は相互交換可能であり，その結果これらの変化に対応する軌道間の交差は起こらない（D_{2d} 構造における e 状態を介して軸交換が起こり非交差の要件を満たすと考えるとわかりやすい）。このように，D_{2h} 対称のエチレン分子では軌道対称性禁制に完全にかかることなく，C=C 二重結合周りの回転が許容されると考えられているのである。

ここで得られた重要な帰結は，低対称群を仮定して解析した結果として「軌道対称性禁制」を示す反応系で，予想外に速い反応が観測されるときには，より対称性の高い点群を想定した場合に何らかの抜け道があることを示している

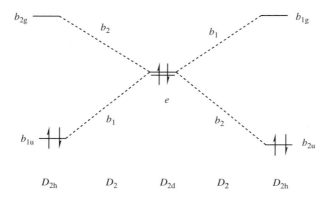

図2　D_2 と D_{2d} を経由するので，D_{2d} の e を介して y と z 軸の座標交換が起こり許容になる

ということである。しかし，このような場合でも非常に速い反応が観測されることはほとんどない。すなわち，抜け道はあくまでも抜け道であって，「あり得ないことが，わずかに起こる」にすぎないのである。

10-6　軌道対称性の要請に基づく反応性の判断2：複雑な反応

　化学反応は，有機も無機も(a)イオン反応，(b)ラジカル反応，(c)協奏的ペリサイクリック反応に大別できると考えられている（程度の差はあれ，これらの反応は電子の移動（遷移状態における極性変化も含む）を伴っているので，化学反応の速度を議論するためには第9章で説明したような電子移動反応に関する知識が非常に重要である）。イオン反応は反応する分子内の極性を有する結合部位に，極性を有する反応種やイオンが攻撃することによって反応が開始される。一般的に，イオン反応ではイオン性相互作用によって誘起された結合の解離や生成が段階的（協奏的でないという意味で）に起こるが，このような場合の反応モードは，化学種の振動モードに従って進行するため，適当な軌道さえ存在すれば許容される。ラジカル反応は，光によって開始される化学反応の多

くで見られるが，反応の開始段階（initiation）は基本的に，反応種の結合性軌道と反結合性軌道の直接の相互作用を含むため，軌道対称性の観点から許容反応である。反応の継続段階（propagation）はラジカル化学種の攻撃を含むが，この段階では，攻撃される分子に適当な軌道さえ存在すれば反応は常に許容される。イオン反応にもラジカル反応にも明確な反応中間体（安定であるかどうかは問題ではない）が存在する。

　一方，協奏的反応は有機化合物や有機金属化合物の関係する反応に多く見られ，一般的に次のような特徴を有している。(1)反応種のどちらか一方あるいは両方が不飽和化合物であり，(2)反応はσ結合の解裂もしくは生成とπ結合の解裂もしくは生成を含み，(3)電子系の再配列は複数の反応種が組み合わさってできる「環状配置」の中で起こることが多く，(4)明白な（単離可能な，あるいは識別が可能なという意味で）反応中間体を有しない。(3)，(4)はこの種の反応が協奏的反応であることを特徴づけている。外圏型電子移動反応も内圏と外圏の構造緩和により，電子移動に最適な核配置から電子が移動するので，明確な中間体構造を持たないという意味で協奏的である。

10-6-1　ペリサイクリック反応

　1965年にウッドワードとホフマンによって示されたペリサイクリック反応に関する規則では，「軌道の対称性を保持したまま起こる反応は，軌道対称性の保持を伴わない反応に比べて，はるかに低い活性化エネルギーで進行する」。言い換えれば，軌道対称性が保持される場合には，反応は協奏的に進行する（結合の切断と生成が同時にかつ相関して起こる）ので，反応の立体化学は厳密に規制される……ということである。これは理論的予測であるが，以下に簡単な言葉（群論による表記で回転方向まで予測できる）でそれを説明する。

　簡単のため，シクロブテン誘導体の置換基A〜Dは同じ（環骨格に含まれる炭素原子上の軌道の対称性のみを考えれば良いから）と考える。これまでの例と同様に，切断される結合に関与する軌道と，新たに生じる結合に関与する軌道のみを考える（出発物質では切断される軌道を，生成物では生じた軌道と

lone pair を生じる時はそれの対称性も考慮する)。

出発物質であるシクロブテンの切断に関与する軌道は，C_1-C_4 間のσ結合と C_2-C_3 間のπ結合である。一方，生成する結合は，C_1-C_2 間のπ結合と，C_3-C_4 間のπ結合である。

まず，この反応が軌道対称性禁制にかからない要件を確認しておく必要がある。最初に，この反応が C_{2v} 群より対称性が低下し，シクロブテン骨格における C_2 軸のみを保持した形で進行する（C_2 群まで低下した変形を経ると考える）場合を考えてみる。この場合の C_2 軸はシクロブテン骨格を上から眺めたときに，左右に横切る線分（下図参照）である。

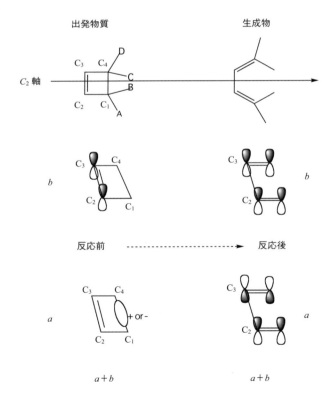

このとき，切断される軌道の対称性は，C_1-C_4 間の σ 結合が C_2 軸に関して a，C_2-C_3 間の π 結合が b である．一方，生成する結合については，C_1-C_2 間の π 結合と C_3-C_4 間の π 結合を合わせて，$a+b$ である．従って，この反応では，反応系と生成系で，基底状態の対称性が一致しているので，軌道対称性に関して許容反応である（前図参照［この場合が，軌道対称性が保持される経路であることは言うまでもない］）．

ウッドワード–ホフマン則で「軌道の対称性を保持したまま起こる反応は……」という表現は，こうすれば対称性許容になるという要請なのである．

次に，対称面のみを保持した形（C_s 群まで低下した反応経路）で反応が進

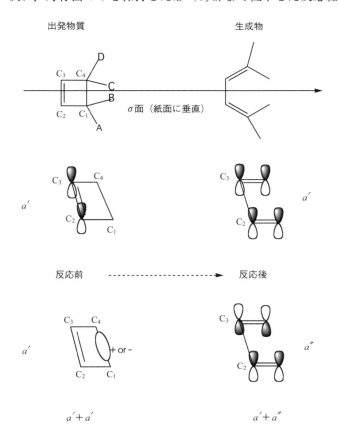

行する場合を考える。C_s 群の唯一の対称要素である対称面は，先の C_2 群で考えた時の C_2 軸を含み，前ページ図の紙面に垂直な平面である。この場合には，切断される π 軌道と切断される σ 結合はともに a'（面対称）であるが，生成する 2 つの π 結合は，$a'+a''$ であり，このように，対称面のみを保持して反応する経路（C_1-C_2 軸と C_3-C_4 軸の回転に着目すれば disrotation する経路）の反応が軌道対称性禁制になっていることが容易に理解できる。

このように，対称面を保持した反応経路では，ウッドワード-ホフマン則が要請する許容条件である「軌道の対称性の保持」ができないのである。

上記の考察で，「保持される対称要素が軸か，あるいは面か」によって，C_1-C_2 軸と C_3-C_4 軸周りの回転（同旋＝conrotation か逆旋＝disrotation）方向と反応の許容／禁制を同時に判断できることがわかった。

対称性則（symmetry rule）を用いれば，反応前と反応後のみ（反応の途中で

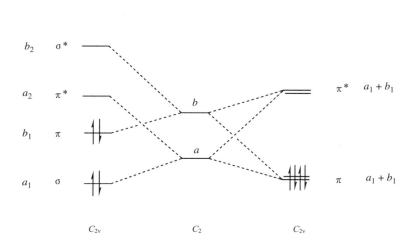

何がどうなっているかは考慮しなくて良い）を考えるだけで，その反応が量子力学的に許容されるのか，許容されないのか（軌道対称性禁制であるかどうか）が簡単にわかるわけである．次に，軌道間の関係がどのようにC_1-C_2軸とC_3-C_4軸周りの回転と関係しているのかを詳しく考えてみる．

出発物質において「切断される結合の結合性軌道と反結合性軌道」，生成物において「新たにできる結合の結合性軌道と反結合性軌道」を調べてみる．前ページの図から，出発物質（C_{2v}群に属する）のa_1（σ結合性軌道）の電子がa_2（π反結合性軌道）に流れ込み（$a_1 a_2$ともにC_2群ではa対称なのでスムーズに混合する），b_1（π結合性軌道）の電子がb_2（σ反結合性軌道）に流れ込む（$b_1 b_2$ともにC_2群ではb対称なのでスムーズに混合する）ことによって，C_2中間体でそれぞれaとbになって混合し（非交差の要件を満たす），スムーズに生成系の結合性π軌道（2つある）に変換されることがわかる．これらの軌道混合では，前者は$a_1 \times a_2 = A_2$モードであり，後者も$b_1 \times b_2 = A_2$モードとなっており，ともにA_2モードの回転（すなわちconrotationモード）で進行することが説明できる．

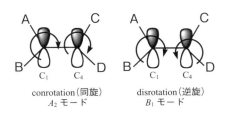

conrotation（同旋）　　disrotation（逆旋）
　A_2モード　　　　　　B_1モード

もちろん，このように面倒な励起状態の考察まで行わなくても，回転方向についての情報は「対称面の保持なのか，対称軸の保持なのか」だけで容易にわかるのであるが．

次にこの反応が光照射下で行われる場合を考えてみよう．光励起下ではπ結合に関係する電子は励起状態で存在する．実際には，ほとんどの反応は1光子過程（1電子励起）で進行するのだが，そのように考えた時には付録A-7に記述したような複雑な物理学的過程を考慮しないと説明できない．以下では

「光化学反応では，ほとんどの場合に基底状態の生成物を与えるという実験事実」に基づいて，始状態（光励起状態）が2光子過程によって生じた2電子励起状態であると仮定すれば実験結果がうまく説明できることを利用して説明する。

　C_2軸が保持されると考えたときには，反応種で切断されるπ結合に関係する電子は，2光子過程と考えれば反結合性軌道にあるから，その対称性はaである。一方，σ結合の電子配置は基底状態のままであると考えられるから，aである。生成種では2つのπ軌道は$a+b$であるから，光照射下での反応ではC_2軸を保持する反応は軌道対称性禁制反応であることがわかる。

　一方，対称面が保持される場合を考えてみると，2光子過程と考えれば始状態ではπ結合についてはa''で，σ結合についてはa'である。生成種では，2つのπ軌道は$a'+a''$であるから，2個のπ電子がともに反結合性軌道に励起されるとき（2光子過程を想定）には対称面を保持した反応は許容反応になっていることがわかる。このようなペリサイクリック反応では，熱的過程と光過程で生成種における置換基A，B，C，Dの回転方向が逆になるのはこのためである。

10-6-2　共役π電子系を含む化合物の関係するペリサイクリック反応

　ベンゼンなどの共役π電子系を有する化合物では，反応の禁制と許容を議論する際に，反応に関係するπ電子系についてヒュッケル近似による軌道分裂の様子を知っておく必要がある。例えば，ベンゼンでは6個のπ電子がπ系を占有しているが，その軌道分裂の様子は次ページの図によってグラフィカルに表現することができる。このような関係は，軌道エネルギーが高いほど「節面が多い」ことを知っていれば，他の共役系についても容易に描くことができるし，このような定性的な考え方だけで，軌道の対称性を判断することが可能になる。

　実はヒュッケル法を持ち出さなくとも共役系のヒュッケル軌道を指標表に基づいて見積もることは可能である。そのとき，各軌道の符号（プラスやマイナ

スとその数値の大きさ）も同時に決定される。この方法は，本書第I部の2-2節で学んだ分子軌道の描き方と同じ手法を用いる。ベンゼンであれば，各炭素原子上の軌道（π結合性のp軌道と考える）を6個（1から6で，それぞれにϕ_1からϕ_6のπ軌道が対応し，σ_h面より上側のローブの符号を+としておく）考えるが，このときに，平面の上の方を向いているローブと，平面の下を向いているローブの極性（符号）が逆になっ

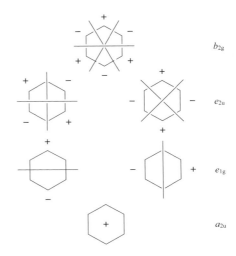

ている点に注意しなければいけない。こうすることによって，σ_h面の反対側にあるローブの極性は必然的に決まり，対称面の片側について符号が同じ軌道が隣り合えばπ結合ができることがわかるし，反対符号の軌道の間には節面が存在することもわかるからである。フェロセンのように向かい合う2つの共役系が中心の金属と相互作用する時も同様に取り扱う。このようにしてえられる群軌道を図で表すと右上のようになる。

右端に書かれているマリケン記号は，D_{6h}群に対応した表記であるが，最低エネルギーの軌道がa_{2u}であるのは，ベンゼン環の上下でπ軌道関数の符号が逆転するためである（添字の2は主軸に垂直なC_2軸による回転で符号が反転するからであり，uは反転反対称だからである）。6個のπ電子は$(a_{2u})^2(e_{1g})^4$の配置を取る。

この図を用いると，下記のようなシクロアディション反応が**熱的に**（thermally：光反応過程ではなく熱反応過程で）進行するかどうかは，次のように考察することができる。

紙面に垂直で矢印を含む対称面が保持された形で反応すると仮定（C_s 群を仮定）すると，ベンゼンの基底状態で反応に関与する軌道は 6 個の π 電子が占有する「a_{2u} 軌道と 2 個の e_{1g} 軌道」である。これら 3 つの軌道は，C_s 群ではそれぞれ a'（a_{2u}）と a''（前ページ上図左側の e_{1g}）と a'（前ページ上図右側の e_{1g}）に帰属される。

反応相手のブタジエンのヒュッケル軌道は右図のように 4 個に分裂しており（ベンゼンと同様に考えて得ることができる），基底状態では下の 2 つの軌道を 4 個の π 電子が占有している。これら 2 つの軌道は C_s 群では a' と a'' に帰属される。

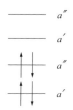

一方，生成物では左側の環上の 2 つの π 結合系は a' と a''，右側の環上の π 結合は a' であり，新たに生じた 2 つの σ 結合の帰属は a' と a'' である。その結果，この反応は

$$(a'+a''+a')+a'+a'' \rightarrow (a'+a'')+a'+(a'+a'')$$

となるので，反応前後で基底状態の軌道の対称性の和はともに $(3a'+2a'')$ で変化はなく，反応に際して軌道の交差は起こらない。すなわち，この熱的反応は軌道対称性許容反応である（C_2 軸を保持して反応すると考えると $(b+a+b)+(b+a) \rightarrow (b+a)+b+(a+b)$ となり，やはり対称性許容反応であることがわかる）。

C_6H_6 の組成を持つベンゼンには，いくつかの準安定な異性体が存在する。それらはデュワーベンゼン，プリズマン，ベンツバレンなどである（次ページ図参照）。しかし，ベンゼンをそれら異性体に熱的に変換することは困難であるし，逆にこれらの不安定な異性体からベンゼンを生じるには時間がかかる（熱的反応が起こりにくく，これらの化合物は準安定であるが，炭化水素化合物としては例外的に爆発的に反応する）。

この図の例では，上の 2 つの反応はベンゼン環の真ん中を通る紙面に垂直な C_2 軸を保持したまま反応が進行すると仮定しており，一番下の図では保持される C_2 軸は紙面上の左から右に向かう方向に存在すると考えている。前者の場合には，ベンゼンの基底状態の 3 つの π 結合の帰属は C_2 群の表記を用いて，

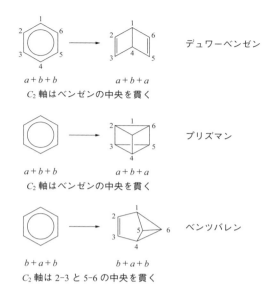

a（ベンゼンのヒュッケル軌道の図の a_{2u} に対応）$+b$（同図左側の e_{1g}）$+b$（同図右側の e_{1g}）であり，後者の場合には b（a_{2u}）$+a$（左側の e_{1g}）$+b$（右側の e_{1g}）となっている。従って，上の2つの反応については軌道対称性禁制反応であることがわかる。最後の反応はこの解析によれば軌道対称性許容反応であるが，実際にはほとんど起こらないし，ベンツバレンからベンゼンへの熱的異性化反応も半減期が10日と非常に遅いことが知られている。実験的には，プリズマンからベンゼンへの熱異性化反応の半減期は90℃で11時間，デュワーベンゼンの熱異性化反応の半減期は2日と報告されている。いくつかの文献では，ベンツバレンとベンゼンの間の熱異性化反応も軌道対称性禁制であるとされているが，原典のウッドワードとホフマンの論文ではこの点について一言も述べられていないので気をつけるべきである。ここではベンツバレンは化学的に不安定ではあるが，適当な分子論的反応経路がないので反応が遅い（軌道対称性許容反応ではあるが活性化エネルギーが大きいため）と結論しておく。熱的反応が非常に遅いからといって，必ずしも軌道対称性禁制反応であるとは限らないと考えるべきであろう。軌道対称性禁制反応であっても，結合の切断を

含む多段階反応過程には許容になる経路があるので、自然はその経路を選択する。熱的過程が軌道対称性禁制であっても、光照射による変換は軌道対称性許容になることがある。デュワーベンゼンはベンゼンに 200 nm の光を照射すると生じる。プリズマンはベンゼンを直接光照射（どんな波長でも）しても生じないが、デュワーベンゼンの光照射で生じると報告されている。

10-6-3　ラジカル化学種を含む反応：
　　　　反応に関係する軌道数に関する規則

　ここまでで考えてきた協奏反応は、切断される結合も新たに形成される結合も 2 電子の授受によって進行している。しかし軌道の数の数え方には、任意性があるような印象を受けた読者もいると思う。ここでは、ラジカル反応について考えてみることによって、授受される（占有される）電子数と、それに関係する軌道の数の関係を明確にしてみよう。

$$H\text{—}Cl \longrightarrow H\cdot + \cdot Cl$$

$$a_1 \qquad\qquad 0.5a_1 + 0.5a_1$$

上の反応は $C_{\infty v}$ 群に対応する配置を保持したまま進行する。生成物である水素ラジカルと塩素ラジカル上の SOMO はともに a_1 に帰属される。しかし、この際の軌道のカウント数はそれぞれ 0.5 と数える。さもないと、これまでの議論との整合性がなくなってしまうからである。反応系で切断される H–Cl 結合は 2 個の電子を含み、たった 1 つ（a_1）であるから、この反応の左右では $a_1 = 0.5a_1 + 0.5a_1$ と軌道対称性が保持されている。

　このような関係は、次のような反応について考えるとより明確になる。エチレンへのアリルアニオンの協奏的付加は軌道対称性許容反応であるが、アリルラジカルの付加反応は軌道対称性禁制反応である。

$$\text{H–C}\begin{pmatrix}\text{CH}_2\\\text{CH}_2\end{pmatrix}^- + \begin{matrix}\text{CH}_2\\\|\\\text{CH}_2\end{matrix} \longrightarrow \text{H–C}^-\begin{pmatrix}\text{H}_2\text{C}\\\text{H}_2\text{C}\end{pmatrix}\begin{matrix}\text{CH}_2\\\text{CH}_2\end{matrix}$$

$a' + 2\times 0.5a''$ a' $2\times 0.5a' + a' + a''$

$$\text{H–C}\begin{pmatrix}\text{CH}_2\\\text{CH}_2\end{pmatrix}^\cdot + \begin{matrix}\text{CH}_2\\\|\\\text{CH}_2\end{matrix} \longrightarrow \text{H–C}^\cdot\begin{pmatrix}\text{H}_2\text{C}\\\text{H}_2\text{C}\end{pmatrix}\begin{matrix}\text{CH}_2\\\text{CH}_2\end{matrix}$$

$a' + 0.5a''$ a' $0.5a' + a' + a''$

上の反応がアリルアニオンの付加反応であり，下の反応がアリルラジカルとの反応である．プロペニルアニオンならびにラジカルの軌道の帰属は，次に示すような共役系のヒュッケル軌道に基づいて行う．この反応では，2つの分子を横切る紙面に垂直な対称面を保持した C_s 群を仮定するので，各軌道の帰属は C_s 群の表記にしてある．

C_s 群における帰属

図から明らかなように，ラジカル電子もアニオンにおける非共有電子対も，ともに下から2番目の軌道（a''）を占有していることがわかる．その結果，切断

される結合に関係するこれらの軌道の帰属は，アニオンのときには$a'+a''$（前ページ上図中では2個のラジカル電子に対応することを強調する意味で$2\times 0.5a''$と書いてある）で，ラジカルのときには$a'+0.5a''$となる。生成物では，非共有電子対とラジカル電子がともに紙面に垂直な方向の軌道に存在することに気をつければ，非共有電子対の軌道はa'（前ページ上図中では2個のラジカル電子と等価であることを強調して$2\times 0.5a'$と書いてある），ラジカル電子の軌道は$0.5a'$である。このようにして，アリルラジカルとエチレンの反応が軌道対称性禁制反応であるのに対して，アリルアニオンとエチレンの反応は軌道対称性許容反応であることが理解される。

ここで示したように，電子対の関係する軌道の切断と生成を考えるときとラジカル種の関与する反応を比較すれば，軌道数のカウントに関する規則が明確に理解できる。

10-6-4　6電子系反応と4電子系反応

ここまでの内容が十分理解できていれば，次のような有機化学反応についての基本的な理屈が理解できるであろう。例えば，3個の結合（3個のπ結合，あるいは2個の共役π結合と1個のσ結合を含むような場合）であれば，有機化学の教科書では「6電子」系の反応と呼ばれ，そこでは「熱化学反応では逆旋，光化学反応では同旋」とされ，4電子系（2個のπ結合，あるいは1個のπ結合と1個のσ結合の解裂を含むような場合）であれば，その逆で「熱化学反応では同旋，光化学反応では逆旋」となる……という風にまとめてある。

例えば，次のような6電子系の反応では置換基の位置関係は全て，熱化学反応では逆旋，光化学反応では同旋である。

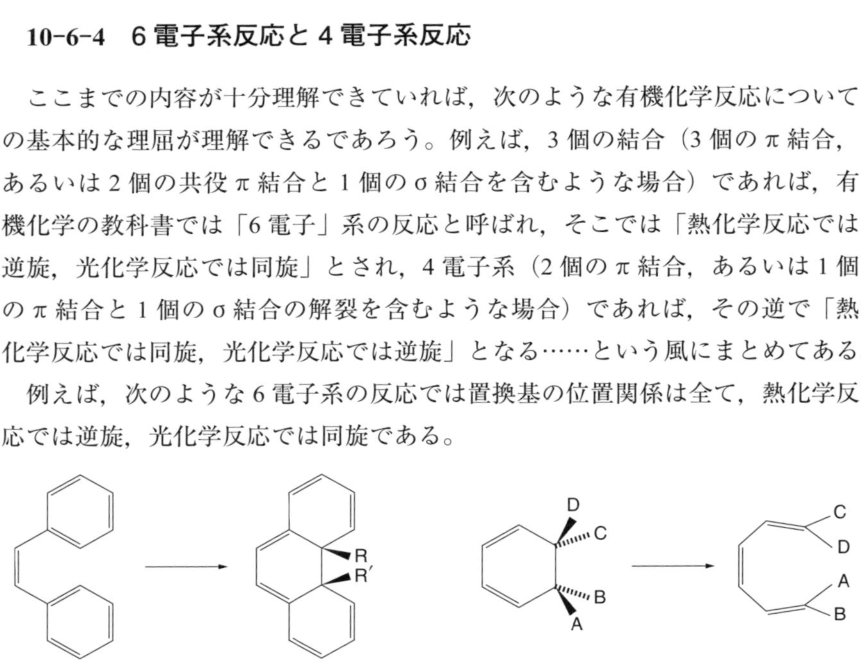

これらの反応例では，熱化学反応における生成物の立体構造を示してあるが，光化学反応では，もちろん立体化学は逆になる。有機化学におけるこれらの立体選択性の由来は，熱化学反応では C_s 対称面を保持して進行する（基底状態の π 軌道と σ 軌道が反応に関与する）のに対して，光化学反応では C_2 軸を保持して進行する（基底状態の HOMO レベルが LUMO レベルと入れ替わった π 軌道，および基底状態の σ 軌道が反応に関与する）ためであり，それらの逆は軌道対称性禁制になっていることが容易に証明できる。この証明には，<u>置換基も含めた分子／反応系の対称性を議論する必要性はなく，全ての置換基を同じもの（例えば水素原子）として分析すれば良い</u>。軌道の対称性は，このような置換基の置き換えに影響されないと考えて差し支えない。

例えば，最初の反応例では，π 電子軌道は次のようになっている。

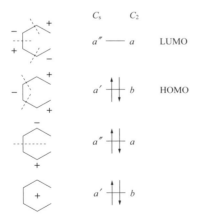

従って，熱化学反応では反応に関係する 3 つの軌道の対称性は，式の左側（反応系）では，$a'+a''+a'$ (C_s) または $b+a+b$ (C_2) であり，光化学反応では $a'+a''+a''$ (C_s) または $b+a+a$ (C_2) である。

一方，式の右側（生成系）では，$a'+a''+a'$ (C_s) または $a+b+a$ (C_2) であるか

ら，この反応は熱化学反応は C_s 面を保持したまま起こり（逆旋），光化学反応は C_2 軸を保持したまま起こる（同旋）ことがわかる。どちらの化学種が熱力学的に安定かということを別にすれば，微視的可逆性の原理から，これらの反応は全て可逆であり，逆反応における立体選択性は正反応の場合と全く同じである。

次の反応例は，4電子系の反応例である。この反応は熱化学反応で置換基の配置は同旋（面に対して反対方向を向く）であることを示している。熱化学反応過程では C_2 軸を保持した反応経路のみが軌道対称性許容反応になる。

次も4電子系反応の例である。この例の分子は，どうみても対称性がないように思える。

しかし，このように分子全体を眺めたときには C_1 群に属する無対称な化合物でも，見方を変えると反応経路を見いだすことができる。すなわち，この反応

はシクロブテン環の開環反応とみなせば良いのである。シクロブテン環の左側の環は，置換基が偶然環化しているとみなせば無視して差し支えない。このような見方に慣れれば，ペリサイクリック反応を含む全ての協奏反応の成否は簡単に説明できるようになる。

シクロブテン環を縦割りにする C_s 面を保持すると仮定すると，反応系で切断される π 結合は a'，σ 結合は a' であるが，新たにできた 2 つの π 結合の関係は $a'+a''$ であるから，対称面を保持する C_s 群としての分析では，この熱反応は軌道対称性禁制になっている。一方シクロブテン環を貫く C_2 軸を保持する反応では，切断される π 結合と σ 結合はそれぞれ b と a であり，でき上がった 2 つの π 結合の関係は $a+b$ であるから，軌道対称性許容反応になることがわかる。すなわちこの熱反応では，置換基は同旋になっているはずである。

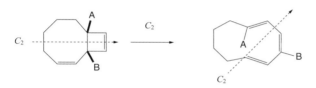

この反応はさらに進行して最終生成物として以下の化合物を与える。対称面を保持した反応が軌道対称性許容になるので，最終生成物における置換基の配置は逆旋になっているはずである。

一般的には，この反応は上に示した二段階の協奏過程で進行すると考えられている。しかし，出発物質が分子振動により偶然平面構造になったときに 6 電子系反応が起こると考えると，A と B の置換基は逆旋しながら一気に最終生成物を与えることが可能かもしれない。もちろん出発物質に期待されるこのような高エネルギーの分子変形は，2 次のヤーン-テラー効果からは期待薄であるから，このような一段階の協奏過程の活性化エネルギーは非常に大きいであ

ろう。

10-6-5　シグマトロピー転位

シグマトロピー転位（sigmatropic rearrangement）という名称はウッドワードとホフマンによって名付けられた。この種の反応では分子内のσ結合性原子（団）が同じ分子内で1つまたは2つ（以上）の二重結合（π共役電子系）を超えて別の位置の炭素に移動する。σ結合の移動は［i,j］のように2つの数字で記述する。単一の共役鎖上の，末端の炭素に結合した置換基（水素原子も含む）の移動は［$1,j$］シフトと書きあらわす。しかし，1つの分子上に2つのπ共役系があり，その一方が別の共役鎖上の別の位置に移動する時には［i,j］シフト（ただし$i, j \neq 1$）と書きあらわす。下のクライゼン転位は［3,3］シフト反応の例である。

環に結合した酸素のC-O結合が切れて，置換基上の二重結合を挟んだ3位の炭素が環上の元の酸素が結合した位置から数えて3番目の炭素（カルボキシル基のついた炭素）に移動している。この例からも明らかなように，置換基の移動と同時に二重結合の位置もシフトしており，一連のプロセスに中間体が存在しないので，シグマトロピー転位反応は協奏過程（ペリサイクリック反応の一種）であると考えられている。この種の反応では反応種と生成種において明らかな対称要素を見つけることは難しく，ほとんどの場合に遷移状態にのみ特定の対称要素が見出されるだけである。

無機化学（有機金属化学）の分野でお目にかかるのは，次に示すような，遷移金属に結合した共役系を有する化合物である。

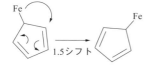

この反応では見かけ上何も起こっておらず，単に分子が1/5回転したにすぎないように見えるが，実際に転位反応が起こっている証拠としてNMRシグナルの複雑な温度変化が報告されている。

　非交差の観点からは，シグマトロピー転位反応はいつでも軌道対称性許容反応である。シグマトロピー転位反応が軌道対称性許容であることは，遷移状態の近傍で共役系を含む平面構造を仮定すると理解できる（C_s 群や後に説明する C_{2v} 群などの対称性が仮定できる場合がある）。反応の前後（もっと正確には遷移状態の直前と直後）で，最低でもπ共役系の平面性が保持されるので，シフトがスプラ面（suprafacial）型（同一面上を移動する）とアンタラ（antarafacial）面型（共役面の反対側に移動する）に関わらず軌道対称性は保たれているからである。このことは，シグマトロピー転位反応の「禁制と許容」が軌道対称性以外の他の概念で説明されなくてはいけないことを示している。

　シグマトロピー転位反応の「禁制と許容」を支配しているのは「遷移状態に至るための活性化エネルギー（透熱曲面の傾き）の大小」であると考えられている。すなわち，シグマトロピー転位反応では遷移状態はπ共役構造になっている必要があるので，<u>基底状態の構造からπ共役構造に至る</u>活性化に必要なエネルギーの大きさ（活性化エネルギーの大きさは，そのようなπ共役構造に至るために必要な2次のヤーン–テラー変形の起こりやすさに対応する）が反応の成否の原因になっていると考えることができる。

　このことをわかりやすく説明する例として，次の2つの反応を考えてみる。これらの反応はカチオン性化学種上の転位反応であり，反応の始状態から終状態までを比較的高い対称性（C_{2v} 群）で記述できるが，これによって一般性が損なわれることはない。従って，以下で得られる帰結は全てのシグマトロピー転位反応に対して適用できる。

1つ目はプロトン化したシクロブタジエン上の水素原子が隣の炭素原子にシフトする反応である。

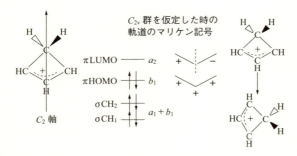

期待される 1,3 (1,2) シフト

反応始状態について C_{2v} 対称性を仮定すると，真ん中に示した電子配置から 2 次のヤーン–テラー効果（この場合，π–π 混合ではなく，切断される C–H σ 結合性の軌道と空の π 結合性の軌道間の軌道混合でなくてはならないので，a_1 と a_2 あるいは b_1 と a_2 の混合）によって誘起される振動モードは A_2 または B_2 である。

一方，遷移状態では，右図に示すような π 共役状態になり，しかもシフトする水素原子は共役する 4 つの炭素原子が形成する平面の上あるいは下側に位置していることが期待される。B_2 基準振動モードは C–H 結合の伸長を促すので活性化状態に至るための反応モードとしては問題ない。しかし，

このモードだけではどちらかの水素原子を π 共役面の上側（あるいは下側）にもってくるような振動は起こらないので，遷移状態には至らない。一方，A_2 基準振動モードは炭素原子周りのねじれモードに対応する。しかし，このモードによって 1 位の炭素原子上の 2 つの水素原子は共役する 4 個の炭素原子と同じ面上にくるので，やはり期待される遷移状態の構造には至らない。従って，プロトン化したシクロブタジエン上の水素原子のシフト反応は「活性化に至るための低エネルギーの変形経路（基準振動モード）がない」ので，起こらない（あるいはものすごく高い活性化エネルギーの経路であれば起こる）と結論さ

れる。

　なお，転位の前後の共役系を比較すると水素原子が移動した先の炭素原子上のpπ軌道は，もとの共役系のときのpπ軌道の対称性と逆（元の共役系の反結合性軌道と同じ対称性）になっている。すなわち，シフトする水素原子は共役系の反対側の面に移動するはずであるから，この場合には [1,2]（[1,3]）シフトはアンタラ面型であり，禁制であるということもできる。もっとも，共役系を構成する炭素鎖が長くなればアンタラ面型の転位も起こりやすくなるので，この表現は必ずしも正しくない（シグマトロピー転位反応は基本的には軌道対称性禁制反応ではないということを思い出そう）。

　逆に次の例（ベンゼニウムイオン）ではシフト反応は比較的容易に起こることが知られている。下の図には先の例と同じように C_{2v} 群を仮定したヒュッケル軌道も示した。

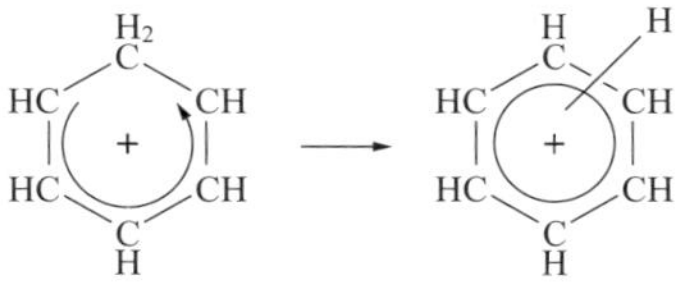

遷移状態

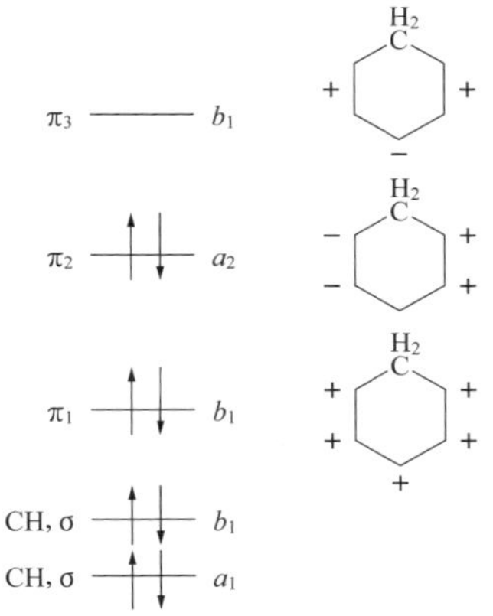

π_3 ——— b_1

π_2 ⥮ a_2

π_1 ⥮ b_1

CH, σ ⥮ b_1
CH, σ ⥮ a_1

　2次のヤーン-テラー効果（この場合も，π-π混合ではなく，切断される

C–Hσ 結合性の軌道と空の π 結合性の軌道間の軌道混合でなくてはならないので，a_1 と b_1 あるいは b_1 と b_1 の混合）によって誘起される振動モードは B_1 または A_1 である。B_1 モードは 2 つの CH 結合が π 共役平面に対して上下のロッキング運動（2 つの水素原子がともに共役面の上下に揺れる揺り椅子運動）するモードである。従って B_1 モードで 1 個の水素原子は共役平面に移動し，もう 1 個の水素原子は共役面の上（または下）に移動する。この構造は水素原子のシフト反応に適している。もう 1 つの A_1 モードはこれら 2 つの水素原子と炭素原子間の結合が伸長し切断に至るモードである。結合の切断には高いエネルギーが必要であるが，すくなくとも B_1 モードは水素原子のシフト反応に適した配置（遷移状態）に直接結びつくので，この反応はプロトン化したシクロブタジエンにおける水素原子シフト反応よりも起こりやすいことがわかる。この反応の生成物を見ると，水素原子が移動した先の π 軌道は，もともと水素原子が結合していた炭素原子上の p 軌道と同じ対称性である。すなわち，水素原子はスプラ面型で（π 共役系の作る対称面の同じ側を）移動していることがわかる。

　上記の 2 つのシフト反応に関する分析を拡張すると，π 結合の数（関与する π 電子数はその 2 倍）が増えるに従って，π 軌道の帰属は b_1, a_2, b_1, a_2, ……と繰り返すので，π 電子数が 2，4，6……と増えるに従って転位反応の成否は「禁制」と「許容」を繰り返すことがわかる。これをまとめると，シグマトロピー転位反応は π 共役系が $4n$ 電子（n は整数）系ではスプラ面型（同じ面上）の転位が許容（比較的低エネルギーの反応過程）である。一方，$4n+2$ 電子系では転位は禁制（エネルギーが高い反応過程），あるいは高い活性化エネルギーを必要とするので，反応は起こってもアンタラ面型（置換基は共役系の面を挟んで反対側に移動する）の反応になる。

　以上は熱反応の場合の帰結であるが，光化学反応ではこの選択性は逆転する。もっとも，光の照射によって結合の切断が起こる可能性があるので反応は複雑になり，理論が予測する反応のみが進行するとは限らない。

　一般的には，五員環型のシクロペンタジエン上では [1,5] シフトは起こる

（スプラ面型で許容）。同様にシクロヘプタトリエン上では［1,5］シフトは許容されるが，［1,7］シフトは禁制（アンタラ面型）である。いずれにしても，呼び方としては「大きい番号（［1,4］ではなく［1,5］のように）」の方がいつでも正しい。

　有機化合物に見られるシグマトロピー転位反応と違って，有機金属錯体における反応には注意が必要である。有機化学反応では，この種の反応において結合の切断に伴う中間体が出現することはほとんどないが，有機金属化合物では金属-炭素結合の切断が起こることが多々あるからだ。また，遷移金属を含む反応系では反応過程においてp軌道以外にd軌道が関与することもあり得るし，その際には「禁制と許容」の関係が複雑になる可能性もあることに気をつけるべきである。

　次の2つの反応例では，有機金属化合物におけるシグマトロピー転位反応は生成物の熱力学的安定性に支配されている。上の例（［1,5］シフト）の反応は起こるが，下の例では同様の［1,5］シフトは芳香族性が失われるので起こらない。このような事実は核磁気共鳴シグナルの温度依存性から確認されている。

10-6-6　無機化合物の協奏的反応

　無機化合物の関係する協奏的反応の例を，四塩化鉛を用いてエチレンを1,2-ジクロロエタンにする反応で考えてみよう。鉛は典型元素であるから，d軌

道を持たないため4面体構造である。この反応が比較的低エネルギーで起こるためには，次のような協奏反応として進行しなくてはならない。そうでないと，多段階の反応（速度論的に遅く，見かけの活性化エネルギーが高い）になる。

エチレンと四塩化鉛は C_{2v} の対称性を保持して反応すると考えてみる。主軸は紙面内で矢印の方向である。反応系において切断されるエチレンの二重結合のローブは紙面内にあり，これは a_1 である。切断される四塩化鉛の2つのPb-Cl結合は，a_1+b_1 である。一方，生成系では，生じた2つのC-Cl結合が a_1+b_1 である。この場合，あと「結合1つ分」に対応する軌道の対称性が不足している。この反応が「塩素原子移動反応」であり，鉛(Ⅳ)への2電子移動を含むものであることに気づけば，この問題は解消される。鉛(Ⅱ)の電子構造は $6s^26p^0$ であることがわかれば，エチレンからの2電子受容軌道が6sまたは6pであり，これらは（6pの受容軌道であれば主軸方向の軌道が電子を受け入れるはず）a_1 である。従って，この反応は $2a_1+b_1 \rightarrow 2a_1+b_1$ であるため，軌道対称性許容反応であり，反応は協奏的にスムーズに進行する。

$SnCl_4$ を用いる場合も，スズと鉛が同族の元素であることから，$PbCl_4$ の場合と同様に軌道対称性許容反応である。スズは第二遷移系列の後の元素であるから，鉛ほどではないが，付録Bで触れる相対論的効果が強く現れ始める位置にある。従って，同じ族で周期表の上方に位置する元素よりs軌道のエネルギーが低くなる傾向が強く，2価が安定化される（いわゆる不活性電子対効果である）。もちろん4価の酸化力も強いことが理解できる。

アンチモンはスズの右隣の元素であるから，$5s^05p^0$ のSb(Ⅴ)が $5s^25p^0$ のSb(Ⅲ)になる反応は，スズや鉛の場合と同様に起こりやすい。ただし，五塩化アンチモンは四塩化スズと違って，基底状態では三角両錐構造である。協奏的塩

素原子移動が起こるとすれば，2 電子受容する 5s 軌道の対称性は a_1 であるから，鉛やスズの場合と同様に対称性許容反応になることがわかる．

10-6-7　酸化的付加反応／還元的脱離反応

酸化的付加反応はいつでも協奏的に進行するわけではなく（協奏的反応を(a)とすると），このほかにも(b) S_N2 過程や，(c)ラジカル反応過程，(d)イオン反応過程で進行することが知られている．それぞれの反応例を下に示す．

(b) S_N2 型の酸化的付加反応

$$LM\circlearrowleft \ +\ \diagup\!\!\!\!X\ \longrightarrow\ LM\!\!-\!\!\diagup\ +\ X^-$$
$$\longrightarrow\ LXM\!\!-\!\!\diagup$$

(c) ラジカル反応型の酸化的付加反応

$$ML\ +\ RX\ \longrightarrow\ ML^+\ +\ \cdot RX^-\ \longrightarrow\ MXL\ +R\cdot$$
$$\longrightarrow\ RMXL$$

(d) イオン反応型の酸化的付加反応

$$MX_4\ +\ H^+\ +\ Cl^-\ \longrightarrow\ [HMX_3]^+\ +\ X\ +\ Cl^-$$
$$\longrightarrow\ HMClX_2\ +\ 2X$$

これらの反応過程においては，逐次的な結合の生成あるいは切断過程はもちろん軌道対称性許容である．しかし協奏過程の段階には注意が必要である．例えば次ページ図の例からわかるように，反応に際して 2 つの反応種が配列した際に，還元性の（電子を供与する）電子対が π 対称性軌道にあれば反応は軌道対称性許容であるが，電子を供与するのが σ 対称性軌道の場合には軌道対称性禁制反応になる．しかし，反応種の幾何学的な配置が常にこのように理想的なものになるとは限らないので，反応の正否の判断の際には，各々の反応について理想的な軌道の配置が可能か否かを確認しておくべきである．還元的脱離反応は酸化的付加反応の逆を考えれば良い（微視的可逆性の原理）ので，同様に説明することができる．

ともに C_{2v} 群を仮定し，σ_v 面を紙面に垂直に取った時の分析

　また，軌道対称性の要請や協奏的でない反応機構を考慮することによって，次の表のような生成物における立体化学の保持／非保持についても説明できることがわかる（イオン反応型では中心金属の性質や反応機構等の影響を受ける）。このように軌道対称性の要請に基づいて考えれば，有機金属化合物の反応や金属触媒の関与する反応は容易に予測／設計できる。

機構	反応後の占有的配置	立体化学
協奏的	シス	保持
S_N2	トランス	反転
ラジカル	トランス	ラセミ化

　金属触媒の関与する酸化的付加反応による結合の切断では，C_4 操作によって対称性が反転し，しかも基質 X-Y と π 反結合性の相互作用が可能な d 軌道が関係することが重要になる。

10-6-8　金属錯体が触媒する反応

　金属触媒を用いた（一般的には均一系）有機化学反応では，直接反応が軌道対称性禁制にかかる場合であっても，金属の配位環境を利用した多段階の軌道対称性許容過程の組み合わせとして効率よく進行させることができる。一般的に，溶液内の反応が高い効率で迅速に進行する場合には，「協奏的」な結合の

組み替えが起こっていることが多い。逆を言えば，化学反応の多くが比較的遅く，目的物の収量が低いのは主として，これらの反応が，対応する協奏過程（一発合成過程）が軌道対称性禁制であるために多段階で進行することによる。このことは，協奏過程で進行する反応では識別可能な反応中間体を生じない（遷移状態の経由のみが起こる）で速やかに生成物を与えるのに対して，多段階反応では生じた反応中間体が，さらに他の化学種と反応しなければ生成物を生じることができないことに関係する。多段階過程では，生成物を与える確率は中間体が次に反応する相手の化学種の反応性と濃度に依存する。また，溶媒と溶質の溶解度の関係（極性分子は極性溶媒にしか溶けにくいなど）の制約もある。さらに，酸塩基反応は本質的に「平衡過程」であるため逆反応や副反応の制御が難しく，不純物の排除はもとより，熱力学的（平衡論的）知識と速度論的知識を駆使して反応の制御（高効率化）を行うことが必要となる。ラジカル反応過程においても，中間体化学種（ラジカル）の関与する化学平衡が一方的になっている点を除けば，考え方は基本的に同じである。それに対して，金属錯体を用いた触媒反応が比較的高効率で進行するのは，多くの場合に「局所濃度効果」によって高い効率で目的とする生成物が得られるためである。

例えば，オレフィンの直接的水素化反応は軌道対称性禁制反応であるが，溶液中の平衡によって生じる配位不飽和な金属錯体を触媒とした反応が可能である。

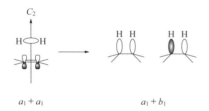

上記の水素化反応は有名なウィルキンソン錯体を用いることによって，効率的に触媒される。そのときの触媒サイクルを図3に示す。

最初に起こる水素分子の配位に伴う酸化的付加反応は，配位子置換過程を含む反応である。一般的に，平面4配位錯体における配位子置換過程は5配位

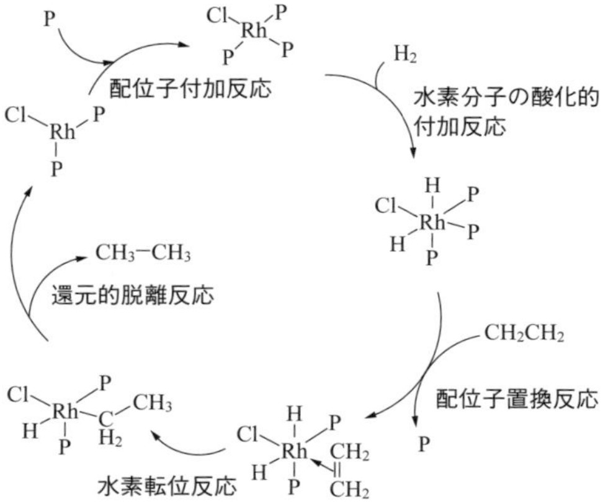

図3 ウィルキンソン触媒による水素化反応

D_{3h} 構造を経由して進行すると考えられている。反応前の4配位 Rh(I) 錯体の電子配置は d^8 電子配置であり，b_{1g} 軌道を反結合性の空軌道とすることで，D_{4h} 構造で安定に存在する。それ以外のd軌道は全て電子がつまっており，侵入配位子である水素分子の電子対を受け取ることのできる金属性の軌道は空の p_z 軌道 (a_{2u}) である。水素分子の配位した d^8 電子構造の5配位錯体は C_{4v} 構造と D_{3h} 構造の2つの構造間で fluxional な挙動をする。配位子置換反応では脱離する配位子（結合が弱くなって D_{3h} 構造において水素分子と三角形面を構成するもう1個の配位子）はトランス効果の強い配位子の対角位置の配位子であるから，変形の方向はおのずと決まる。D_{3h} 構造の中間体では本来ならば z 軸がもとの D_{4h} 錯体の時と90度入れ替わることになるが，もちろん軌道の交差は起こらない。D_{4h} 型錯体の配位子場分裂から明らかなことは「$d_{x^2-y^2}$ 軌道のエネルギーが非常に高いことを除けば，他の軌道のエネルギーは錯体（もっと正確には配位子にどの程度の π 電子供与性があるか）によって，$d_{x^2-y^2}$ 軌道以外の4つのd軌道のエネルギーは入れ替わりうる」ことである。特に，π 供与性配位子が配位した際には σ 供与性しかない配位子が配位したときと比べて d_{xy} 軌道（反結合性）のエネルギーは高くなる傾向がある。

π 供与性の全くない配位子のみが配位している時には d_{z^2} 軌道はマイルドな

反結合性を呈することが知られている．その結果，これらの軌道の関与する酸化的付加反応を含む逆供与現象は傍観配位子の種類に依存すると考えられる．一般的には D_{3h} 構造では d_{z^2} 軌道のエネルギーが最も高くなるが，座標軸を 90 度ずらして考えるので，水素分子との結合軸は $d_{x^2-y^2}$ 軌道であり，電子供与性軌道は d_{xy} 軌道になる．酸化的付加反応の後には O_h 構造になり，d_{xy} と $d_{x^2-y^2}$ は入れ替わる．

いずれにしても，水素分子の協奏的な酸化的付加反応では，水素分子が D_{3h} 構造の中間体を形成したのちに，金属上の $d\pi$ 軌道から水素分子の反結合性軌道への電子の逆供与が起こる（軌道対称性許容）．このようなプロセスによって 2 つの水素原子はシス付加して酸化的付加反応は完結する．

```
                  +H₂              C₃軸(擬似主軸)
  Cl    P                H   H
   ＼  ／         Cl    H─H           Cl   H
    Rh     ──→    ＼   ／     ──→    ＼ ／H
   ／  ＼          Rh               P─Rh
  P    P         ／｜＼              ／｜
                P  P  P            P  P
                    C₂軸                 C₂軸
                   a₁+b₂                a₁+b₂
         切断される  2電子供与        新たに形成された
           結合    する d 軌道          2つの結合
```

二段階目のオレフィンによるホスフィン配位子の置換反応は，一般的な配位子置換反応と同様に様々な化学的要因に支配されるが，基本的には軌道対称性に関して許容な過程の組み合わせになっている．

水素原子の転位反応（シフト反応）は，軌道対称性に関しては受容先の軌道との対称性が合えば許容反応である．この過程では Rh (III) の酸化数に変化はない．

これらの一連の過程が多段階反応であるにもかかわらず高収率で進行するのは，とりもなおさず局所濃度効果（反応に関与する全ての反応種が金属の配位圏に束縛されているため）のおかげに他ならない．

この後に起こるエタンの還元的脱離反応は酸化的付加反応の逆であり，C–H 結合の中心を Rh (I) 方向に向け，侵入配位子のホスフィンと D_{3h} 型中間体を経て進行すると考えるのが反応の対称性／微視的可逆性の観点から正しいように

思われる。一般的な機構図（3配位中間体を経る）に従って進行するとしても支障はないが，説得力に欠ける。

　直接的な反応が協奏的に進行しない反応でも，金属触媒を用いた水素化反応は多段階ではあるが協奏過程を含む軌道対称性許容な一連の反応経路を提供することがわかった。最も重要な点は，これらの多段階のプロセスが金属の配位圏を利用することにより「局所濃度効果」による恩恵を強く受けていることである。このことは，金属触媒を用いた一般的な水素化反応の活性化エントロピーが-80から$-200\,\mathrm{J\,mol^{-1}K^{-1}}$と負で非常に大きい（キレート効果における見かけのエントロピー効果と類似：7-6節参照）ことからも明らかである。

　カルボニル挿入反応（本当はアルキル転位反応）も，同一平面内の結合の組み替えだけが起こる場合には，全て軌道対称性許容反応になるし，しかも金属の配位圏という極めて狭い領域に全ての化学種が存在することが効率の良い原因であることが容易に理解される。

　次の話題は，2010年にノーベル化学賞の受賞対象となった鈴木・宮浦クロスカップリング反応である。この反応でも基本的には「一段階の軌道対称性禁制反応を金属触媒を用いて段階的な軌道対称性許容反応の組み合わせにし，金属錯体周りの配位環境を活用して局所濃度効果を利用した効率的反応を行っている」という原理は変わらない。

　クロスカップリング反応とは，R_1-R_2とR_3-R_4結合を，例えばR_1-R_3の組み合わせに変える反応であり，このような反応が自在にできるようになれば，どのような化合物も自在に合成できることがわかる。鈴木・宮浦クロスカップリングでは，有機ホウ素化合物（R_1-$B(OH)_2$）とハロゲン化アリール（R_2-X）との反応を利用している。この発展系として，基質に芳香族／ビニル化合物／アリル化合物／ベンジル化合物／アルキニル誘導体／アルキル誘導体を用いた反応が実用化されている。

　触媒としてパラジウムを利用した典型的な鈴木・宮浦クロスカップリング反応の例を図4に示す。パラジウムを用いると同族の白金を用いるよりも反応は迅速に起こるであろうことは，5d軌道における相対論的効果（付録B参照）

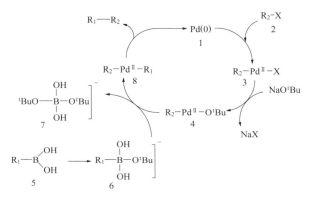

図4 鈴木・宮浦クロスカップリングの例

の程度を考えることでわかるだろう。

(第一段階) Pd(0)にR_2-Xがσ結合性軌道を用いて接近し (Pd(0)のd軌道は満たされているので,空の5p軌道が電子対受容性軌道として働く),その後に金属の満たされたd軌道の1つからの2電子逆供与によって酸化的付加が完結する(軌道対称性許容反応)。

(第二段階) でき上がったPd(II)錯体は平面4配位構造で安定するが,配位しているR_2とX以外の配位子は溶媒分子(ジメトキシエタン,トルエン,THF,アセトン,アセトニトリルなどやこれらの混合溶媒)である。Na-O^{t}BuとPd(II)錯体との反応は,配位子置換反応(平衡の偏りを利用する)であり,これも許容反応である。

(第三段階) 平面三角形型BR$_1$(OH)$_2$は酸として働き,塩基である$^-$O^{t}Bu基を受容して,4面体型のNa$^+$B$^-$R$_1$(OH)$_2$(O^{t}Bu)塩を与える(軌道対称性許容)。4面体型のB$^-$R$_1$(OH)$_2$(O^{t}Bu)陰イオンは,錯体4に接近し,塩基の置換を行って(熱力学的平衡の偏りから)迅速に$^-$B(OH)$_2$(O^{t}Bu)$_2$イオンとして脱離して,錯体8(Pd(II)R$_1$R$_2$)を与えると考えることができる。これらの過程も軌道対称性許容反応である。

(第四段階) 錯体8は,R$_1$-R$_2$の還元的脱離反応によってPd(0)に戻る。もちろんこの過程も軌道対称性許容過程である。このように,シス位の配位子ど

うしが還元的脱離したり，σ結合で結ばれた分子が互いにシス位に来るように酸化的付加することは，反応に資することのできるd軌道を有さない典型元素には見られない現象である。

このように，多くの触媒反応では連続的な軌道対称性許容過程でできる中間体化学種を，金属の配位環境に束縛することによって，高効率で目的とする化学種を生成していることが理解できる。

10-7　活性化エネルギーと反応座標に関するより深い考察

10-2節で，2次のヤーン-テラー相互作用が反応の活性化エネルギーに関わっていることについて記述したが，他にも活性化エネルギーに関わる重要な実験結果がある。それは，「どこまで対称性を落として考えてみれば良いか」という問題と関係している。

次に示す例は，メタン分子からの水素分子の協奏的解離反応である。この反応が起こるとすれば，生成するカルベンは一重項状態であり，安定な三重項状態よりわずかに（数 kJ mol^{-1}）不安定なだけなので，比較的低いエネルギー（メタンからの水素原子解離と同じくらいという程度）で起こると期待された。しかし，実際には，この反応は非常に遅いことがわかっているのである。

このような単純な反応でも，反応座標を決めることは難しい。「反応の開始が2次のヤーン-テラー変形に依存する」という性質を利用すると次のようになる。メタンの電子配置は次のようになっている。

$$(a_1)^2(t_2)^6(2a_1)^0(2t_2)^0$$

従って，最もエネルギーが低く，変形に結びつくモードは $t_2 \times a_1 = T_2$ である。このモードは，メタンから1個の水素原子が解離するモードであるから，上の反応式で示すような「2つの水素原子の協奏的解離」モードではない（もちろ

ん，メタン分子から1個の水素原子が解離するのはこのモードで起こる）．それではどのモードが，この反応に関係しているのであろうか．4面体型分子に関する基準振動モード（巻末の付録C）を参照すると，Eモードがこれに対応することがわかる．しかし，メタン分子ではこのモードを誘起するような，2次のヤーン-テラー相互作用に対応する軌道間相互作用のエネルギーは大きい．このような場合，E基準振動モードによって変形したメタン分子が所属する点群であるD_{2d}分子を想定すると，反応座標が理解できる．3重に縮重した3つのp軌道成分であるt_2が，2つの水素原子間を通るz軸方向（この軸がD_{2d}群の主軸になる）への変形によって$e(p_x+p_y)$と$b_2(p_z)$に分裂して，次のような電子配置になる．

$$(a_1)^2(b_2)^2(e)^4(2a_1)^0(2b_2)^0\cdots\cdots$$

ここで，T_dとD_{2d}に共通のEモードによって，さらに変形が進行し，最終的には水素分子の解離が協奏的に起こると考えられるわけである．もちろん，最終的に反応が起こるためには，基底状態と全く同じ対称性を有する励起軌道との相互作用のみが許容されるのは言うまでもない．

次に，上の反応における，軌道対称性について考えてみる．最も低対称な成分のみを考慮した場合，この反応が，C_s面のみを保持して反応すると考えると，切断される2つの軌道の対称性はa'とa'であり，生成されるカルベンと水素分子もa'とa'であるため，この反応は軌道対称性許容反応であると結論される．しかし，それよりも高いC_{2v}対称性を保持して反応すると考えると，この反応は軌道対称性禁制反応になってしまう．すなわち，メタン分子において切断される2つのC-H結合がa_1+b_2であるのに対して，生成されるカルベンも，水素分子の結合もともにa_1なのである．

このように，保持される対称要素を変えて議論した場合に「許容反応と禁制反応」という2つの矛盾する結果が得られることがある．10-5節で述べたように，「低い対称性を仮定して分析したときに許容反応であれば，その反応は間違いなく対称性許容反応」なのである．しかし，より多くの対称要素の保持（より高い対称性）を仮定して分析した結果が禁制であった場合には，「その反応は，もっと対称性を落とさないと起こらない」という制限がつくことになる．

すなわち，このような反応は，自然界では「許容ではあるが，高いエネルギーでしか起こらない」ということなのである（対称性の低下をもたらすような，より大きな初期変形を必要としていると考えることができる）。

10-8　非断熱的反応過程：軌道対称性禁制反応の抜け穴

「断熱過程（adiabatic process）」とは，「電子の動きは非常に速く，核の動きは無視できる」とするボルン-オッペンハイマー近似が成り立つ過程である。従って，「非断熱過程（non-adiabatic process）」とは，この断熱近似が成り立たないような「電子の動きが遅くなって，核の動きが無視できなくなるような（ボルン-オッペンハイマー近似が成り立たない）領域の」反応ということもできる。別の表現をすれば「断熱過程では，電子波動関数は，いかなる核の動きに対しても瞬時にそれに追随して変化できる」のに対して，「非断熱過程では，核の動きに対して，その核上の電子波動関数が瞬時に対応できない」と言うことができる。

非断熱過程が観測される（「軌道の対称性に起因する非交差の要請が破れる」，あるいは，「2つの異なる対称性あるいはスピン状態を有する状態が，交差せずに，わずかながらも非交差を達成する」と言い換えても良い）場合には2つの現象が関わっている。1つは(1) Heltzberg-Teller coupling とも言われる振電相互作用（vibronic coupling）であり，これは，分子の非対称な振動モードによって，基底状態とは異なる対称性を有する励起状態が基底状態と混合することを可能にする現象である。もう1つは(2)スピン-軌道相互作用（spin-orbit coupling）であり，スピン多重度と状態の対称性を同時に変換する現象である。

Landau と Zener によるラフな（1次元の）取扱いでは，非断熱反応系における反応確率は次式で与えられることが知られている。

$$P = \exp\left[-\frac{4\pi^2 \Delta E^2}{hv|s_1 - s_2|}\right]$$

ここで，v は反応座標に沿った系の反応進行速度であり，s_1 と s_2 は2つの透熱

曲面が交差する付近（ごくわずかであるが，分裂しそのときのエネルギーギャップの半分を ΔE とするとき）における 2 つの曲面（この場合は直線）の傾きである。

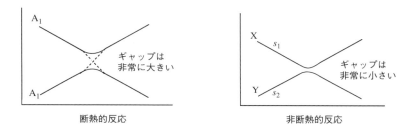

このような 2 つの機構で，軌道間の対称性禁制は「わずかに」回避できることがあり，軌道対称性禁制にかかる反応であっても，高い活性化エネルギーで観測されることがある。この時の活性化エネルギーは，反応確率が低下したことに起因するものであるから，始状態と遷移状態の間のエネルギー差という意味での活性化エネルギーとは違う概念（見かけの活性化エネルギー）であると考えた方が良い。

第11章
溶媒交換反応と配位子置換反応

11-1 反応機構に関する一般論

　金属イオンを溶媒に溶かすと，金属イオンの周りは溶媒分子で取り囲まれて溶媒和イオン（solvated ion）として安定化する。金属イオン周りの溶媒分子数（配位数，coordination number）と配位幾何構造は，金属イオンの大きさやd電子数，配位原子の大きさや性質によって様々であるが，その数はEXAFS法（EXAFS method）や，X線結晶構造解析の他，NMR的に区別できるバルク（bulk）の溶媒分子数との比から決定することができる場合もある。金属イオンの第一溶媒和圏にあり，金属イオンに直接配位した溶媒分子は，一定の滞在時間でバルクの溶媒分子と交換しているが，この様子は先に述べたNMR緩和法などによって確認することができる。配位した溶媒分子が，バルクの溶媒分子と入れ替わるときの交換速度定数（solvent exchange rate constant）は，金属イオンの性質に依存して変化することが知られており，その一般的傾向はアクア錯体についてはつぎのようなものである。

(1) アルカリ金属イオンの水交換速度は速い（速度定数は$10^8\,\mathrm{s}^{-1}$以上）
(2) アルカリ土類金属イオンの水交換速度も一般的に速い
(3) Be^{2+}，Mg^{2+}の水交換速度は同族の他のイオンと比べて遅い（10^2と$10^5\,\mathrm{s}^{-1}$）
(4) 13族（3B族）の元素の水交換速度は中くらい（$10^{5\sim 8}\,\mathrm{s}^{-1}$）である

(5) 12族（2B族）元素の水交換は速い（$10^{8\sim9}\,\mathrm{s}^{-1}$）
(6) ランタノイドイオンの水交換は中くらい（$10^{5\sim8}\,\mathrm{s}^{-1}$）である
(7) 遷移金属2価イオンでは，$V^{2+}<Ni^{2+}<Co^{2+}<Fe^{2+}<Mn^{2+}<Cu^{2+}, Cr^{2+}$ の順で水交換速度定数が変化する

Taubeによれば，遷移金属イオンでは，(a)水交換の速い（数秒以内に水交換が起こる = substitution labile：置換活性）遷移金属イオンは，空の t_{2g} 軌道を持つか，e_g 軌道に1個以上の電子を有する。(b)水交換の遅い（水交換に数分かかる = substitution inert：置換不活性）遷移金属イオンは t_{2g} 軌道に最低1個ずつ電子を有するか，e_g 軌道が空のイオンであると説明されている。このような一般的観測事実は6配位構造の金属錯体では e_g 軌道が反結合性であることと，反応機構には会合機構／解離機構／交替機構があることを知っていれば理解できそうである。解離機構（dissociative mechanism）とは，配位子の1つが解離して配位数が1つ減った中間体を経由する反応機構であり，会合機構（associative mechanism）とは配位数の1つ増えた中間体を経由して反応が進行する反応機構である。交替機構（interchange mechanism）は，解離機構や会合機構が明確な中間体を与えるのとは対照的に，明確な中間体を与えないまま（協奏的と考えても良い）配位子が入れ替わる反応機構である。その中でも，配位子の解離と侵入のどちらが遷移状態への寄与が大きいかによって，解離的交替機構（dissociative interchange mechanism, I_d）と会合的交替機構（associative interchange mechanism, I_a）に区別される。

溶媒交換反応や配位子置換反応の機構を論じるときには，大まかに言うと，2通りのアプローチが取られて来た。1つは期待される3通りの反応機構から得られる速度則が実際の観測結果と一致するかどうかを検証する方法であり，もう1つは何らかのパラメータ（配位子の塩基性度（basicity）や大きさの違い，活性化パラメータなど）を利用して，間接的に機構を推定する方法である。最初に，速度則から反応機構を論じるケースについて検討する。

解離機構では，次のような反応過程を想定している。

$$MS_n \rightleftharpoons MS_{n-1} + S \qquad (k_1, \ k_{-1})$$

$$\mathrm{MS}_{n-1} + \mathrm{L} \longrightarrow \mathrm{MS}_{n-1}\mathrm{L} \qquad (k_2)$$

S は金属に配位している（あるいはしていた）配位子分子を，L は侵入配位子を示している。速度則は

$$\mathrm{rate} = k_1 k_2 [\mathrm{L}][\mathrm{MS}_n]/(k_{-1}[\mathrm{S}] + k_2[\mathrm{L}])$$

となる。

交替機構では次のような反応過程を想定している。

$$\mathrm{MS}_n + \mathrm{L} \rightleftarrows \mathrm{MS}_n,\mathrm{L} \qquad (K_{\mathrm{os}}：外圏会合平衡，速い)$$
$$\mathrm{MS}_n,\mathrm{L} \longrightarrow \mathrm{MS}_{n-1}\mathrm{L} + \mathrm{S} \qquad (k_1)$$

このとき，速度則は

$$\mathrm{rate} = k_1 K_{\mathrm{os}}[\mathrm{L}][\mathrm{MS}_n]_{\mathrm{total}}/(1 + K_{\mathrm{os}}[\mathrm{L}])$$

となる。いずれの場合も通常の実験条件では類似の関数形に帰結するので，実験的に区別するのは難しい。

会合機構では，配位数の増えた明確な中間体が存在しなければいけない。

$$\mathrm{MS}_6 + \mathrm{L} \rightleftarrows \mathrm{MS}_6\mathrm{L} \qquad (k)$$
$$\mathrm{MS}_6\mathrm{L} \longrightarrow \mathrm{MS}_5\mathrm{L} + \mathrm{S}$$
$$\mathrm{rate} = k[\mathrm{MS}_6][\mathrm{L}]$$

条件によっては，解離機構や交替機構は，会合機構とも区別がつかないのは明白である。

溶媒交換反応の場合は，一般的には，ほとんどの場合に，速度則から反応機構を論じることは困難であることがわかっている。そのため，活性化パラメータ（活性化エンタルピー，活性化エントロピーや活性化体積など）に頼った反応機構の推定が主流である。これまでに膨大な時間と経費をかけて多くの研究がなされ，「Mn^{2+} から Ni^{2+} に至る第一遷移金属 2 価イオンの溶媒交換反応は，周期表を右に行くに従って会合的な機構から解離的な機構に変化する」という見解が報告されているが，これも論理性に乏しい。唯一明確な機構が決定できるのは，解離あるいは会合機構における中間体が単離できる時であるが，そのような反応系は一部の例外を除いてほとんど存在しない。

配位子置換反応（ligand substitution reaction，金属上の配位子をバルクにある

他の配位子で置き換える反応）でも，反応機構を速度則から区別し難いのは同じである．置換反応では侵入配位子（entering ligand）や脱離配位子（leaving ligand）の性質や大きさを系統的に変化させることによって反応機構を明確にしようとする努力が払われてきたが，このような研究も，(1)配位子を変化させると錯体自体の性質や構造が変わったり，(2)錯体や配位子を取り巻く溶媒和環境も同時に変化してしまうので，反応に関わるいくつかのパラメータが同時に変化してしまい，着目する効果だけを抽出することが困難になるため，反応機構を決定する役にはたっていないように思われる．

例えば，Co(Ⅲ)とCr(Ⅲ)ペンタアンミン錯体における立体効果の影響に基づいて，置換反応機構（解離的交替機構I_dと会合的交替機構I_a機構）を区別しようとする試みがあった．この場合には，傍観配位子（spectator ligand, 置換しない配位子）である5個のアンモニア分子を，より立体的にかさ高いメチルアミンに置換したクロロ錯体におけるアクア化反応を検討した（M. Parris and W. J. Wallace, Can. J. Chem., 7, 2257 (1969)）．その結果，Cr(Ⅲ)錯体では反応速度定数が小さくなったが，Co(Ⅲ)錯体では速度定数が大きくなった．この結果から，ParrisとWallaceは，Co(Ⅲ)錯体ではI_d機構で，Cr(Ⅲ)錯体ではI_a機構で進行すると結論した．解離的な機構でアクア化する錯体では配位圏が立体的に混み合っていればCl^-イオンは解離しやすくなるし，会合的な機構でアクア化反応が進行する錯体では，配位圏が混み合った錯体では水分子の会合的攻撃が困難になると考えたのである．1987年になって，Layはこれらの錯体の結晶構造を報告し，アンモニア分子をメチルアミンで置き換えた錯体でも，立体障害が全く見られないばかりでなく，Cr錯体ではメチルアミンの配位によって逆にアンミン錯体よりもCr(Ⅲ)-Cl距離が28 pmも短くなっていることを示した．すなわち，Cr(Ⅲ)錯体ではCr(Ⅲ)-Cl結合が切れにくくなっているのでアクア化反応が遅くなったと考えられるのである．もっとも，結晶中と溶液中の配位構造がまったく同じであると言う証拠もないので，これ以上の議論は「どっちを信じるか」ということに帰結してしまう．

活性化エントロピー（activation entropy）と活性化体積（activation volume）というパラメータはともに活性化自由エネルギーの温度あるいは圧力微分成分

であり，互いに相関している。錯体や配位子を取り巻く化学的環境（溶媒和）に関する定量的な議論ができない（正確な定量的理論がない）ので，いずれのパラメータによるアプローチも決定的な成功を収めていないし，誤った結論に導いている可能性も否めない。例えば，報告値によれば，第一遷移金属溶媒和イオンにおける溶媒交換反応の活性化体積は，水，メタノール，DMF 溶媒で，いずれも -10 から $+11 \mathrm{~cm}^3 \mathrm{~mol}^{-1}$ の値を取り，しかもその傾向は Mn(II) から Ni(II) で負から正に変化する。この傾向だけ見れば反応機構は Mn(II) の I_a 機構から Ni(II) の I_d 機構に徐々に変化していると言えなくもないが，溶媒分子のモル体積が水，メタノール，DMF で $18 \mathrm{~cm}^3 \mathrm{~mol}^{-1}$ から $115 \mathrm{~cm}^3 \mathrm{~mol}^{-1}$ まで大きく変化していることを考慮すると，その解釈は極めて怪しい。

　溶媒交換，配位子置換反応については理論化学的なアプローチも散見されるが，簡単な系を除いて，決定的な結論を得るに至ってはいない。この辺りの経緯は，反応例を多く取り上げた参考書にゆずるが，これら不成功の主な原因の 1 つとして，「溶媒交換や配位子置換反応では反応に関係する化学種の，反応に伴う溶媒和変化を定量化して評価できない」ことがあげられる。ましてや，本章の最初に記した「解離機構，交替機構，会合機構」というような区別さえ人為的であり，「結合の切断と生成が協奏的（concerted）」と考えられる反応過程を記述する際にはふさわしくないのかもしれない。

11-2　理論的なアプローチ

　それでは，前の章で記述した軌道対称性則やヤーン-テラー理論に基づいた取扱いが可能かというと，それは多くの錯体については困難であることがわかっている。その理由は，10 章で扱ったように，既に存在する化学結合の解離過程はいかなる分子においても許容（エネルギー的に高いか低いかはわからないが）だからである。また，会合過程における化学結合の形成は，配位原子上の lone pair と相互作用しうる空の金属軌道があれば必ず許容になるから，6 配位 8 面体型錯体では，結合軸方向を向いていない t_{2g} 軌道が電子対を受け入れ

ることができるような電子配置の錯体なら，会合的反応機構が許容されるのである。このことは，Taube による置換活性度の議論と一致する。

6 章では，d-d 軌道混合に起因する 2 次のヤーン-テラー効果に基づいた議論は，8 面体型錯体を含む対称性の高い構造を有する錯体に対しては無意味であることを指摘した。しかし，正 8 面体型錯体では d-d 混合による錯体の変形は起こらないが，金属性の d 軌道以外の軌道（例えば，よりエネルギーの低い配位子性の軌道や反結合性の a_{1g}^* など）と d 軌道との混合は，低いエネルギーの変形を誘起する可能性がある。

一般的に，8 面体型錯体の軌道分裂は右のようなものである。e_g 軌道までは，配位子性の電子がつまっている。そのすぐ上の t_{2g} と e_g^* が金属性の電子が入る軌道である。Taube の指摘のように，t_{2g} に電子が満たされていなければ（d^1，d^2 電子配置），会合的な攻撃によって 7 配位中間体を経由する反応経路（会合機構）が可能である。しかし，d^3 電子配置以降の電子配置を有する金属イオンでは，反応が会合的に進行することは困難になる（よりエネルギーの高い反結合性の電子対受容性軌道を用いないといけない）。

t_{1u}^*
a_{1g}^*
e_g^*
t_{2g}
e_g
t_{1u}
a_{1g}

8 面体型錯体における配位子の解離モードは，FOJT と同様の E_g，または T_{1u} 基準振動モードである。このモードに対応する低エネルギーの軌道混合は，$e_g^* \times a_{1g}^*$（E_g），$e_g \times e_g^*$（E_g），$t_{1u} \times t_{2g}$（T_{1u}）である。第一遷移系列の 2 価アクア錯体は全て高スピン錯体であるから，Cr(Ⅱ)以降の金属アクア錯体は e_g^* 軌道に電子を有している。このような錯体では，比較的容易に $e_g^* \times a_{1g}^*$ の軌道混合によって E_g モードの変形が誘起され，配位子の解離が促進されるであろう（活性化障壁が小さい：10 章参照）。

d^3 より少ない電子数の第一遷移金属イオンでは，$t_{1u} \times t_{2g}$（T_{1u}）の軌道混合が起こりやすければ解離的な機構が可能である。しかし，Taube が指摘したように，この電子配置の金属錯体では会合的な攻撃も受けやすいと考えられる。

8 面体型金属アクア錯体の溶媒交換反応機構についての古典的な考察として，配位子場活性化エネルギー（CFAE：crystal field activation energy）に基づくも

のがある。Basolo と Pearson は，各電子配置について中間体と考えられる 5 配位（解離機構の中間体）または 7 配位（会合機構の中間体）錯体の配位子場安定化エネルギー（CFSE：crystal field stabilization energy）を計算し，それと基底状態にある 6 配位錯体の CFSE の差を取れば配位子場活性化エネルギー（CFAE）を計算することができると考えた。この試みは，実測された置換活性度の説明にある程度成功したが，計算された CFAE が負になるなど，多くの問題点を含んでいた。

下表に，Basolo と Pearson が計算に用いた d 軌道の相対的エネルギー（Dq を単位としている）の値をまとめた。この表から，各幾何構造の錯体の結晶場分裂の様子を描くことができる。しかし，この表の計算値は個別の金属イオンの大きさと有効核電荷の効果を特定していないので，金属イオンの種類と電荷が異なる場合には，この表に基づいて相対的なエネルギーを評価することは難しい。

配位数	構造	$d_{x^2-y^2}$	d_{z^2}	d_{xy}	d_{xz}	d_{yz}
1	—	-3.14	5.14	-3.14	0.57	0.57
2	$D_{\infty h}$	-6.28	10.28	-6.28	1.14	1.14
3	D_{3h}	5.46	-3.21	5.46	-3.86	-3.86
4	T_d	-2.67	-2.67	1.78	1.78	1.78
4	D_{4h}	12.28	-4.28	2.28	-5.14	-5.14
5	D_{3h}	-0.82	7.07	-0.82	-2.72	-2.72
5	C_{4v}	9.14	0.86	-0.86	-4.57	-4.57
6	O_h	6.00	6.00	-4.00	-4.00	-4.00
7	D_{5h}	2.82	4.93	2.82	-5.28	-5.28

1968 年に，Breitschwerdt はこの表のパラメータではなく，金属の種類や配位数に依存して変化する有効核電荷も考慮して CFAE を再計算した。もちろん最近流行の計算法ではなく，古典的な結晶場ポテンシャルを想定して，各軌道のエネルギーを Dq を単位として求め，エネルギーに換算するという方法を採用している。その結果，下の表のように，金属アクアイオンの正 8 面体型錯体が，C_{4v}，D_{3h}，または D_{5h} 対称の遷移状態になる時の CFAE が求められ，最もエネルギーの低い反応経路として「C_{4v} 構造の活性化状態を経由する解離機

構」が結論された。下の表には，この時の CFAE から計算された水交換速度定数 k_{ex} と 20℃における水交換速度定数の実測値がのせてあるが，d 電子数（金属イオン）の違いによる反応速度定数の大小関係が良く説明されていることがわかる。

電子配置	イオン	活性化エネルギー (kcal mol^{-1})			k_{ex}(s^{-1})	
		遷移状態			実測値	C_{4v} を経るときの理論値
		C_{4v}	D_{3h}	D_{5h}		
d^3	V^{2+}	17.0	30.4	89.4	87	0.15
d^4	Cr^{2+}	4.5	9.5	81.2	>10^8	2×10^8
d^5	Mn^{2+}	7.0	7.0	39.2	2.1×10^7	3.5×10^6
d^6	Fe^{2+}	8.0	11.2	56.0	4.4×10^6	6×10^5
d^7	Co^{2+}	9.0	10.3	51.8	3.2×10^6	1×10^5
d^8	Ni^{2+}	11.5	20.7	61.8	3.2×10^4	2×10^3
d^9	Cu^{2+}	4.0	8.6	73.8	(4.4×10^9)[a]	5.5×10^8

[a] axial 位の水交換速度定数。
頻度因子として $A=5.0×10^{11}$ s^{-1} を仮定して速度定数を計算した。

　先に検討した E_g モードの基準振動が O_h から C_{4v} ないし D_{4h} への変形であることを考えると，Breitschwerdt の予測は正しいように思われる（d^4 以上の電子配置では $e_g{}^*$ 軌道に電子が入るので低エネルギー解離モードが誘起される）。しかし，私たちは配位結合生成による安定化エネルギーが d 軌道分裂による寄与のみではないことを知っている。Mn^{2+} アクアイオンでは結晶場による安定化はないが，このことは Mn^{2+} と配位水分子の間に結合（安定化）がないと言っている訳ではない。MO 理論では，d 軌道に関わる安定化エネルギー以外に，金属イオンの s 軌道（a_{1g}）と p 軌道（t_{1u}）とそれに対応する配位子の群軌道（t_{1u} と a_{1g}）との間に，既に結合による安定化が存在するのである。この安定化は，有効核電荷やイオン半径に関係するから，金属イオンが異なれば違う値になる。Breitschwerdt の予測は，「第一近似としてこうなる」という程度に考えるべきであろう。

　6 配位 8 面体型遷移金属錯体からの配位子の解離は，軌道対称性の観点からは許容反応である。中間体として経由しうるのは C_{4v} 構造または，D_{3h} 構造で

あるが，これらのうち，いずれの構造が安定であるかは，6章で議論したように d 電子数に依存する。結果をまとめると次のようになる。

(1) d^1 と高スピン–d^6 電子配置では，D_{3h} 構造の場合には FOJT による E' モードの変形で C_{4v} となりやすいが，C_{4v} 構造の場合には D_{3h} に至る B_1 モードの変形がないので，<u>C_{4v} が安定である</u>。軌道分裂の様子からも，C_{4v} の安定性が示唆される。

(2) d^2 と高スピン–d^7 電子配置では，<u>D_{3h} が安定である</u>。高スピンの C_{4v} では FOJT により D_{3h} になりやすい（D_{3h} からの SOJT 変形に対応する E' モードはない）。

(3) 高スピン–d^3 と高スピン–d^8 電子配置では，D_{3h} 構造は FOJT により C_{4v} に変形し，C_{4v} では D_{3h} に至る変形モード（B_1）がないので，<u>C_{4v} が安定である</u>。

(4) 高スピン–d^4 と d^9 電子配置では，D_{3h}，C_{4v} ともに SOJT により不安定となり <u>fluxional である</u>。

(5) 高スピン–d^5 と d^{10} 電子配置では，典型元素の化合物である PF_5 分子の場合と同様に，基本的には D_{3h} 構造を取りやすいが <u>fluxional である</u>。

この結果を前述の Breitschwerdt の表と見比べると，d^7 電子配置で矛盾する（とは言っても，エネルギー差は小さいので容認できる）以外は，d^5 電子配置の $Mn^{2+}{}_{aq}$ 錯体から水分子が 1 つ解離した中間体が fluxional になっていることも含めて，結構正しそうであることがわかる。

11-3 低対称錯体の反応

対称性の低い構造を有する金属錯体では，2 次のヤーン–テラー理論に基づいて，比較的容易に反応機構の予測が可能である。すなわち PLM はエネルギーギャップが比較的小さな d-d 混合による活性化モード（反応座標）に沿った構造変化を支持するからである（このような考え方には，溶媒和に関係するエ

ネルギーは考慮されていないから,あくまでも反応の初期過程のみについての近似的な考え方である)。

構造規制する配位子を用いた金属錯体における配位子置換／交換反応の研究例は少ない。Pd^{2+} 錯体(低スピン-d^8 電子配置)では,三脚型の四座リン配位子を用いて構造を固定し,5 個目の単座配位子の置換反応速度を調べた例がある。速度定数は 10^{-1} kg mol^{-1} s^{-1} 未満であり,平面 4 配位錯体における配位子置換速度定数(10^2 M^{-1} s^{-1} 程度)よりもかなり小さい。

平面 4 配位構造の金属錯体は,低スピン-d^8 電子配置のものがほとんどである。なかでも,Pd^{2+} 錯体は比較的置換活性であるため,研究例が多い。この構造の錯体の配位子置換／交換反応は,一般的に会合機構によって進行し,しかも Tobe らによって反応中間体が三角両錐型構造を取ることが示されている。低スピン-d^8 電子配置の D_{3h} 構造の錯体では,C_{2v} 構造を経由する fluxional な挙動が起こるが,この変形モードは,三角両錐構造の 5 配位中間体の三角形の平面から配位子の 1 つが解離して平面 4 配位構造に戻る経路でもある。したがって,微視的可逆性原理から,平面 4 配位錯体に 5 個目の配位子がアプローチして C_{2v} から D_{3h} 構造の中間体に至る会合機構は許容される。

三角両錐構造(D_{3h})の金属錯体において,軸方向の配位子が解離する反応は C_{3v} 構造を経由する。この構造変化は,A_2'' 基準振動モードに沿った変形である。しかし,低スピン-d^8 電子配置では,この変形モードに対応する低エネルギーの軌道混合はないので,主軸上の配位子の解離は起こりにくいことがわかる。この議論は,より低対称な類似錯体についても当てはまる。なぜなら,対称性の高い構造の保持を仮定して解析した結果は,より低い対称性を保持した場合にも一般的に適用できるからである(10 章での議論を参照。逆は真ではない)。その結果,先に述べた三脚型配位子の配位した Pd^{2+} 錯体における 5 個目の(軸上を占有する)配位子の解離反応は遅いと考えられる(解離反応自体は軌道対称性許容であっても,反応開始に至る 2 次のヤーン-テラー変形がないので高エネルギーの活性化過程になる)。空の金属軌道があれば,会合的な機構によって反応が加速される可能性もあるが,d^8 電子配置の三角両錐型錯体では難しい。前出の三脚型配位子の配位した Pd^{2+} 錯体の論文では,金属

軌道上の電子密度に依存して置換速度が変化する会合的機構と結論されている。

　平面 4 配位型錯体から 1 個の配位子が解離する反応は，B_{1g} または E_u 基準振動モードで開始される。低スピン-d^8 電子配置では b_{1g} 軌道は空であり，しかも，D_{4h} 錯体では，d-d 混合による SOJT はない。従って，D_{4h} 錯体からの配位子の直接解離による 3 配位錯体の形成は，速度論的には起こり難いはずである。しかし，シクロパラデーション反応では 3 配位中間体を経由すると考えている有力な研究者もいる。

　いまのところ，配位子置換／交換反応系でこのような理論的アプローチがなされた系はほとんどない。従って既存の議論は，多分に直感的なものが多く理論的背景が希薄なものばかりである。今後は，本書で示したような理論的考察に基づいて反応機構を議論する風土が定着すれば……と期待している。

　一方で，各錯体の溶媒交換あるいは配位子置換反応のおよそのタイムスケールを知ることは非常に重要である。これまでに蓄積されて来た膨大な実験結果は，錯体合成の他，生体内の反応を理解する上でも利用価値は高い。

付録 A
本文への補足解説

A-1　プロジェクションオペレーターの役割：群軌道と基準振動

下の表は C_{3v} 群の指標表を「もともとの」2 次元行列の形（45 ページ参照）で書き下したものである。ここではこの表を用いて，プロジェクションオペレーター（射影演算子）について説明する。プロジェクションオペレーターとそれによる操作とは，ある群に属するベクトル（行列）の写像を任意に選択した既約表現方向へ作るためのオペレーター（行列）あるいはそれによって写像を作る操作である。類似の機能を有するオペレーターとして，シフトオペレーターあるいはトランスファーオペレーターがあるが，ここではこれらについてまとめて解説する。特にプロジェクションの操作は，群軌道の表記や基準振動を求めるために重要なので，ここにまとめておく。まじめに数学表現するとわかりにくいので，以下の表を適宜参照しながら説明する。一般的に「指標」と呼ばれているものは，ある既約表現における特定の対称操作に対応する変換行列の trace であることを思い出そう。

C_{3v}	E	C_3	$C_3{}^2$	σ_v	σ_v'	σ_v''
A_1	$[1]$	$[1]$	$[1]$	$[1]$	$[1]$	$[1]$
A_2	$[1]$	$[1]$	$[1]$	$[-1]$	$[-1]$	$[-1]$
E	$\begin{pmatrix} 1 & 0 \\ 0 & 1 \end{pmatrix}$	$\begin{pmatrix} -1/2 & \sqrt{3}/2 \\ -\sqrt{3}/2 & -1/2 \end{pmatrix}$	$\begin{pmatrix} -1/2 & -\sqrt{3}/2 \\ \sqrt{3}/2 & -1/2 \end{pmatrix}$	$\begin{pmatrix} -1 & 0 \\ 0 & 1 \end{pmatrix}$	$\begin{pmatrix} 1/2 & -\sqrt{3}/2 \\ -\sqrt{3}/2 & -1/2 \end{pmatrix}$	$\begin{pmatrix} 1/2 & \sqrt{3}/2 \\ \sqrt{3}/2 & -1/2 \end{pmatrix}$

$\Gamma_k(p)_{ij}$ が k 番目の既約表現における p 番目の対称操作（指標を形成する行列である）の ij 要素（行列要素）を表すとする。h は群の位数であり、l_k は既約表現の次元である。上の指標表で言えば、$h=6$ であり、E 既約表現の C_3 の指標であれば $k=3$, $p=2$, $l_3=2$ である。さらに、$i=1$, $j=2$ であれば $\Gamma_3(2)_{12}=\sqrt{3}/2$ であることを示している。

オペレーター $O_{k,ij}$ を次式で定義する。

$$O_{k,ij} = \frac{l_k}{h} \sum_p \Gamma_k(p)_{ij} O_{k,p} \tag{1}$$

ここで $O_{k,p}$ は k 番目の既約表現の p 番目の指標に対応する行列（オペレーター）である。すなわち、$k=3$, $p=2$ の時には $O_{3,2} = \begin{pmatrix} -1/2 & \sqrt{3}/2 \\ -\sqrt{3}/2 & -1/2 \end{pmatrix}$ である。ただし、この操作 C_3 では z 軸方向は無変換であることを覚えておかないといけない（下の例参照）。

$i=j$（すなわち対角要素のオペレーター）のときに $O_{k,ii}$ をプロジェクションオペレーターと称し、$i \neq j$ のときトランスファー（あるいはシフト）オペレーターとよぶ。

一方、対角要素（$i=j$）の和に関する（すなわち、n 次元の行列の trace $\chi_k(p)$ を用いたとき。先の例では $\chi_3(2) = -1$ のときの）オペレーターを次式で定義する。

$$P_k = \sum_i O_{k,ii} = \sum_p \chi_k(p) O_{k,p} \tag{2}$$

P_k は k 番目の既約表現に対するプロジェクションオペレーターである。既約表現が 1 次元のときには $P_k = O_{k,ii}$ であり、非対角要素の $O_{k,ij(i \neq j)}$ は存在しない。

ここでは、s, p_x, p_y, p_z の軌道がそれぞれどの既約表現に帰属するかについて検討し、プロジェクションオペレーターの有する意味と実際の応用について記述する。C_{3v} 群に属する分子（例えばアンモニア）の中心原子上の s, p_x, p_y, p_z 軌道の組は、s 軌道は x, y, z に対して等方的な関数（原子の中心からの距離 r のみで決まる）であり、p_x, p_y, p_z はそれぞれ x, y, z と同じ極性を有する。従って、これらの軌道関数の和は $f = ax + by + cz + d$ で代表することができる。ここで、x, y, z は 1 次独立関数である。プロジェクションオペレーターに関する定義から、プロジェクションオペレーターを用いて関数 f の各既

約表現への写像を求めれば，C_{3v} における各既約表現に対応するこれらの軌道を割り振ることができる。以下にその様子を示す。

C_{3v} 群の各既約表現に対するプロジェクションオペレーターは，(1)または(2)式の定義に従って以下のように書き下すことができる。

$$P_{A_1} = \frac{1}{6}(E + C_3 + C_3^2 + \sigma_v + \sigma_v' + \sigma_v'')$$

$$P_{A_2} = \frac{1}{6}(E + C_3 + C_3^2 - \sigma_v - \sigma_v' - \sigma_v'')$$

$$P_{E,11} = \frac{2}{6}(E - \frac{1}{2}C_3 - \frac{1}{2}C_3^2 - \sigma_v + \frac{1}{2}\sigma_v' + \frac{1}{2}\sigma_v'')$$

$$P_{E,22} = \frac{2}{6}(E - \frac{1}{2}C_3 - \frac{1}{2}C_3^2 + \sigma_v - \frac{1}{2}\sigma_v' - \frac{1}{2}\sigma_v'')$$

演算においては，E 操作では x，y，z，s の全てに対して $O_p = 1$，C_3 操作に対しては x，y については $O_p = \begin{pmatrix} -1/2 & \sqrt{3}/2 \\ -\sqrt{3}/2 & -1/2 \end{pmatrix}$ であるが，z と d については無変換 [1] である。他の操作（O_p）においても，z 軸と s 軌道は保持されるから z と d については [1] のままである。

その結果，

$$Ef = ax + by + cz + d$$

$$C_3 f = \left(-\frac{1+\sqrt{3}}{2}ax + \frac{-1+\sqrt{3}}{2}by + cz + d\right)$$

$$C_3^2 f = \left(-\frac{1-\sqrt{3}}{2}ax - \frac{1+\sqrt{3}}{2}by + cz + d\right)$$

$$\sigma_v f = -ax + by + cz + d$$

$$\sigma_v' f = \left(\frac{1-\sqrt{3}}{2}ax - \frac{1+\sqrt{3}}{2}by + cz + d\right)$$

$$\sigma_v'' f = \left(\frac{1+\sqrt{3}}{2}ax - \frac{1-\sqrt{3}}{2}by + cz + d\right)$$

これらを用いて A_1, A_2, E 既約表現への関数 f のプロジェクション Pf を計算すると以下のようになる。

$P_{A_1}f = \dfrac{1}{6}(6cz+6d) = cz+d$

$P_{A_2}f = 0$

$P_{E,11}f = ax$

ここで，例えば C_3f の $ax+by$ の係数は次のようにして求めている。

$$\begin{pmatrix} ax' \\ by' \end{pmatrix} = C_3 \begin{pmatrix} ax \\ by \end{pmatrix} = \begin{pmatrix} -\dfrac{1}{2} & \dfrac{\sqrt{3}}{2} \\ -\dfrac{\sqrt{3}}{2} & -\dfrac{1}{2} \end{pmatrix} \begin{pmatrix} ax \\ by \end{pmatrix} = \begin{pmatrix} -\dfrac{1}{2}ax + \dfrac{\sqrt{3}}{2}by \\ -\dfrac{\sqrt{3}}{2}ax - \dfrac{1}{2}by \end{pmatrix}$$

従って，$ax' + by' = -\dfrac{1+\sqrt{3}}{2}ax + \dfrac{-1+\sqrt{3}}{2}by$。

$P_{E,11}f$ は2重に縮重した関数の片割れである。もう一方の関数は非対角要素を用いたトランスファー（シフト）オペレーターを用いた演算から得られる。一方，trace を用いた P_E によるプロジェクションでは次のような結果になる。

$$P_E f = \dfrac{2}{6}(2E - C_3 - C_3^2 + 0\sigma_v + 0\sigma_v' + 0\sigma_v'')f = \dfrac{1}{3}(2E - C_3 - C_3^2)f$$

$$= ax + by$$

すなわち，もう1つの片割れ（by）と $P_{E,11}$ によるプロジェクションから求めた ax との線形結合になっていることがわかる。

このように，プロジェクションオペレーターを用いることによって C_{3v} 群における中心原子の p_x, p_y, p_z と s 軌道の帰属が，それぞれ p_z と s が A_1，(p_x, p_y) の組が E 既約表現に対応することが理解される。以上の説明によって，プロジェクションオペレーターによる操作が群論において重要な意味を持つことがわかったと思う。

配位原子による群軌道も類似の取扱いにより，プロジェクションオペレーターを用いて求めることができる。このときには，例えば C_{3v} 群に属する分子であればσ結合に参加することのできる軌道（どのような原子であっても水素の 1s 軌道と同じ対称性と考える）を考えれば良いので，3個の軌道は全て全対称の s 軌道であると仮定して差し支えない。その結果，これらのうちの1つ

の軌道が各対称操作でどこに移動するかを知れば，その組み合わせによるベクトルが群軌道の軌道関数（基底ベクトルの1つ）を表すことになる。従って，この関数（ベクトル）の各既約表現方向へのプロジェクションを求めれば，既約表現に対応する群軌道が求められるというわけである。この方法については既に第2章における群軌道の求め方の節で記述した。

　同様のプロジェクション操作は，分子振動の解析においても利用される。なぜなら，各結合について振動の方向を定義し，それらが点群内の操作によって移動する様子を示す（位置関係を表す）ベクトル（基底ベクトルの1つ）を各既約表現にプロジェクションすれば正しい分子振動が得られるわけである。

A-2　時間に依存する波動方程式の取扱いと遷移双極子モーメント

1次元の時間に依存しない波動関数は，一般的に $\Psi = e^{ikx}$ なる解を有する。時間に依存する波動関数が $e^{i(kx-\omega t)}$ で表されることは，進行波の性質について知っていれば理解できる。

　この関数を時間で微分すると，

$$\frac{\partial \Psi}{\partial t} = -i\omega \Psi$$

波動において $E = h\nu$，$\omega = 2\pi\nu$（E：エネルギー，ν：振動数，ω：角振動数）なので，$\omega = 2\pi E/h = E/\hbar$ であるから

$$\frac{\partial \Psi}{\partial t} = -i\frac{E\Psi}{\hbar}$$

Eに対して書き下すと（$-i = 1/i$ であることを使って）

$$E\Psi = i\hbar \frac{\partial}{\partial t}\Psi$$

従って，一般的な時間に依存しないシュレディンガー波動方程式 $H\Psi = E\Psi$ に対して，時間に依存する波動方程式は次式で与えられる。

$$H\Psi = i\hbar \frac{\partial \Psi}{\partial t} \tag{3}$$

このとき波動関数は，一般的な時間に依存しない波動関数 e^{ikx} に定在波としての時間成分（$\exp(-i\omega t) = \exp(-iEt/\hbar)$）をかけたものになっている。

n 番目の波動関数 φ_n で表される軌道（状態）から m 番目の波動関数 φ_m で表される軌道（状態）への電子遷移に対応する時間依存する波動関数 $\Phi(x,t)$（ただし，空間的な電子遷移の方向を x で表す）は，時間に依存しない波動関数 φ を用いて次のように表現される。

$$\Phi(x,t) = c_n \varphi_n e^{-i(E_n/\hbar)t} + c_m \varphi_m e^{-i(E_m/\hbar)t} \tag{4}$$

c_n と c_m は，時間 t の関数であり，電子遷移における各軌道の寄与の程度を表している。電子遷移の前（$t=0$）では $c_n=1$, $c_m=0$ である。φ は時間に依存しない波動関数で，時間に依存しないハミルトニアン H_0 に関係する波動方程式を満たす。

$$H_0 \varphi_n = E_n \varphi_n$$

$$H_0 \varphi_m = E_m \varphi_m$$

それぞれの φ に対応するエネルギーは E_n と E_m であり，以下で見る光吸収では $E_n < E_m$ と仮定しておく。

振動数 ν の光に対応する電磁波 A（$A_0 \cos(\omega t) = A_0 \cos(2\pi\nu t)$）の吸収によるハミルトニアンの摂動成分は

$$H_1 = -\mu_0 A = -\mu_0 A_0 \cos(2\pi\nu t)$$

であり（電子の遷移に伴い双極子（ダイポール）変化が起こるので双極子遷移とよばれる。また，μ_0 は電子遷移に伴う双極子モーメントの変化に対応し，空間ベクトル x, y, z と電子の電荷の積である），摂動項を含む全ハミルトニアンは

$$H = H_0 + H_1$$

である。従って，電子遷移に対応する波動関数(4)はハミルトニアンを $H=H_0+H_1$ とした時間に依存する波動方程式(3)を満足するはずである。

$$(H_0+H_1)\Phi(x,t) = i\hbar \frac{\partial \Phi(x,t)}{\partial t}$$

この式に(4)式を代入して

$$c_n H_0 \varphi_n e^{-i(E_n/\hbar)t} + c_m H_0 \varphi_m e^{-i(E_m/\hbar)t} + c_n H_1 \varphi_n e^{-i(E_n/\hbar)t} + c_m H_1 \varphi_m e^{-i(E_m/\hbar)t}$$

$$= i\hbar\varphi_n\left(\frac{\partial c_n}{\partial t}e^{-i(E_n/\hbar)t} - i\frac{E_n}{\hbar}c_n e^{-i(E_n/\hbar)t}\right) + i\hbar\varphi_m\left(\frac{\partial c_m}{\partial t}e^{-i(E_m/\hbar)t} - i\frac{E_m}{\hbar}c_m e^{-i(E_m/\hbar)t}\right)$$

$$= i\hbar\varphi_n\frac{\partial c_n}{\partial t}e^{-i(E_n/\hbar)t} + i\hbar\varphi_m\frac{\partial c_m}{\partial t}e^{-i(E_m/\hbar)t} + E_n c_n \varphi_n e^{-i(E_n/\hbar)t} + E_m c_m \varphi_m e^{-i(E_m/\hbar)t}$$

ここで，左辺の第 1 項と第 2 項はそれぞれ $E_n c_n \varphi_n e^{-i(E_n/\hbar)t}$ ならびに $E_m c_m \varphi_m e^{-i(E_m/\hbar)t}$ なので，右辺の最後の 2 項と相殺されて，最終的に次式を得る．

$$c_n H_1 \varphi_n e^{-i(E_n/\hbar)t} + c_m H_1 \varphi_m e^{-i(E_m/\hbar)t} = i\hbar\varphi_n\frac{\partial c_n}{\partial t}e^{-i(E_n/\hbar)t} + i\hbar\varphi_m\frac{\partial c_m}{\partial t}e^{-i(E_m/\hbar)t}$$

それぞれの項の左側から $\varphi_m e^{-i(E_m/\hbar)t}$ の複素共役関数をかけて積分すると，$\varphi_m e^{-i(E_m/\hbar)t}$ と $\varphi_n e^{-i(E_n/\hbar)t}$ は直交しているので右辺の第 1 項はゼロになるため，次式を得る．

$$c_n e^{(i/\hbar)(E_m-E_n)t}\int \varphi_m^* H_1 \varphi_n dx + c_m e^{(i/\hbar)(E_m-E_n)t}\int \varphi_m^* H_1 \varphi_n dx = i\hbar\frac{\partial c_m}{\partial t}$$

時間変化が微小（$t\sim 0$）であると仮定すると，左辺において $c_n\sim 1$，$c_m\sim 0$ と置くことにより，

$$i\hbar\frac{\partial c_m}{\partial t} = e^{(i/\hbar)(E_m-E_n)t}\int \varphi_m^* H_1 \varphi_n dx$$

$H_1 = -A_0\mu_0\cos(2\pi\nu t) = -\dfrac{A_0\mu_0}{2}(e^{2\pi i\nu t}+e^{-2\pi i\nu t})$ であることに気をつけて整理すると，

$$i\hbar\frac{\partial c_m}{\partial t} = -\left[\int \varphi_m^* \mu_0 \varphi_n dx\right]\frac{A_0}{2}\left(e^{(i/\hbar)(E_m-E_n+h\nu)t} + e^{(i/\hbar)(E_m-E_n-h\nu)t}\right)$$

となる．両辺を時間 0 から t で積分して，(5)式を得る．

$$c_m = \left[\int \varphi_m^* \mu_0 \varphi_n dx\right]\frac{A_0}{2}\left(\frac{-1+e^{(i/\hbar)(E_m-E_n+h\nu)t}}{E_m-E_n+h\nu} + \frac{-1+e^{(i/\hbar)(E_m-E_n-h\nu)t}}{E_m-E_n-h\nu}\right) \tag{5}$$

(5)式における第 2 項が光の吸収に対応する（なぜなら $E_m>E_n$ と仮定したから）．第 1 項は発光に対応する項であるからここでは無視する．

そこで，(5)式の吸収極大（$E_m-E_n=h\nu$）における第 2 項の値を求める．$E_m-E_n\to h\nu$ の極限では第 2 項の分母と分子はともにゼロに収束する．そこでロピタルの定理を用いて極限値を求めると，

$$c_m(E_m-E_n\to h\nu) = i\frac{t}{\hbar}\left[\int \varphi_m^* \mu_0 \varphi_n dx\right]\frac{A_0}{2}$$

となるので，c_m は $E_m - E_n = h\nu$ の極限において，積分値 $\int \varphi_m^* \mu_0 \varphi_n \mathrm{d}x$ がゼロでないときに限って極大値をもつことがわかる。この積分値

$$\int \varphi_m^* \mu_0 \varphi_n \mathrm{d}x$$

を遷移双極子モーメントとよんでおり，遷移双極子モーメントが値を持つ場合にのみ双極子遷移（電子吸収／発光スペクトルや振動スペクトル）が観測される。

A-3　数学的な色々な空間の概念と，線形変換に関わる変換行列の性質

　ヒルベルト空間（Hilbert space）とは，ユークリッド空間（平面や立体空間）の概念を一般化し，ベクトル計算の手法を 3 次元よりも次元の高い空間（無限次元も含む）に拡張したものである（フォン・ノイマンが命名した）。ヒルベルト空間は内積の構造を持つ抽象的なベクトル空間である。その内積から導かれるノルム（ベクトルの長さのこと）によって距離の概念が導入され（これにより角度と距離が定義される），距離空間として完備となる（直交する n 個の基底ベクトルで表される）ような位相ベクトル空間となる。物理学，とくに量子力学の世界では系の状態はヒルベルト空間におけるベクトルで示される。

　一般に，ノルムに関して完備なベクトル空間のことをバナッハ空間といい，内積から導かれるノルムを持つバナッハ空間のことをヒルベルト空間という。ヒルベルト空間においては，距離の概念に関するシュワルツの不等式，三角不等式，中線定理という 3 つの不等式が成り立つ。

　転置行列と逆行列が等しくなる正方行列のことを直交行列とよぶ。すなわち行列 M の転置行列を M^T と表すとき，$M^T M = M M^T = E$ を満たす。直交行列 M の要素を複素数に拡張したとき，これを，ユニタリ行列 U とよぶ。U の共役転置行列 $(U^*)^T$ は，$(U^*)^T = U^{-1}$ となる（ただし，U^* は複素共役行列）。ある正方行列の共役転置行列がもとの行列と同じであるときにはエルミート行列と

よぶ。すなわち $\tilde{A}^T = A$ である。

一般的に，$A = S^{-1}BS$ のような関係で A と B が表されるときには，A は B の相似変換（similarity transformation）によって得られるという。さらに，$A = S^{-1}BS$ のような相似変換の関係において，S が直交行列であれば直交変換，ユニタリ行列であれば，ユニタリ変換とよぶ。

群論と線形代数

数学的には，次の4つの演算条件が全ての要素に対して満たされるときにのみ，要素の作るベクトルを群とよぶ。ここで，要素とは数字であったり，行列であったりする。

(1) ベクトルの中のどの2つの要素を取って演算（乗法，つまり積をとる）しても，必ずそのベクトルの中の要素になる。つまり要素が閉じた空間を形成している：*closure*。
(2) ベクトルのどの要素に対しても結合則が成り立つ：$(AB)C = A(BC)$，*associability*。
(3) ベクトルのどの要素に対しても $EA = AE = A$ となる単位要素（行列）E が存在する：*identity*。
(4) ベクトルのどの要素にも，たった1つだけ $A^{-1}A = AA^{-1} = E$ となる逆数（逆行列）が存在する：*inverse*。

このように，*closure, associability, identity, inverse* が群を構成するための要件である。このような群を構成する要素の数を位数（order）とよぶ。

位数が3の群を考え，E が単位要素，A, B が1次独立な要素（数字あるいは行列かもしれない）に対応すると考える。一般的には2つの行列の積は可換ではない（$AB \neq BA$）が，特別な場合には可換関係が成り立つ時がある。このような可換な要素のみでできあがっている群をアーベル（Abel）群とよぶ（例えば $AB = BA = E$）。アーベル群の特徴として，multiplication table（要素どうしの演算（かけ算）を表す表）が，次のようにラテンスクエア（latin square：積でできあがったそれぞれの行と列で，同じ要素が1回ずつしか現れない）になっている。

	E	A	B
E	E	A	B
A	A	B	E
B	B	E	A

例えば，要素として $(1,-1,i,-i)$ を有する群では次のような multiplication table ができる。これもアーベル群であることがわかる。

	1	-1	i	-i
1	1	-1	i	-i
-1	-1	1	-i	i
i	i	-i	-1	1
-i	-i	i	1	-1

4つの要素でできる群 (E,A,B,C) に対して同様に表すと，例えば次のような multiplication table ができる。

	E	A	B	C
E	E	A	B	C
A	A	E	C	B
B	B	C	A	E
C	C	B	E	A

このとき $A\times A=E$, $B\times B=A$, $C\times C=A$, $B\times C=E$, $A\times B=C$ という関係になっていることがわかる。

この表は $(1,-1,i,-i)$ の multiplication table と同じ latin square 構造をしている。このような場合，群 (E,A,B,C) と群 $(1,-1,i,-i)$ は isomorphic（準同型）であるという。このように，2つの群 G_1 と G_2 が isomorphic であれば $G_1 \sim G_2$ と表す。

位数4の群では，他にも次のような multiplication table が存在する。この表と先の表は，明らかに違った配列であり，このようなときには，2つの multiplication table は isomorphic ではないという（$A\times A=B\times B=C\times C=E$, $A\times B=C$ などとなっている）。一般的に，位数が4の群では，これら2つの table の場合のどちらかに当てはまることが知られている。

	E	A	B	C
E	E	A	B	C
A	A	E	C	B
B	B	C	E	A
C	C	B	A	E

以上の関係からわかるように、位数3ならびに4の群はともに積の演算が可換であり、アーベル群に属している。

相似変換と類

D_3 群は1本の C_3 軸と3本の C_2 軸を含む群である。C_3 操作2つと C_2 操作の3つがそれぞれ類を作るとは数学的にどのような意味があるのかを説明する。

1番上の行に示した X で表した各対象操作でこの群の各対称操作（1番左の列）を相似変換（$A = X^{-1}BX$）した結果を表でまとめると、次のような変換表ができる。

例えば○で囲んだ C_3 は、C_2' という対称操作で C_3^2 を相似変換すると C_3 になることを意味する。この表は multiplication table に似ているが、違うものなので注意すること。

A/X	E	C_3	C_3^2	C_2	C_2'	C_2''
E	E	E	E	E	E	E
C_3	C_3	C_3	C_3	C_3^2	C_3^2	C_3^2
C_3^2	C_3^2	C_3^2	C_3^2	C_3	(C_3)	C_3
C_2	C_2	C_2''	C_2'	C_2	C_2''	C_2'
C_2'	C_2'	C_2	C_2''	C_2''	C_2'	C_2
C_2''	C_2''	C_2'	C_2	C_2'	C_2	C_2''

この表からわかることは、E はこの群に属する全ての要素による相似変換で E となり、(C_3, C_3^2) と (C_2, C_2', C_2'') 対象操作の組は D_3 群の全ての操作による相似変換でそれぞれ (C_3, C_3^2)、(C_2, C_2', C_2'') という小さなグループの中の要素にしか変換されないことである。このように、群の中の要素が、群の全要素による相似変換によって、ある要素の組にしか変換されないときには、その

組を類（class あるいは conjugate class）とよぶ。class には次のような性質がある。

(1) 異なる2つの要素を同一の要素に相似変換するような要素は存在しない。すなわち，ある要素による相似変換では，全く同じ要素を与えるものはたった1つしか存在しない：上の変換表を縦に眺めると，どの列にも各要素は1回ずつしか現れない。

(2) どの要素も，2つの class にまたがって存在することはない。

(3) 各 class の要素の数は，群の位数の約数である：h が群の位数であり，その群には要素が m 個含まれる class が1つあったとすると，class の中の各要素は相似変換によって必ず同じ class の要素にそれぞれ h/m 回変換される。

(4) アーベル群では，要素の1つ1つが class である（アーベル群では演算は可換であるから $XAX^{-1} = AXX^{-1} = A$）。

部分群

群の中に小さな群を形成するような要素の組があれば，その小さな群をもとの大きな群の部分群（subgroup）という。部分群は，もちろん本節の最初に示した群としての4つの条件を満たしていなくてはならない。例えば C_{4v} 群は O_h 群より対象操作の数（位数）は小さいが共通の対称操作を有するので，O_h 群の部分群である。D_{3h} 群には C_{3v} 群などの部分群が存在する。C_s，C_1 はもちろん D_{3h} 群の部分群である。この中で C_1 群はあらゆる点群の部分群である。ラグランジュの定理によれば，「部分群の位数は，もとの群の位数の約数である」。

ある群 G の部分群を H（要素は $H_1, H_2, \ldots, H_g$）とし，X を H には含まれない G 群の要素であるとする。X による H_i の相似変換は要素を $(X^{-1}H_1X, X^{-1}H_2X, \ldots, X^{-1}H_gX)$ とする G の部分群を作る。このとき，部分群 H（要素は $H_1, H_2, \ldots, H_g$）と部分群 H'（要素は $X^{-1}H_1X, X^{-1}H_2X, \ldots, X^{-1}H_gX$）は共役部分群（conjugate subgroups）とよばれる。

部分群 H（要素は $H_1, H_2, \ldots, H_g$）と部分群 H'（要素は $X^{-1}H_1X, X^{-1}H_2X,$

……, $X^{-1}H_gX$) が一致するときには，部分群 H は自己共役部分群（self-conjugate subgroup）あるいは正規部分群（invariant subgroup = normal subgroup）という。

ある群 G（要素は $g_1, g_2, \cdots\cdots$）の部分群 H_i（要素は $h_1^i, h_2^i, \cdots\cdots, i=1\sim m$）が次の2つの条件を満たすとき，$G$ は H_i の直積（direct product）であるという。
$$G = H_1 \times H_2 \times H_3 \cdots\cdots \times H_m$$
(1) 各々の部分群の要素は他の全ての部分群の要素と可換である。
(2) G の要素 g は部分群の要素 h_j で，$g = h_1 h_2 h_3 h_4 \cdots\cdots h_m$ と表すことができる。

群 G は H_1 と H_2 の部分群を有するが，H_1 の要素が H_2 の要素と可換でない（しかし，G の要素はこれら2つの部分群の要素の積である）ときには，G は H_1 と H_2 の半直積（semidirect product）とよび，$G = H_1 \wedge H_2$ と書く。

次にこれらの2つの実例を示す。C_{2v} 群はアーベル群であるから全ての要素（変換行列）は可換である。multiplication table（一般的に最初に一番上の行の各対称操作を行った後に一番左の列に記した操作を行うというかけ算を意味する）は次のようになる。

C_{2v}	E	C_2	σ_v	σ_v'
E	E	C_2	σ_v	σ_v'
C_2	C_2	E	σ_v'	σ_v
σ_v	σ_v	σ_v'	E	C_2
σ_v'	σ_v'	σ_v	C_2	E

C_{2v} の対称操作から σ_v と σ_v' を取り除くと C_2 群に関する対称操作が残る。同様に，C_{2v} の対称操作から C_2 と σ_v を取り除くと C_s 群の対称操作のみが残る。すなわち，C_2 群と C_s 群は C_{2v} 群の部分群である。C_{2v} 群の要素は可換であり，C_2 群と C_s 群の共役部分群は元の群（C_2 群と C_s 群）に一致する。すなわち，C_2 群と C_s 群はともに C_{2v} 群の正規部分群である。従って次のような直積の関係が成り立つ。

C_2	E	C_2	E	C_2
A	1	1	1	1
B	1	−1	1	−1
A	1	1	1	1
B	1	−1	1	−1

×

C_s	E	σ
A'	1	1
A''	1	−1

=

C_{2v}	E	C_2	σ_v	σ_v'
A_1	1	1	1	1
B_1	1	−1	1	−1
A_2	1	1	−1	−1
B_2	1	−1	−1	1

一方，C_{3v} 群と C_s 部分群の関係は C_{2v} 群と C_s 部分群の関係のように単純ではない。C_{3v} 群の multiplication table は以下のようになっている。

C_{3v}	E	C_3^+	C_3^-	$\sigma_v(1)$	$\sigma_v(2)$	$\sigma_v(3)$
E	E	C_3^+	C_3^-	$\sigma_v(1)$	$\sigma_v(2)$	$\sigma_v(3)$
C_3^+	C_3^+	C_3^-	E	$\sigma_v(2)$	$\sigma_v(3)$	$\sigma_v(1)$
C_3^-	C_3^-	E	C_3^+	$\sigma_v(3)$	$\sigma_v(1)$	$\sigma_v(2)$
$\sigma_v(1)$	$\sigma_v(1)$	$\sigma_v(3)$	$\sigma_v(2)$	E	C_3^+	C_3^-
$\sigma_v(2)$	$\sigma_v(2)$	$\sigma_v(1)$	$\sigma_v(3)$	C_3^+	E	C_3^-
$\sigma_v(3)$	$\sigma_v(3)$	$\sigma_v(2)$	$\sigma_v(1)$	C_3^-	C_3^+	E

この表と先の C_{2v} に関する multiplication table を見比べると，C_{3v} 群の multiplication table では対角要素の上下で対称な配置になっていないことがわかる。これは $C_3^+\sigma_v(1)=\sigma_v(2)$ であるのに対して $\sigma_v(1)C_3^+=\sigma_v(3)$ のように対称操作が可換ではないためである。その結果，全ての σ_v 操作を同時に取り除かないと C_3 部分群を得ることはできない。一方，C_3^+ と C_3^- を同時に取り除いても C_s 群には至らず，単一の C_s 部分群を得るためには，C_3^+ と C_3^- 操作の他に $[\sigma_v(1),\sigma_v(2)]$，$[\sigma_v(1),\sigma_v(3)]$，$[\sigma_v(2),\sigma_v(3)]$ のいずれかの 1 組も同時に取り除かなければならない（3 つの異なる方法で対称面の異なる 3 つの C_s 部分群を得ることができる）。C_{3v} 群と C_{2v} 群のこのような違いは要素（対称操作）が可換でないために起こる。その結果 C_{3v} 群は C_3 群と C_s 群の半直積ということになる。C_{3v} 群の例では，対称面の組の取り除き方（3 通りある）によって 3 つの等価な C_s 部分群に至る。これら 3 つの C_s 部分群間の関係は分子の回転運動と関係づけられる。

　分子は振動による変形で対称要素の一部を失う。従って，ある点群に属する

分子が基準振動モードに従って変形したものは元の群の部分群に属する構造になることがわかる。

A-4　パウリの排他原理と電子スピン

5-3 節の「スピン多重度の大きな項から数えるとスピン多重度の小さな同じスペクトル項を数えすぎてしまう……」という曖昧な記述の本質はどこにあるのだろうか。
　ここではスピン三重項の記述法とパウリの排他原理に基づいて解説する。

パウリの排他原理
　シュレディンガーの波動方程式を 2 電子系に拡張すると次のようになる。

$$\left[-\frac{\hbar^2}{2m}\left(\frac{\partial^2}{\partial x_1^2}+\frac{\partial^2}{\partial y_1^2}+\frac{\partial^2}{\partial z_1^2}\right)-\frac{\hbar^2}{2m}\left(\frac{\partial^2}{\partial x_2^2}+\frac{\partial^2}{\partial y_2^2}+\frac{\partial^2}{\partial z_2^2}\right)-\frac{Ze^2}{r_1}-\frac{Ze^2}{r_1}+\frac{e^2}{r_{12}}\right]\Psi=E\Psi$$

方程式は 2 つの電子（1 と 2 の番号が振ってある）に関する座標成分と，原子核（核電荷 Z）とそれぞれの電子の引力および 2 つの電子間の静電的斥力でできている。同様に，3 電子，4 電子…と多電子系に拡張することができる（その微分方程式が実際に解けるかどうかは別問題である）。
　N 電子系について考えるとき，N 個ある電子の 1 つ 1 つは全く同じ役割を果たしているのであるから，任意の 2 つの電子を入れ替えてもハミルトニアンは変わらないことがわかる。ここで，<u>N 個の電子を任意に入れ替えることに対応する演算子 P</u> を導入する。このとき，ハミルトニアンは任意の 2 電子の置換に対して不変であるから，

　　$HP = PH$

という演算子の「可換関係」が成立するはずである。
　一方，N 電子系における任意の電子のエネルギー固有値と固有関数をそれぞれ E_n と ϕ_n とすれば，

　　$H\phi_n = E_n\phi_n$

が成り立つはずであるから，両辺の左側から演算子 P を作用させて

$$P(H\phi_n) = PE_n\phi_n$$

が成り立つ。ところが，P と H は可換であるからこの関係は，

$$H(P\phi_n) = E_n(P\phi_n)$$

となるはずである。この式は，$P\phi_n$ という波動関数も E_n というエネルギー固有値を有することを示している。このことは「N 電子系で，沢山の（$N!$ 個の）縮重を許してしまう」ことになる。すなわち，E_n というエネルギー状態は「極めて多重に縮重している」ことを許容する。このように，シュレディンガーの波動方程式におけるハミルトニアンは「多電子系における任意の電子の交換に対して多重の固有値を認めてしまう」。現実の系では，このように極端に多く縮重した固有値は存在しない（実験的に証明されている）ので，シュレディンガー波動方程式を解く段階で必然的に現れた数学的な束縛条件以外に，このような不合理を解消するような「量子力学外の仮定」が必要になる。「パウリの排他原理」とよばれる原理（仮定）がこの矛盾を解消するのである。パウリの排他原理とは，「電子のスピンも含めた4つの量子数で記述される1つの量子状態を占有できる電子はたった1つだけである」という規約である。これは，「任意の電子の入れ替えによってスピンも含めた波動関数の正負が変わる（反対称になる）」という要請を言い換えたものである。

パウリの排他原理は相対論に基づく議論であり，シュレディンガー波動方程式が「相対論的には偽」であることを示している。このことはディラック方程式（相対論的方程式）を解くと，電子の属性としての「スピン」の概念が必然的に現れる（付録B-2参照）ことから理解できる。

電子スピンの交換

縮重した2つの軌道に別々に入る2個の電子のスピンをそれぞれ+と-で表すと，スピンを含む波動関数としては以下の4つが可能であることがわかる。

$$\Psi_{++} \quad \Psi_{--} \quad \Psi_{+-} \quad \Psi_{-+}$$

↑ ↑   ↓ ↓   ↑ ↓   ↓ ↑

それぞれの波動関数で電子を入れ替えると，パウリの排他原理の要請に従って次のような性質を示す。

$$P\Psi_{++} = -\Psi_{++} \qquad P\Psi_{--} = -\Psi_{--}$$
$$P\Psi_{+-} = -\Psi_{-+} \qquad P\Psi_{-+} = -\Psi_{+-}$$

上の2つの波動関数は正負が変わるので反対称配置であることがわかる。

下の2つの波動関数では関数自体が変わってしまうため，対称性がわからない。そこで，この2つを組み合わせると次のような反対称（antisym）と対称（sym）の関数ができ上がる。

$\Phi_{antisym} = \Psi_{+-} + \Psi_{-+}$ （なぜなら $P\Phi_{antisym} = -[\Psi_{-+} + \Psi_{+-}] = -\Phi_{antisym}$ のように電子の入れ替えで反対称になる）

$\Phi_{sym} = \Psi_{+-} - \Psi_{-+}$ （なぜなら $P\Phi_{sym} = -\Psi_{-+} + \Psi_{+-} = \Psi_{+-} - \Psi_{-+} = \Phi_{sym}$ のように電子の入れ替えで対称になる）

このように縮重した2つの軌道に別々の2個の電子を配置する場合には，対称的な性質を有する1個の $\Phi_{sym} = \Psi_{+-} - \Psi_{-+}$ と反対称的な性質を有する3個の関数 Ψ_{++}，Ψ_{--}，$\Phi_{antisym} = \Psi_{+-} + \Psi_{-+}$ が存在することがわかる。これらのうち，前者（電子とスピンの入れ替えに対して対称）の電子配置は一重項（singlet）であり，後者は三重項（triplet）とよばれる。

マンガ的に表せば，以下のような可能な4つの電子とスピンの配置のうち3個が三重項であるが，右側の2つの配置の線形結合でできる関数（配置）のうち交換に対して対称な配置が一重項であり，反対称な配置が左2つの配置とともに三重項状態を形成する。spin factoring などによる微視的状態の勘定では，右側2つの配置を区別しないことになるため，三重項状態から数えると一重項状態も数えすぎてしまうことになる。すなわち，感覚的には「三重項は一重項も含んでいる」という表現があながち間違いでないことが理解できる。

対称関数と反対称関数の関係ではエネルギー固有値を同じにするような例はこれまでに見つかっておらず，必然的に異なるエネルギーを有することがわかる。

三重項状態に対応する反対称な関数は対称性が同じであることから，それらの任意の線形結合が三重項状態を与えると見なすことが可能であり，その結果三重に縮重したエネルギー固有値を持つと考えられている。

A-5 電子配置に対応する状態／スペクトル項の帰属法

5-4 節で強配位子場で生じる項の求め方について簡単に記述した。この方法では，例えば正 8 面体場における $E_g \times E_g$ の直積が $A_{1g}+A_{2g}+E_g$ であることがわかっていても，$A_{1g}+A_{2g}$ のうちどちらが三重項状態なのか知ることは難しい。一般的な無機化学の教科書によれば，d^2 電子配置からの 2 光子過程で生じる励起状態は A_{2g} であると記述されているので，この項がスピン三重項であることがわかるが，この結論がどのようにして導かれたのかについて記述している教科書はほとんどない。

そもそも，マリケン記号の定義そのものが混乱の中から決まったものなので（1950 年代までは分光学者による項の記述が極めて曖昧で統一されていなかったが，Mulliken が 1955 年に論文を発表して（The Journal of Chemical Physics, 23, 1997 (1955)）帰属の統一を呼びかけた結果，次第に現代の形になっていったという経緯がある），最近の教科書では小難しい議論を避けて，すでに出版されている教科書の記述を踏襲する方法をとっているのであろう。

スペクトル項の帰属のみならず，例えば第 6 章で述べる 1 次のヤーン-テラー効果を調べるときにも「状態」の帰属はきわめて重要になる。例えば，正 8 面体型錯体における e_g^2 電子配置はどのようなマリケン記号で表されるのかを知らないと，^3F から生じる「スピン多重度を含む」スペクトル項を正確に記述することはできない。また，正 4 面体型錯体における $e^2 t_2^2$ 電子配置の基底状態がどのマリケン記号に帰属されるかわからなければ，1 次のヤーン-テラー効果による変形を知ることは不可能である。ここでは O_h 型錯体において t_{2g}^2 電子配置から生じる状態（スピン多重度を含むスペクトル項）を例にして説明する。

O_h 場における t_{2g}^2 電子配置から生じる状態を確かめるには，O_h 場における T_{2g} が低対称場に移行した時の帰属を知らないといけない（57 ページの相関表を参照）。例えば C_{2v} 型錯体では O_h 場における T_{2g} は $A_1+B_1+B_2$ になる。従って，O_h 場における $T_{2g} \times T_{2g}$ はより低い対称場の C_{2v} 場では $(A_1+B_1+B_2) \times (A_1+B_1+B_2)$ になるので，この積から生じる全ての項は下の表のようになる。

直積	対応する電子配置	d^2 配置に対応するスピン多重度
$A_1 \times A_1 = A_1$	a_1^2	$^1A_1$
$B_1 \times A_1 = A_1 \times B_1 = B_1$	$a_1^1 b_1^1$	$^3B_1$ と $^1B_1$
$B_2 \times A_1 = A_1 \times B_2 = B_2$	$a_1^1 b_2^1$	$^3B_2$ と $^1B_2$
$B_1 \times B_1 = A_1$	b_1^2	$^1A_1$
$B_2 \times B_1 = A_2$	$b_1^1 b_2^1$	$^3A_2$ と $^1A_2$
$B_2 \times B_2 = A_1$	b_2^2	$^1A_1$

この表からわかるように，O_h 群の低対称部分群である C_{2v} 群における直積から生じる A_1 項は，全てが 1 つの軌道に 2 つの電子が入るスピン一重項になることがわかる。それ以外の組み合わせで生じる項は一重項と三重項になる。すなわち，O_h 場における t_{2g}^2 電子配置の「状態」である $T_{2g} \times T_{2g}$ から得られる直積を既約表現の和で表した $^dA_{1g}+^cE_g+^bT_{1g}+^aT_{2g}$ において $d=1$ であることは正しいことがわかった。

上式の多重度 a と b についても，次のような軌道の相関表を調べることによって正確なスピン多重度を知ることができる。下の表では，d^2 電子配置（t_{2g}^2）では A_1 は全て一重項であることを示している。その他の項は一重項または三重項になる。

O_h	C_{2v}
A_{1g}	$^1A_1$
E_g	$^1A_1+A_2$
T_{1g}	$A_2+B_1+B_2$
T_{2g}	$^1A_1+B_1+B_2$

C_{2v} 群における A_1 を含む組み合わせがスピン一重項状態であるなら，それに

対応する O_h 群の項も一重項状態のはずである。従って，上の表の記述は下の表のように記述される。

O_h	C_{2v}
$^1A_{1g}$	$^1A_1$
^1E_g	$^1A_1+^1A_2$
T_{1g}	$A_2+B_1+B_2$
$^1T_{2g}$	$^1A_1+^1B_1+^1B_2$

その結果，上の表で C_{2v} 群の A_1 を含まない行（O_h 場における T_{1g} とそれに対応する C_{2v} 群の全ての項）が全て三重項であることが明らかになった。

O_h	C_{2v}
$^3T_{1g}$	$^3A_2+^3B_1+^3B_2$

このようにして，t_{2g}^2 電子配置から生じる基底状態の項は $^3T_{1g}$ に帰属される。同様にして，色々な電子配置から生じる項を求めれば，各電子配置に対応する基底状態の（スペクトル）項の帰属を得ることができる。その際，例えば C_{4v} 群に属する分子で3個の電子が e 軌道を占有する状態（e^3 電子配置に対応する）を考えるときには，2つの軌道を1個の正孔が占有する状態と同じであることに思い至らなければならない。すなわち，e^3 電子配置は E 状態に対応する。

ここに記述した方法は(1)私たちは非縮重の状態についてのみ状態を簡単に区別できるということと，(2)低対称場に移行すると(a)対称性の高い群における軌道や状態の縮重は解けるが(b)スピン多重度に変化はないという事実に立脚している。従って，縮重が解けるような低対称部分群であれば，どのような部分群を用いても同じ結果が得られるので，試してみていただきたい。

1-4節の「マリケン記号の約束」において，E や T につける添字はコンテンツからは直接決まらないと書いた。しかし，これらの添字は決して任意の記号ではなく，ここで記述したように正確に定義できるものであることを理解しておくことが大切である。

A-6 摂動理論とヤーン-テラー理論および断熱反応における非交差則

A-6-1 縮重のない系における摂動理論とヤーン-テラー理論式の導出

ヤーン-テラー理論は，1次と2次の摂動エネルギーから，化合物の構造変化の必然性を議論する。この取扱いでは，時間に依存しない摂動を利用する。ここでは，縮重していない系における摂動論の説明と，その帰結としてのヤーン-テラー式の導出をおこなう。

縮重のない系の摂動論

一般的に，時間に依存しない波動方程式 $H_0\Psi_0 = E_0\Psi_0$ が成り立つとき，ハミルトニアンが H_1 の摂動を受けるときには任意の変数 λ を用いて，$H = H_0 + \lambda H_1$ としてエネルギーに対する摂動の影響を考える。このとき，摂動を受けたエネルギー E は

$$E = E_n^{(0)} + \lambda E_n^{(1)} + \lambda^2 E_n^{(2)} + \lambda^3 E_n^{(3)} + \cdots\cdots = \sum_{k=0}^{\infty} \lambda^k E_n^{(k)} \tag{6-1}$$

であり，波動関数は

$$\Psi(=|\Psi\rangle) = \Psi_n^{(0)} + \lambda \Psi_n^{(1)} + \lambda^2 \Psi_n^{(2)} + \lambda^3 \Psi_n^{(3)} + \cdots\cdots$$
$$= \sum_{k=0}^{\infty} \lambda^k \Psi_n^{(k)} = \sum_{k=0}^{\infty} \lambda^k |\Psi_n^{(k)}\rangle \tag{6-2}$$

と表され，方程式 $H\Psi = (H_0 + \lambda H_1)\Psi = E\Psi$ を満たす。$\Psi_n^{(k)}$ は n 番目の状態（エネルギー）に対応する k 次の摂動を受けた波動関数であることを表す。

この方程式を(6-1)，(6-2)式の右辺で書き下すと次式を得る。

$$(H_0 + \lambda H_1) \sum_{k=0}^{\infty} \lambda^k \Psi_n^{(k)} = \left[\sum_{i=0}^{\infty} \lambda^i E_n^{(i)}\right] \sum_{k=0}^{\infty} \lambda^k \Psi_n^{(k)} \tag{7}$$

(7)式を展開して，λ の各次数について整理すると次式を得る。

$$H_0\Psi_n^{(0)} + \lambda[H_0\Psi_n^{(1)} + H_1\Psi_n^{(0)}] + \lambda^2[H_0\Psi_n^{(2)} + H_1\Psi_n^{(1)}] + \cdots\cdots$$
$$= E_n^{(0)}\Psi_n^{(0)} + \lambda[E_n^{(0)}\Psi_n^{(1)} + E_n^{(1)}\Psi_n^{(0)}] + \lambda^2[E_n^{(0)}\Psi_n^{(2)} + E_n^{(1)}\Psi_n^{(1)} + E_n^{(2)}\Psi_n^{(0)}]$$
$$+ \cdots\cdots$$

このとき任意の λ に対してこの関係が成り立つので，左辺の各 λ^n の係数が右辺の各 λ^n の係数に一致している必要がある。

(a) <u>λ^0 の項の係数の関係から</u>

$$H_0 \Psi_n^{(0)} = E_n^{(0)} \Psi_n^{(0)} \quad \text{(当たり前の関係)} \tag{8}$$

(b) <u>λ^1 の項の係数の関係から</u>

$$\lambda [H_0 \Psi_n^{(1)} + H_1 \Psi_n^{(0)}] = \lambda [E_n^{(0)} \Psi_n^{(1)} + E_n^{(1)} \Psi_n^{(0)}]$$

ここで，$\Psi_n^{(1)}$ は摂動のない時の波動関数の線形結合（$\Psi_n^{(1)} = \sum_{j=0}^{\infty} a_{nj} \Psi_j^{(0)}$）で表されると仮定できるので，これを代入すると

$$H_0 \sum_{j=0}^{\infty} a_{nj} \Psi_j^{(0)} + H_1 \Psi_n^{(0)} = E_n^{(0)} \sum_{j=0}^{\infty} a_{nj} \Psi_j^{(0)} + E_n^{(1)} \Psi_n^{(0)} \tag{9}$$

上の式の両辺の左から $\Psi_n^{(0)}$ をかけて積分する。正規直交系関数であることに気をつけて整理すると，

$$\langle \Psi_n^{(0)} | H_0 | \sum_{j=0}^{\infty} a_{nj} \Psi_j^{(0)} \rangle + \langle \Psi_n^{(0)} | H_1 | \Psi_n^{(0)} \rangle$$
$$= \langle \Psi_n^{(0)} E_n^{(0)} | \sum_{j=0}^{\infty} a_{nj} \Psi_j^{(0)} \rangle + \langle \Psi_n^{(0)} E_n^{(1)} | \Psi_n^{(0)} \rangle$$

ここで $\langle \Psi_n^{(0)} | H_0 | \sum_{j=0}^{\infty} a_{nj} \Psi_j^{(0)} \rangle = \langle \Psi_n^{(0)} E_n^{(0)} | \sum_{j=0}^{\infty} a_{nj} \Psi_j^{(0)} \rangle$ となるので，<u>1次の摂動エネルギーは次の式で与えられる。</u>

$$E_n^{(1)} = \langle \Psi_n^{(0)} | H_1 | \Psi_n^{(0)} \rangle \tag{10}$$

係数 a_{nj} は(9)式の両辺の左から $\Psi_k^{(0)}$（$k \neq n$）をかけて積分することで求める。

$$\langle \Psi_k^{(0)} | H_0 | \sum_{j=0}^{\infty} a_{nj} \Psi_j^{(0)} \rangle + \langle \Psi_k^{(0)} | H_1 | \Psi_n^{(0)} \rangle$$
$$= \langle \Psi_k^{(0)} | E_n^{(0)} \sum_{j=0}^{\infty} a_{nj} \Psi_j^{(0)} \rangle + \langle \Psi_k^{(0)} | E_n^{(1)} \Psi_n^{(0)} \rangle \tag{11}$$

ここで $\langle \Psi_k^{(0)} | H_0 | \sum_{j=0}^{\infty} a_{nj} \Psi_j^{(0)} \rangle = a_{nk} E_k^{(0)}$ であり，$\langle \Psi_k^{(0)} | E_n^{(0)} \sum_{j=0}^{\infty} a_{nj} \Psi_j^{(0)} \rangle = a_{nk} E_n^{(0)}$，$\langle \Psi_k^{(0)} | E_n^{(1)} \Psi_n^{(0)} \rangle = 0$（$k \neq n$）なので，$a_{nk}$ は次式で与えられる。

$$a_{nk} = \frac{\langle \Psi_k^{(0)} | H_1 | \Psi_n^{(0)} \rangle}{E_n^{(0)} - E_k^{(0)}} \tag{12}$$

それゆえ，

$$\Psi_n^{(1)} = \sum_{k=0}^{\infty} \frac{\langle \Psi_k^{(0)} | H_1 | \Psi_n^{(0)} \rangle}{E_n^{(0)} - E_k^{(0)}} \Psi_k^{(0)} \tag{13}$$

となる。

(c) <u>λ^2 の項の係数の関係から</u>

$$\lambda^2[H_0\Psi_n^{(2)}+H_1\Psi_n^{(1)}] = \lambda^2[E_n^{(0)}\Psi_n^{(2)}+E_n^{(1)}\Psi_n^{(1)}+E_n^{(2)}\Psi_n^{(0)}]$$

従って

$$H_0\Psi_n^{(2)}+H_1\Psi_n^{(1)} = E_n^{(0)}\Psi_n^{(2)}+E_n^{(1)}\Psi_n^{(1)}+E_n^{(2)}\Psi_n^{(0)} \tag{14}$$

(13)式を(14)式に代入すると次式が得られる。

$$H_0\Psi_n^{(2)}+H_1\sum_{k=0}^{\infty}\frac{\langle\Psi_k^{(0)}|H_1|\Psi_n^{(0)}\rangle}{E_n^{(0)}-E_k^{(0)}}\Psi_k^{(0)}$$
$$= E_n^{(0)}\Psi_n^{(2)}+E_n^{(1)}\sum_{k=0}^{\infty}\frac{\langle\Psi_k^{(0)}|H_1|\Psi_n^{(0)}\rangle}{E_n^{(0)}-E_k^{(0)}}\Psi_k^{(0)}+E_n^{(2)}\Psi_n^{(0)} \tag{15}$$

両辺の左から $\Psi_n^{(0)}$ $(k \neq n)$ をかけて積分すると

$$\langle\Psi_n^{(0)}|H_0|\Psi_n^{(2)}\rangle + \langle\Psi_n^{(0)}|H_1|\sum_{k=0}^{\infty}\frac{\langle\Psi_k^{(0)}|H_1|\Psi_n^{(0)}\rangle}{E_n^{(0)}-E_k^{(0)}}\Psi_k^{(0)}\rangle$$
$$= \langle\Psi_n^{(0)}|E_n^{(0)}\Psi_n^{(2)}\rangle + \langle\Psi_n^{(0)}|E_n^{(1)}\sum_{k=0}^{\infty}\frac{\langle\Psi_k^{(0)}|H_1|\Psi_n^{(0)}\rangle}{E_n^{(0)}-E_k^{(0)}}\Psi_k^{(0)}\rangle$$
$$+ \langle\Psi_n^{(0)}|E_n^{(2)}\Psi_n^{(0)}\rangle$$

両辺の第 1 項は同じものであり，右辺第 2 項はゼロ $(k \neq n)$ であるから，左辺第 2 項の関係から $E_n^{(2)}$ が得られる。

$$E_n^{(2)} = \sum_{k=0}^{\infty}\frac{\langle\Psi_k^{(0)}|H_1|\Psi_n^{(0)}\rangle\langle\Psi_n^{(0)}|H_1|\Psi_k^{(0)}\rangle}{E_n^{(0)}-E_k^{(0)}} \tag{16}$$

ヤーン-テラー理論式の導出

ヤーン-テラー理論では，エネルギーの異なる準位間での相互作用のみを取り扱うので，(16)式までの取扱いをそのまま適用する。

ヤーン-テラー理論では，反応座標に対する 2 次の摂動成分まで考慮するので，系のエネルギーを座標の変位 Q で Taylor-Maclaurin 展開し，

$$H_1 = \left(\frac{\partial U}{\partial Q}\right)Q + \frac{1}{2}\left(\frac{\partial^2 U}{\partial Q^2}\right)Q^2$$

として縮重のない系の摂動論で得られた結果に代入することにより，2 次の摂動成分までのエネルギーは，次式で与えられることがわかる。

$$E = E_n^{(0)} + \left\langle \Psi_n^{(0)} \left| \frac{\partial U}{\partial Q} \right| \Psi_n^{(0)} \right\rangle Q + \frac{1}{2} Q^2 \left\langle \Psi_n^{(0)} \left| \frac{\partial^2 U}{\partial Q^2} \right| \Psi_n^{(0)} \right\rangle$$

$$+ \sum_k \frac{\left[\left\langle \Psi_n^{(0)} \left| \frac{\partial U}{\partial Q} \right| \Psi_k^{(0)} \right\rangle Q \right]^2}{E_n^{(0)} - E_k^{(0)}}$$

この最終式に基づいて群論を駆使すれば，有名な Cu(II) イオンのテトラゴナルな変形などの 1 次の構造変形や，反応の活性化エネルギーに関わる 2 次の構造変形について半定量的に議論できる。

A-6-2　縮重のある系における摂動理論と非交差則の導出

　非摂動演算子である H_0 が縮退したエネルギー固有値を持つ場合には，A-6-1 で記した方法を用いて摂動エネルギーを求めることはできない。それは(12)式や(16)式の形からも明らかなように，分母をゼロとする解を容認してしまうからである。

　熱的化学反応では，反応系から生成系に至る遷移状態で複数の軌道（透熱曲面を形成する）が交差し，その結果生じる断熱曲面に沿って反応が進行する。したがって，2 つの透熱曲面が交差する近傍では，必然的に 2 つの軌道は同一エネルギーになるので，遷移状態付近における摂動の結果何が起こるかを知るためには，（その答えは「断熱曲面が現れる」であるが，そのことを証明するためには）「縮重のある系に関する摂動理論」が必要になる。ここでは，その概要を述べる。

縮重のある系の摂動論

　波動関数 $\Psi_1^{(0)}$ から $\Psi_k^{(0)}$ までがエネルギー $E^{(0)}$ で縮退している場合には，ゼロ次近似の正しい波動関数は

$$\phi = \sum_{j=1}^{k} a_j^{(0)} \Psi_j^{(0)}$$

の線形結合で表される。係数である $a_j^{(0)}$ は，1 次の摂動の場合と同様に次のようにして求める。

1次の摂動を受けたときに，波動関数は次式を満たすはずである。

$$(H_0+H_1)\phi = E\phi$$

ϕはこの関係を満たすので，

$$(H_0+H_1)\sum_{j=1}^{k} a_j^{(0)}\Psi_j^{(0)} = E\sum_{j=1}^{k} a_j^{(0)}\Psi_j^{(0)}$$

展開して

$$H_0\sum_{j=1}^{k} a_j^{(0)}\Psi_j^{(0)} + H_1\sum_{j=1}^{k} a_j^{(0)}\Psi_j^{(0)} = \sum_{j=1}^{k} a_j^{(0)} E\Psi_j^{(0)}$$

この式に左辺からΨ_p（pは$1 \leq p \leq k$を満たす任意の定数）をかけて積分すると，波動関数の直交性から

$$a_p^{(0)} E^{(0)} + \sum_j a_j^{(0)} \langle \Psi_p^{(0)} | H_1 | \Psi_j^{(0)} \rangle = E a_p^{(0)}$$

整理して

$$(E - E^{(0)}) a_p^{(0)} = \sum_j a_j^{(0)} \langle \Psi_p^{(0)} | H_1 | \Psi_j^{(0)} \rangle \tag{17}$$

$H'_{pj} = \langle \Psi_p^{(0)} | H_1 | \Psi_j^{(0)} \rangle$，$E_p^{(1)} = E - E^{(0)}$とおくと，(17)式は，$j$が1から$k$の全ての波動関数に対して成り立つので，整理し直して次の最終式を得る。

$$\sum_j a_j^{(0)} H'_{pj} - E_p^{(1)} a_p^{(0)} = \sum_j (a_j^{(0)} H'_{pj} - E_p^{(1)} \delta_{pj} a_j^{(0)}) = \sum_j (H'_{pj} - \delta_{pj} E_p^{(1)}) a_j^{(0)} = 0$$

（δ_{pj}はクロネッカーのデルタであり，$p=j$の時1，それ以外の時0となる）

このような同次連立方程式がnon-trivial（非自明）な解を持つためには，係数行列式がゼロでなくてはならないから，例えば二重に縮重した波動関数の系に対する摂動では，以下のような2行2列の永年方程式を満たす解が摂動エネルギーを与える。

$$\begin{vmatrix} H'_{11} - E^{(1)} & H'_{12} \\ H'_{21} & H'_{22} - E^{(1)} \end{vmatrix} = 0 \tag{18}$$

この形は，軌道間の重なりで化学結合ができるときの変分法の帰結と同じである。解としては

$$E_1^{(1)} = \frac{H'_{11} + H'_{22}}{2} + \frac{\sqrt{(H'_{11} - H'_{22})^2 + 4(H'_{12})^2}}{2}$$

$$E_2^{(1)} = \frac{H'_{11} + H'_{22}}{2} - \frac{\sqrt{(H'_{11} - H'_{22})^2 + 4(H'_{12})^2}}{2} \tag{19}$$

の2つが存在する。これらの解は，「摂動により軌道の縮重が解ける可能性が

ある」ことを示している。一般的には，多重度の大きい軌道関数に対する摂動では「摂動によって縮重の多重度が小さくなる」ことが知られている。

化学反応を支配する「非交差則（断熱反応に関わる軌道対称性則）」

系のハミルトニアンに対する摂動成分を「反応座標に関する摂動」として捉えると，『非交差の原理に対応する関数形』を導くことができる。すなわち，系の全ポテンシャルエネルギーをUとして，

$$H_1 = \left(\frac{\partial U}{\partial Q}\right) Q$$

と置くことにより，(18)および(19)式において $H'_{12} = \left\langle \Psi_1^{(0)} \left| \frac{\partial U}{\partial Q} \right| \Psi_2^{(0)} \right\rangle Q$ となる。その結果，遷移状態における非交差の条件は $H'_{12} = \left\langle \Psi_1^{(0)} \left| \frac{\partial U}{\partial Q} \right| \Psi_2^{(0)} \right\rangle Q \neq 0$ である。

U が全対称であり，遷移状態では Q が全対称であることから，$\partial U/\partial Q$ も全対称であり，このことは $\Psi_1^{(0)}$ と $\Psi_2^{(0)}$ が同一の対称性を有する必要があることを要請する……というのが化学反応理論（断熱反応理論）の帰結である。

反応座標 Q は，少なくとも遷移状態の直前から遷移状態を経由して遷移状態の直後に至るまで一定方向に保たれる（その前後においては，系は変形しながら透熱曲面上をたどる）。すなわち，遷移状態の直前から直後に限っては Q は保持される点群の主軸あるいは主対称面内にあるので，どのような反応でも遷移状態の近傍では反応座標 Q は全対称なのである。PLM の原理（principle of least motion，10-3 節）から，遷移状態の前後において，反応に関わらない化学結合の変化はないため，切断または新たに形成される化学結合に関係する軌道の対称性は，あらかじめ反応系に対して仮定された点群の表記によって記述されるべきものであることも，この関係から自明である。

一方，化学反応開始は，2次のヤーン-テラー効果による個々の分子変形を含むことも多い。このような場合には，各反応種の分子内座標（反応座標とは異なる点群）に沿った分子変形（結合長や結合角の変化）が反応の開始要件となる（低エネルギーの活性化経路の提供）。断熱反応理論では，この変形過程における各分子の対称性と反応座標の関係を強制（要求）しない。断熱反応理

論は，反応に関与する分子が十分な初期変形の後（例えば2分子反応では空間内で2つの分子が互いに遭遇し，2次のヤーン-テラー効果などに起因する透熱変形をした後）に，固定された反応座標に沿って遷移状態を経て反応直後の生成物に至る部分のみを取り扱っているのである。従って，一般的な化学反応を描像する反応座標とエネルギーの関係を表すような図（下図参照）では，反応の開始状態から遷移状態の直前に至る透熱曲面上の部分と，遷移状態の直後から生成物に至るまでの透熱曲面上の部分に対応する反応座標は等方的である必然性はない。極論すれば，断熱理論は「遷移状態の近傍においてのみ反応座標は等方的になる」ことを要請していると解釈しても良い。

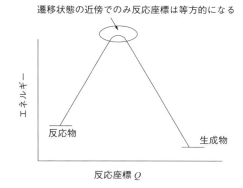

A-7 光化学反応過程

光反応に関する一般論

10-6節において，光照射によって開始される反応の理解には2電子励起過程（2光子過程）を考えるとわかりやすいということを記述したが，それは非交差の原理を簡便に理解するための便法（生成物は基底状態にあると考えればうまく説明できるから）であって，実際には1光子過程で反応が起こる。

化学物質に光を照射すると，Jablonskiのダイヤグラム（図1）に示すような

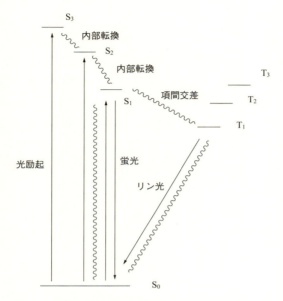

図1 光励起と失活に関するJablonskiのダイヤグラム。
〰〰 は無放射過程であることを示す

過程をたどると考えられている。

S_0は基底状態であり，光照射によってS_1，S_2，S_3などの励起状態になる（分子振動状態の励起も起こっている）。一般的な化合物の基底状態はスピン一重項状態なので，Sという記号で表している。高エネルギーのS_n（$n>1$）状態は不安定で，分子衝突によって最低エネルギー励起状態のS_1にすばやく失活する（Kashaの規則とよばれている。これらの過程は光を放出しない無放射失活であり，内部転換（internal conversion）とよばれている）。S_1状態の寿命はS_n（$n>1$）状態よりも長く（10^{-10}〜10^{-6}s），S_1からは(a)無放射的に基底状態S_0に戻る過程，(b)蛍光を発してS_0に戻る過程，(c)スピン状態をより安定な三重項状態に変えて安定化する過程（項間交差（inter-system crossing）とよばれる）が存在する。T_1状態から基底状態（S_0）に失活するためにはスピン状態を変えなくてはならないので，三重項状態の寿命は一重項励起状態と比べて長い（一般的に軽い元素では10^{-3}〜1sであるが，重元素では10^{-7}s程度と短い）。

一般的に(d)化学反応が起こるのは S_1 状態あるいは T_1 状態からであるが，三重項状態は寿命が長いので他の化学物質と化学反応を起こす可能性が高い。

もっとも，励起状態のポテンシャルエネルギー曲面は互いに交差していると考えられており，いったん三重項状態に至っても S_1 や S_2，あるいはよりエネルギーの高い三重項状態へと変化してから他の物質と反応していることもある。このような項間交差と再交差（recrossing）現象は，それぞれの励起状態における核配置の変化（核間振動数は $10^{13}s^{-1}$ 程度である）によって引き起こされる。

光化学反応では一般的に基底状態の生成物を生成する。光化学反応で励起状態の生成物が生じることは極めて稀（弱酸や弱塩基のプロトン移動反応を含む系に限られている）である。逆に熱反応では励起状態の化学種を生じる場合も多い。そのような場合には例えば化学発光として生成物からの発光が観測されることがある。S_0 状態への失活は，一般的には S_0 の振動励起状態への失活であるが，溶液中の反応では分子衝突（$10^{11}s^{-1}$）によって速やかに基底状態になる。

光化学反応と非交差の原理

以下に示すような最も単純な結合組み替え反応は，熱反応では軌道対称性禁制反応である。この反応は光反応では進行することが知られているが，それはラジカル生成による連鎖反応が許容されるためであるとともに，以下に記すように協奏的にも進行するためである。

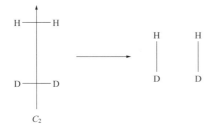

この反応が C_{2v} 群を保持して反応すると仮定した場合，光励起水素分子の軌道

の帰属は $0.5a_1+0.5b_1{}^*$ である(軌道の数え方は,10-6-3 のラジカル種の場合と同様である)。一方,基底状態の重水素分子では,軌道の帰属は a_1 である。光反応の生成物は基底状態にあるので,生成物の軌道の帰属は a_1+b_1 であるから ($a_1+0.5a_1+0.5b_1 \neq a_1+b_1$),この反応は明らかに軌道対称性禁制反応であり,軌道対称性の観点からは進行しないはずである。しかし,この反応は実際に進行する。そこには「分子振動とカップリングした軌道間の相互作用」が存在する。以下にその現象を説明する。

　基底状態の H_2 分子と D_2 分子の結合組み替え反応は状態(state)に関しては許容反応であることは本文に記したとおりである ($A_1 = (a_1)^2(a_1)^2 = (a_1)^2(b_1)^2$,以下では共通する1つ目の $(a_1)^2$ は省略して考える)。光励起した化学種を含む反応でもこのことは正しい。しかし,光によって励起した電子1個(この例では b_1)が,遷移状態近傍で,エネルギーは等しいが異なる核配置にある a_1(透熱曲面上を遷移状態まで近づいた)と「核振動カップリング」によって混合(配置間相互作用(configuration interaction))し,その結果 $(b_1)^2 = A_1$ として遷移状態後の透熱曲面を下って「基底状態」の生成物に至るのは,熱反応過程よりも起こりやすい。例えば2電子移動と比べて1電子移動ははるかに起こりやすいことを想起しても良いかもしれない。すなわち,遷移状態付近で「配置間相互作用」による状態間の遷移(あるいは次ページ図の上の断熱曲面から下の断熱曲面にジャンプする)が起こって反応が完結すると考えられるのである。この機構は,光励起化学反応では,「ほとんどの場合に基底状態の生成物を与える」という実験事実を良く説明する。図中の B_1 は他に存在する三重項状態と一重項状態を示している。これらの状態は A_1 状態とは相互作用しない。

　以上をまとめると,(1)軌道対称性禁制反応であっても状態に関しては許容反応であり,(2)基底状態からの熱反応では2電子の同時相互作用(電子移動と捉えても良い)がないと「状態の許容」に基づいて進行しないが,(3)1電子励起状態からは1電子のみの配置間相互作用(電子移動と捉えても良い)によって「状態間の遷移」が可能になるので,反応は進行しやすく,基底状態の生成物を与える,ということである。

　このように,一般的な光反応過程は1電子励起(1光子過程)で進行すると

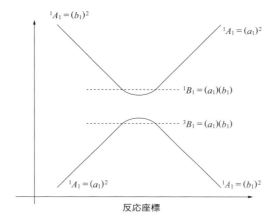

いう解釈が正しいが，第 10 章では「1 電子励起後に遷移状態の近傍で配置間相互作用を行った状態が 2 電子励起によって生じる状態と同じになる」ことに基づいて説明している．

付録 B
周期表に見られる相対論的効果

B-1　非相対論的量子論

　通常我々が学ぶ量子力学は相対論的効果（relativistic effect）を含まないものであり，1926年にシュレディンガー（1887～1961）によって提唱されたものである。

$$H = -\frac{\hbar^2}{2m}\nabla^2 + V(r)$$

$$H\Psi = E\Psi$$

ただし，$V(r)$はポテンシャルを表す演算子である。

　シュレディンガーも人の子であり，天才的なひらめきでこの方程式にたどり着いたとは思えない。当時，科学の世界では，古典論では説明できない様々な物理現象が発見されて来ており，プランクの仮説や，アインシュタインの特殊相対性理論（special theory of relativity）などが既に提唱されていた。ド ブロイや，アインシュタインらは，これらの考え方を取り込んでそれぞれ独自に次のような関係を導きだしている。

　　　運動量：$p = h/\lambda$　　　ただし，λは光の波長

これはアインシュタイン-ド ブロイの関係とよばれる粒子の運動と波動性を結びつける関係式である。この関係式はアインシュタインの特殊相対性理論に関する次式から導くことができる。

$$E = \sqrt{m^2c^4 + p^2c^2}$$

静止質量 m の粒子が mc^2 のエネルギーと等価であることは，現代では科学に興味のない人でも知っている．この式は，運動量 p で質量 m の粒子の持つ全エネルギーを示している．実際，光の速度と比べて非常に遅い粒子（$v/c \ll 1$）では，

$$E = \sqrt{m^2c^4 + p^2c^2} = mc^2\sqrt{1+(v/c)^2} \approx mc^2\left(1+\frac{v^2}{2c^2}\right) = mc^2 + \frac{1}{2}mv^2$$

となって，この関係式の正当性が理解できる．プランクの関係から，振動数 ν の光のエネルギーは $E = h\nu$ であることがわかっているので，波長 λ の光の運動量 $p = h/\lambda$ という関係が得られることになる．この関係を用いると，古典力学的関係を量子力学的関係に変換できることに気づけばシュレディンガーの波動方程式にたどり着く．

古典力学的には，一般的な進行波は次の微分方程式を満たす．

$$\left(\frac{\partial^2 \Psi}{\partial t^2}\right)_x = \frac{\omega^2}{k^2}\left(\frac{\partial^2 \Psi}{\partial x^2}\right)_t$$

$k = 2\pi/\lambda$ であり，波の進行速度 $u = (\omega/2\pi)\lambda$ であるから，$k^2/\omega^2 = 1/u^2$ である．同じ速度を有し，対向する2つの進行波は合成されると定在波になる．

$$\Psi = \Psi_+ + \Psi_- = a\sin(kx+\omega t) + a\sin(kx-\omega t) = 2a\sin kx \cos \omega t$$

この関係を $\Psi = \phi(x)\cos\omega t$ と置き換えて，一般的な波動を表す微分方程式に代入すると，時間に依存しない微分方程式の一般型を得ることができる．

$$\frac{\partial^2 \phi}{\partial x^2} = -\frac{\omega^2}{u^2}\phi$$

定在波が満たすこの微分方程式に，アインシュタイン-ド ブロイの関係を導入すると $u/\omega = \hbar/p$ なので，

$$\frac{\partial^2 \phi}{\partial x^2} = -\frac{p^2}{\hbar^2}\phi$$

が得られる．エネルギー保存則 $E = p^2/2m + V$ より，$p^2 = 2m(E-V)$ をこの式に代入すると，

$$-\frac{\hbar^2}{2m}\frac{\partial^2}{\partial x^2}\phi + V\phi = E\phi$$

という見慣れた形の波動方程式が得られる。このように，シュレディンガーの波動方程式とは，定在波を表す古典的微分方程式にアインシュタイン-ド ブロイの関係を導入しただけのものであることがわかる。従って，時間に依存する成分を持たない。

一般的に波動力学では時間に依存する波動関数 $\Psi(q_1, q_2, \cdots, t)$，（$q$ は座標，t は時間）に対して

$$i\hbar \frac{\partial \Psi}{\partial t} = H\Psi$$

である。

時間を含まない波動関数 $\phi(q_1, q_2, \cdots)$ に対して，$\Psi = e^{-i\omega t}\phi$ とすると ϕ は $H\phi = E\phi$（$E = \hbar\omega$）を満たす。

B-2 相対論的量子論

シュレディンガーによる波動力学的な考えが提唱された初期から，特殊相対性理論を含む量子論がディラック（1902～1984）によって展開されていた。

自由電子に対して

$$i\hbar \frac{\partial \phi}{\partial t} = \left(\frac{\hbar c}{i}\alpha \nabla^2 + \beta mc^2\right)\phi(x)$$

c は光速である。ディラックは，演算子 α と β はそれぞれ 2 乗して 1 になるが互いに反交換関係にある 3 次元ベクトルとすれば，エネルギーは

$$E = -\alpha_x p_x c - \alpha_y p_y c - \alpha_z p_z c - \beta mc^2$$

と表すことができるとして，この式を導いた。この関係が相対論的に正しい次式の関係を満たすことがわかれば，その妥当性が理解できる。

$$E^2 = p_x^2 c^2 + p_y^2 c^2 + p_z^2 c^2 + m^2 c^4$$

この方程式の解はエネルギーとして正，負両方の値をとるが，ディラックは負の解として真空が何もない状態ではなく，負のエネルギーを帯びた電子のぎっしりつまった状態であると解釈した。そこに充分なエネルギーを与えれば，負

の電子は正のエネルギーをもって飛び出し,その跡に正の空孔が空く(正孔理論:実証は1932年にアンダーソンが行った)。

時間に依存しないディラック方程式は,ポテンシャル関数も含めると,シュレディンガー方程式とは一風変わった次のような形になる。

$$(E-V)\Psi = i\hbar c\left(\alpha_x\frac{\partial}{\partial x}+\alpha_y\frac{\partial}{\partial y}+\alpha_z\frac{\partial}{\partial z}\right)\Psi - \beta mc^2\Psi$$

ディラック方程式の解は,シュレディンガー方程式から得られるものとかなり趣を異にしている。例えば,水素様原子に関する解の特徴をシュレディンガー方程式から得られる解と比べると,次のような違いがある。

ディラック原子(ディラック方程式の解が描像する原子をこうよぶ)はシュレディンガー原子よりも多い4つの量子数 (n, ℓ, j, m) で記述されるが,これらの量子数のいくつかは互いに相関している。例えば,主量子数 n はシュレディンガー原子と同じ意味を有するが,方位量子数 ℓ はもはや軌道角運動量に対応しないし,角運動量量子数 j は $\ell \pm 1/2$ の絶対値(常に正)になる。また磁気量子数 m は $-j$ から $+j$ の間の半奇整数値しか取らない。何よりも大きな特徴は,ディラック原子では電子スピンが電子の運動に固有の性質として記述されることである。シュレディンガー波動方程式からは解として3つの量子数しか出てこないが,4つ目のスピン量子数の概念は相対論的効果として,後付けで導入されているのである。ディラックの立場では,電子は「自転する」と言う意味でのスピンを有しておらず,そのかわり電子自身の動きが「いびつ」である(例えば,らせん状の運動をイメージして頂きたい)とも考えられている。その帰結として,シュレディンガー原子における「スピン-軌道相互作用」はディラック原子には存在しない。他にも,シュレディンガーの水素様原子では2s軌道と3つの2p軌道は全て同じエネルギーであるが,ディラック原子ではこれらの軌道は微妙にエネルギーレベルが異なる3つの組に分かれる。このような微細構造は観測される現象と一致しており,ディラック方程式に基づく取り扱いのほうが,シュレディンガー方程式に基づく取り扱いよりも現実の原子をより(定量的にも)正確に再現することがわかっている。また,得られた解について,動径方向の確率分布関数をとると,シュレディンガー方程式の解が

空間内で存在確率ゼロの部分を与える（2s, 3p 軌道など）のに対して，ディラック方程式の解は存在確率がゼロの領域を生じないなど，合理的な結果を与える。

　ディラックの相対論的量子力学体系がこのように優れたものであるにもかかわらず，化学の世界で忘れ去られてしまったのには3つの理由があると思われる：(a)解法や計算が煩雑で難しい，(b)現実問題の多くが，より簡単で扱いやすいシュレディンガー方程式の帰結で近似的に説明できる。そしてなによりも(c)ディラック自身が「価電子の速度は光の速度と比べて非常に小さくて，相対論的効果は原子や分子の構造と化学反応には影響しない（1929年）」と考えていたためであろう。しかし，近年になってディラックのこのような考えは間違いであり，特に，重い元素（第二遷移系列より後の元素）では様々な形で相対論的効果が化学現象に影響していると考えられるようになってきている。

B-3　相対論的量子論が記述する化学の世界

　化学者が相対論的効果に基づいて電子の運動に起因する化学現象を考える場合には，煩雑な論理よりもむしろ，次に示すような方針で考えるとわかりやすい。特殊相対性理論によれば，ある粒子の速度が光速 c に近づくとその質量は無限大に発散する（粒子は光速を超えることができない）。粒子の静止質量を m_0 とすると，速度 v で運動する粒子の質量が次式で与えられることはよく知られている。

$$m = m_0 / \sqrt{1-(v/c)^2}$$

一方，水素様原子における全ての軌道はボーア半径 a_0 を基準にして表現される。

$$a_0 = \frac{4\pi\varepsilon_0 \hbar^2}{me^2}$$

これら2つの式は，相対論的効果を平易な言葉で表現すると「電子のスピードが速くなると m が増加し，その結果，電子軌道半径が小さくなる」というこ

とを示している．さらに，原子核付近での電子の存在確率が大きいほどこの効果は大きくなるので，相対論的効果は s＞p＞d＞f 軌道の順で小さくなるし，重い原子ほど核電荷は大きくなるので，相対論的効果は原子番号 Z の 2 乗で効いてくることも想像に難くない．例えば，水銀原子（原子番号 80）の 1s 軌道電子は光速の 58％（80/137）程度の速さであり，非相対論的な場合と比べてボーア半径は 23％ほど小さいと言われている．

相対論的効果として現れる現象は，おおむね次の 2 つである．

(1) $\ell＞0$（方位量子数が 0 でない時）では p，d，f 軌道があるが，これらの軌道では，スピン-軌道相互作用が観測される（シュレディンガー原子の場合．ディラック原子では電子自身の運動に付随するものなので，もともとスピン-軌道相互作用という概念は存在しない）．相対論的効果は『重い元素ほどスピン-軌道相互作用が強くなる傾向がある』ことを示す．

(2) d，f 軌道電子は s，p 軌道の電子と比べて核に近い部分の存在確率が小さいので，s，p 軌道の収縮に伴い，d，f 軌道は相対的に外側にローブが出てくる傾向がある．従って，重い原子では金属イオンの d，f 軌道は配位原子の電子対供与軌道とより強い配位結合を作りやすくなる．4f 軌道を含むランタノイド金属では，f 軌道が配位結合に関係する程度は小さいが，より重いアクチノイド元素では，配位結合への 5f 軌道の寄与は非常に大きくなる（共有結合性が強くなる）．

相対論的効果は重い元素に対して顕著であるため，第二遷移系列が終わったあたりの元素（Cd，In あたり）から有意になる．従って，ランタノイド系列は相対論的効果による軌道のエクストラな（通常説明される有効核電荷の増大以外の）収縮を含んでいるので，大きな原子半径の変化を示す．結果的に，その後にある第三遷移金属元素の原子半径は第二遷移金属元素の原子半径とほとんど同じになっている．

第二の周期律（second periodicity）とは，1915 年にバイロンが指摘した周期表に見られる縦の関係である．周期表を縦に見て行くと，多くの同じ族の元素の物理的，化学的性質が飛び飛びに変化する様子がうかがえる．例えば 15 族元素は，周期表の上から N，P，As，Sb，Bi であるが，通常は N，As，Bi は 3

価までが安定な酸化存在であるのに，P, Sb は 5 価まで安定になることが多い。また，ハロゲン元素でも，Cl と I は XO_4^- 型の酸化物が安定に生成するが，その他の元素ではそうではないなど，類似した性質が飛び飛びに現れる。いずれの現象も，Sb と I までの傾向はおおむね通常の説明（非相対論的な考え方）で説明できるが，それより重い元素に見られる性質は相対論的効果が大きく関わっている。すなわち，これらの元素では相対論的効果によって 6s 軌道が極端に収縮する（安定化する）結果，最後の 2 個の電子を引き剝がしにくくなっていると考えることができる。

　無機化学で勉強する項目の中に，不活性電子対効果（inert pair effect）がある。この現象は，例えば 14 族の元素で周期表を下にたどると，下の方の Sn や Pb だけが 2 価の酸化数で安定化する性質を有していることを指している。他にも水銀が酸化されにくいことや，Tl では 1 価の酸化状態が安定になることもこの効果による。ほとんどの教科書では理由を全く説明していないし，説明があっても現象を別の言い方にかえたにすぎない（化学の教科書や講義ではこの手のごまかしが多い）ものばかりである。不活性電子対効果も，相対論的効果の結果 6s 軌道が異常な安定化を受けていると考えれば容易に理解できる。

　量子化学を勉強すると半分満たされた電子殻や，完全に満たされた電子殻が安定になることを学ぶ。しかし，第三遷移系列の金属元素では安定電子配置がちょっと違う。例えば 6 族と 10 族を縦に並べると第二遷移金属である Mo と Pd ではそれぞれ $5s^1 4d^5$ と $5s^0 4d^{10}$ 配置が安定であるのに対して，第三遷移金属の W と Pt では $6s^2 5d^4$ と $6s^1 5d^9$ が安定電子配置である。第三遷移金属元素では，一般的に s 軌道に電子が入ることを好むが，この現象も，相対論的効果は s 軌道に対して最も大きく働くということで容易に理解できる。

　「金の色はなぜ黄色っぽいのか？」子供はこのような「ものごとの本質」に疑問を持つが，大人になるとなぜか本質に迫る姿勢を忘れてしまう。11 族元素の電子配置は基本的には $nd^{10}(n+1)s^1$ である。従って，室温ではフェルミ準位（Fermi level）は s バンドであり，光の吸収は d-s 電子励起に起因する。銅についてはこのバンドギャップは小さく，その結果着色して見えるが，銀では原子半径が大きくなるのでこの d-s ギャップは 3 eV 以上になり，吸収帯は紫

外部に移るため着色しない。同じことが金についても期待され，相対論的効果がなければ，金のd-sギャップは5eV程度になることが期待される。しかし，金は第三遷移系列の金属元素であるから6s軌道が大きな相対論的効果を受け，d-sギャップはわずか2.4eV（520nm）しかない。d-s遷移は部分的に禁制なので吸収強度は小さく，その結果金は淡い黄色に輝いていると考えられる。もし相対論的効果がなければ，金は銀色で，ありがたみも薄いかもしれない。

ヨウ化水素の双極子モーメントは，通常の計算値よりずいぶん小さいことが知られている。次の表では，ヨウ化物イオンの小さな双極子モーメントが，相対論的効果によって良く説明できることを示している。

	$\mu_0/D(\text{exp})$ 実験値	$\mu_0/D(\text{non-rel.})$ 非相対論的計算値	$\mu_0/D(\text{rel.})$ 相対論的効果を含んだ計算値
HCl	1.11	1.48	1.50
HBr	0.83	1.06	0.915
HI	0.45	0.77	0.521

周期表の下に行くほど，相対論的効果の寄与が大きくなり，分子の電荷分離は小さい。これは，ヨウ化物イオンの半径が相対論的効果で小さくなって双極子モーメント μ_0 が小さくなったと解釈される。同様の効果により，金属間結合（metal-metal bonding）の力の定数（M-M結合）は，重い元素ほど大きくなる。たとえば，Cu_2 でも実測値の5〜8％，Ag_2 では10％，Hg_2^{2+}，Au_2 では50％が相対論的効果によると計算されている。

先に述べたように，ランタノイド収縮（lanthanoid contraction）により，原子（イオン）半径は第二と第三遷移系列の金属元素ではほとんど同じくらいであるが，配位結合は5d元素のほうが4d元素のものより相対論的効果によって強くなる。これは，内殻軌道の収縮によって，最外殻d軌道のローブが相対的に外側に張り出すためであると考えられている。このことは，同じ族の第二遷移系列の金属錯体は，第三遷移系列の金属錯体よりも置換活性であることを合理的に説明する。

付録C

遷移金属錯体に関連する色々な対称性の分子の基準振動モード

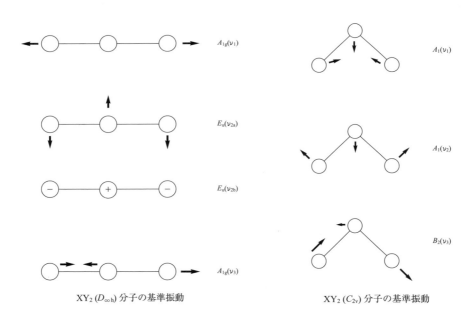

XY$_2$ ($D_{\infty h}$) 分子の基準振動　　　XY$_2$ (C_{2v}) 分子の基準振動

E ならびに T モードのような縮重した振動モードは，3回回転軸以上の回転軸（$n>2$）を持つ分子にしか現れない。

付録C 遷移金属錯体に関連する色々な対称性の分子の基準振動モード 319

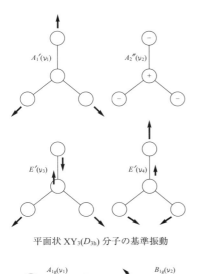

平面状 XY$_3$(D_{3h}) 分子の基準振動

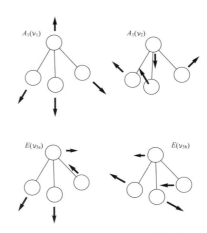

ピラミッド型 XY$_3$(C_{3v}) 分子の基準振動

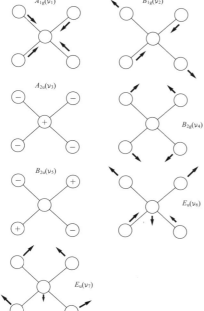

平面状 XY$_4$(D_{4h}) 分子の基準振動

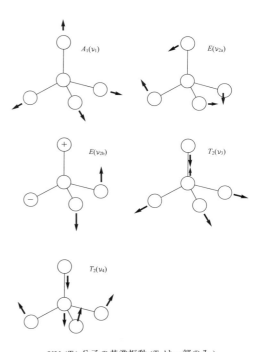

XY$_4$(T_d) 分子の基準振動 (T_2 は一部のみ)

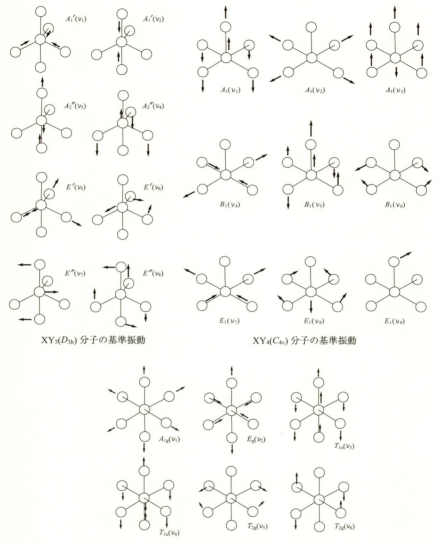

XY$_5$(D_{3h}) 分子の基準振動

XY$_4$(C_{4v}) 分子の基準振動

XY$_6$(O_h) 分子の基準振動

付録D
正8面体と正4面体における結晶場分裂エネルギー

　量子力学を学ぶと，時間に依存しないシュレディンガー方程式の解として，水素原子に関する波動関数（中心の核電荷のみに依存する1電子の波動関数）を得る。しかし水素原子をのぞけば，一般的な原子やイオンでは電子が2個以上存在するので，このような系における相互ポテンシャルを記述することは事実上不可能であり，波動関数は近似的に求める以外に方法はない。その典型的な方法がSCF（self-consistent field）近似であり，その結果得られる波動関数は1電子系で得られるものと似た関数形である。1電子波動関数では軌道のエネルギーが主量子数のみに依存していたのに対して，多電子系で得られる波動関数ではそうではない。しかし，SCF法で計算された軌道の形や電子分布の様子は，1電子波動関数の場合と類似しており，このあたりが，化学を学ぶ学生にとって逆に混乱を招くところかもしれない。

D-1　結晶場の考え方

　遷移金属イオンの反応や性質に密接に関係するd軌道は5つあることは良くご存知であろう。これらの角度成分は複素関数である球面調和関数 $Y_{m,n}$ を用いて表される。d軌道に関する $Y_{m,n}$ $(m=2)$ は下記のような関数形である。

$$Y_{2,0} = \left(\frac{5}{8}\right)^{1/2} (3\cos^2\theta - 1)(2\pi)^{-1/2}$$

$$Y_{2,\pm 1} = \left(\frac{15}{4}\right)^{1/2} \sin\theta\cos\theta (2\pi)^{-1/2} e^{\pm i\phi}$$

$$Y_{2,\pm 2} = \left(\frac{15}{16}\right)^{1/2} \sin^2\theta (2\pi)^{-1/2} e^{\pm 2i\phi}$$

これら5つの軌道は縮重しているので，扱いやすいように線形結合を取って実関数として表現すれば，良く見慣れた以下のような形となる。

$$d_{z^2} = d_{2z^2-x^2-y^2} = Y_{2,0}$$

$$d_{xz} = \frac{1}{\sqrt{2}}(Y_{2,1} + Y_{2,-1})$$

$$d_{yz} = \frac{1}{\sqrt{2}i}(Y_{2,1} - Y_{2,-1})$$

$$d_{xy} = \frac{1}{\sqrt{2}i}(Y_{2,2} - Y_{2,-2})$$

$$d_{x^2-y^2} = \frac{1}{\sqrt{2}}(Y_{2,2} + Y_{2,-2})$$

結晶場理論では，対称性の異なる錯体において，配置された配位原子の負電荷が中心金属の周りに作り出す電場のポテンシャルを摂動項として，0次の摂動として軌道エネルギーを計算する。このように，金属と配位原子間にイオン性の相互作用のみを考慮したときには厳密な意味で「結晶場理論」と称するが，共有結合性も考慮したものは全て「配位子場理論」とよぶ。もちろん，結晶場理論によって計算される各軌道のエネルギーは1電子波動関数のエネルギーである。これに対して，実験的・理論的に得られる電子間反発や配置間相互作用を考慮することによって，より現実に近い（多電子系に拡張して，共有結合性もある程度考慮された）パラメータを得ているわけである。

摂動のない時のハミルトニアンを H_0，結晶場における配位原子によるポテンシャルを H' とすると，次の波動方程式を得る。

$$(H_0 + H')\Psi_j = E\Psi_j$$

摂動によるエネルギーを求めるためには，5つの波動関数の線形結合を作って，その結果できる5つの波動関数のエネルギーを求める。もちろんこの波動関数は規格化条件を満たしている必要がある。

$$\Psi_j = \sum c_{ij}\phi_i \quad (i=1\sim5,\ j=1\sim5)$$

波動方程式の両辺の左側から複素共役な Ψ_j^* をかけて，空間積分した時の右辺は系のエネルギーそのものである．摂動を受けた新たな軌道のエネルギーは，上の波動方程式から導かれるエネルギーを最小にするものであるから，得られたエネルギーを各 c_{ij} で偏微分し，それをゼロとするような c_{ij} の組を求めれば良い（変分理論）．H_0 は水素様原子のハミルトニアンであり，$\langle \Psi_j | H_0 | \Psi_j \rangle$ は摂動のない時のエネルギーであるから 0 として計算する（どこを基準にとってもエネルギーレベルの相対的位置関係は同じである）と次のような 5 個の連立方程式を得る．

$$c_{11}(H'_{11}-E) + c_{12}H'_{12} + \cdots\cdots + c_{15}H'_{15} = 0$$
$$c_{21}H'_{21} + c_{22}(H'_{22}-E) + \cdots\cdots + c_{25}H'_{25} = 0$$
$$\cdots\cdots\cdots\cdots$$
$$c_{51}H'_{51} + c_{52}H'_{52} + \cdots\cdots + c_{55}(H'_{55}-E) = 0$$

この 5 元連立方程式の解は次の永年行列式を満たす．

$$\begin{vmatrix} H'_{11}-E & H'_{12} & H'_{13} & H'_{14} & H'_{15} \\ H'_{21} & H'_{22}-E & H'_{23} & H'_{24} & H'_{25} \\ H'_{31} & H'_{32} & H'_{33}-E & H'_{34} & H'_{35} \\ H'_{41} & H'_{42} & H'_{43} & H'_{44}-E & H'_{45} \\ H'_{51} & H'_{52} & H'_{53} & H'_{54} & H'_{55}-E \end{vmatrix} = 0$$

ただし，$H'_{ij} = \langle \phi_i | H' | \phi_j \rangle$ である．ϕ_i は d 軌道の 5 つに対応しているから，H' がわかっていれば全ての H'_{ij} を計算することができるので，摂動を受けたエネルギーを計算することができる．

D-2　正 8 面体型結晶場

正 8 面体型結晶場では，x，y，z 座標軸で原点からの距離が a のところに負電荷を置く．従って，ハミルトニアンの摂動項は $H'_{oct} = \sum (ez_i/r_{ij})$（i = 1〜6）で表される．この関数は，空間内の任意の点に対して原点から等距離に 8 面体

型に配置された 6 個の点電荷が作り出すポテンシャルに相当する。ここで，空間内の任意の 2 点 i と j の間の距離の逆数（$1/r_{ij}$）が球面調和関数で展開できることを利用すると計算が容易になる。なぜなら，d 軌道も球面調和関数で表される関数であり，関数の偶奇性から積分値が値を有するかどうかを容易に判断できるからである。

$$\frac{1}{r_{ij}} = \sum_{n=0}^{\infty} \sum_{m=-n}^{n} \frac{4\pi}{2n+1} \frac{r_<^n}{r_>^{n+1}} Y_{nj,m} Y_{ni,m}$$

ここで，$r_<$ は 3 次元空間の点 i と j のうち，原点に近い方までの距離を表しており，空間内の点の座標は r_i, θ_i, ϕ_i の極座標で表されるものとしている。θ_i と ϕ_i は，それぞれベクトル r と z 軸の間の角度と，ベクトル r の xy 平面上への射影が x 軸となす角である（この定義はシュレディンガー方程式の極座標表現と同じである）。結晶場理論では，正 8 面体型に配置された電荷の内側のポテンシャルに着目する。中心イオンを原点に置いて，$r_<$ を単に r で表し，もう一方（$r_>$）を a で表すと，次のようになる。

$$\frac{1}{r_{ij}} = \sum_{n=0}^{\infty} \sum_{m=-n}^{n} \frac{4\pi}{2n+1} \frac{r^n}{a^{n+1}} Y_{nj,m} Y_{ni,m}$$

H'_{oct} を計算するには，n を無限大まで足し合わせる必要があるが，$n>4$ では d 軌道との間で $H'_{ij} = \langle \phi_i | H'_{oct} | \phi_j \rangle = 0$ になることが証明されているので，実際には $n=4$ までを計算する。$n=0$ の時と $n=4$ の時以外は 2 つの d 軌道との積の積分（d 軌道も球面調和関数で表現されていることを思い出そう）がゼロ，$n=2$ のときも偶然 6 個の点電荷の作るポテンシャルの和はゼロになる。その結果，$n=0$ と $n=4$ の時の値を足し合わせたもののみが H'_{oct} に寄与することが知られている。ここでは，結果のみを示す。

$$H'_{oct} = \frac{6ze}{a} + \left(\frac{49}{18}\right)^{1/2} (2\pi)^{1/2} \left(\frac{zer^4}{a^5}\right) \left[Y_{4,0} + \left(\frac{5}{14}\right)^{1/2} (Y_{4,4} + Y_{4,-4})\right] = \frac{6ze}{a} + V_{oct}$$

このうち，第 2 項のみが結晶場分裂に関わることがわかる。4 次の球面調和関数は次のようなものである。

$$\overline{Y}_{4,m} = (-1)^x Z_{4,m} (2\pi)^{-1/2} e^{im\phi}$$

$$Z_{4,0} = \left(\frac{9}{128}\right)^{1/2}(35\cos^4\theta - 30\cos^2\theta + 3)$$

$$Z_{4,1} = \left(\frac{45}{32}\right)^{1/2}\sin\theta(7\cos^3\theta - 3\cos\theta)$$

$$Z_{4,2} = \left(\frac{45}{64}\right)^{1/2}\sin^2\theta(7\cos^2\theta - 1)$$

$$Z_{4,3} = \left(\frac{315}{32}\right)^{1/2}\sin^3\theta\cos\theta$$

$$Z_{4,4} = \left(\frac{315}{256}\right)^{1/2}\sin^4\theta$$

ただし，x の値は，m が正で奇数のときには 1 であり，それ以外の時はゼロである。

　正 8 面体型結晶場に話を戻すと，r は動径であるため，摂動エネルギーの積分計算には関係しないが，摂動エネルギーはこのパラメータを含む値として求められる。そのため，計算上出てくる定数項としての $(35/4)(ze/a^5)$ を D とし，$2er^4/105$ を q として，積である Dq を定数として扱うと結晶場分裂によるエネルギー差が簡単な整数になることを利用する。このようにして計算された行列要素を永年行列式または連立方程式に代入してエネルギーを求めると，結果として，どの教科書にも書いてあるような Dq で表現されたエネルギー分裂（+6Dq と -4Dq）と，求められたそれぞれのエネルギーに対応する波動関数 Ψ の係数 c_{ij} が決まり，中心金属イオンの各 d 軌道と 2 つのエネルギーレベルの対応が得られる。

D-3　正 4 面体型結晶場

　正 4 面体型結晶場でも，$H'_{tetrahedron}$ として次のような関数形を用いて結晶場分裂を計算することができる。

$$H'_{tetrahedron} = -\left(\frac{392}{729}\right)^{1/2}(2\pi)^{1/2}\left(\frac{zer^4}{a^5}\right)\left[Y_{4,0} + \left(\frac{5}{14}\right)^{1/2}(Y_{4,4} + Y_{4,-4})\right] = -\frac{4}{9}V_{oct}$$

その結果，正8面体場のときと同様に行列要素を計算すると，正4面体型錯体では，正8面体場を考えたときと全く同じ配位子を金属イオンから正8面体場の場合と同じ距離 a に4個 T_d 型に配置したときに，結晶場分裂の大きさは $\Delta_{tetrahedron} = (4/9)\Delta_{oct}$ であり，t_2 と e のレベルが逆転しているという結果が得られる。

D-4　テトラゴナルに歪んだ結晶場

テトラゴナルに歪んだ8面体型結晶場の摂動項（ポテンシャル）と，正方形配置の摂動項は，それぞれ次のような関数で表されることが知られている。ただし，xy平面上に距離 a で4個の配位子を配置し，z軸上に距離 b で2個の配位子を配置した。正方形配置では b を無限大に取ってある。

$$H'_{tetragonal} = 2ze(2\pi)^{1/2}[-(2/5)^{1/2}(b^{-3}-a^{-3})r^2Y_{2,0}$$
$$+72^{-1/2}(4b^{-5}+3a^{-5})r^4Y_{4,0}+(35/144)^{1/2}r^4a^{-5}(Y_{4,4}+Y_{4,-4})]$$

$$H'_{squareplanar} = 2ze(2\pi)^{1/2}[(2/5)^{1/2}r^2a^{-3}Y_{2,0}$$
$$+8^{-1/2}r^4a^{-5}Y_{4,0}+(35/144)^{1/2}r^4a^{-5}(Y_{4,4}+Y_{4,-4})]$$

平面正方形型配置における各d軌道のエネルギーは，正8面体型の Dq に対応する Cp（$Cp=2ze^2r^2/7a^3$）と Dq を用いて次のように表される。

$E(d_{z^2}) = -2Cp+18Dq/7$

$E(d_{x^2-y^2}) = 2Cp+38Dq/7$

$E(d_{xz}, d_{yz}) = -Cp-12Dq/7$

$E(d_{xy}) = 2Cp-32Dq/7$

一般的には Cp > Dq である。

　テトラゴナルに歪んだ構造について，正8面体型配置の場合と同様に各d軌道のエネルギーを調べようとすると，Dq と Cp に対してそれぞれ2種類の寄与を考慮しなくてはいけなくなる。なぜなら，6配位の長軸と短軸（a と b）とが関わってくるからである。ここで，$Cp(a) = (2/7)ze^2r^2/a^3$，$Cp(b) = (2/7)ze^2r^2/b^3$，$Dq(a) = Dq = (1/6)ze^2r^4/a^5$，$Dq(b) = (1/6)ze^2r^4/b^5$ と定義する

と，Cp(a) と Cp(b) の差を Ds とし，Dt = (4/7){Dq(a) − Dq(b)} としたときに，各 d 軌道のエネルギーは Ds，Dt と Dq を用いて，次のように表すことができる。

$E(d_{z^2}) = 6Dq − 2Ds − 6Dt$

$E(d_{x^2−y^2}) = 6Dq + 2Ds − Dt$

$E(d_{xz}, d_{yz}) = −4Dq − Ds + 4Dt$

$E(d_{xy}) = −4Dq + 2Ds − Dt$

定義から，Ds は xy 平面上と z 軸上の配位子の寄与の差の 2 次の成分であり，Dt は同じく 4 次の成分の差である。Dq は xy 平面内の配位子にのみ依存するので，Dq = Dq$_{xy}$ と表記する方がわかりやすい。このことは O_h 型錯体と D_{4h} 型錯体で，xy 平面上の配位子による Dq への寄与は同じであることを示している。従って，Dt は xy 平面上と z 軸上の配位子の寄与の差を反映していることがわかる。

ここで述べたかったのは，結晶場理論が単なる「負に帯電した軌道と，ある対称性で配置された負電荷の組との間の反発」として感覚的に導入されたものではなく，量子力学的に証明されたものである」ということである。もちろん，この理論は「負に帯電した軌道と，ある対称性で配置された負電荷の組との間の反発だけを考えて軌道分裂をマンガ的に描く」ことの正当性を保証している。

参考文献

　本書で取り上げた項目についてさらに深く勉強したい人のために，非常に良くまとめられていると思う名著のいくつかを下に示した．これらの著書のなかの参考文献も考え方の歴史をたどる上で重要である．最新の考え方については論文などを検索して頂けば良いと思うのであえて示さなかった．版を重ねて新しいものが手に入るものもあるが，新版では旧版の良いところが削られていたりするので，あえて著者が感銘を受けた旧版を示してある．

群論関係
(1) F. A. Cotton, Chemical Applications of Group Theory, Wiley Interscience (1971).
(2) S. F. A. Kettle, Symmetry and Structure, Wiley (1995).

構造論，反応論関係
(3) K. Nakamoto, Infrared and Raman Spectra of Inorganic and Coordination Compounds, Wiley (1978).
(4) B. N. Figgis and M. A. Hitchman, Ligand Field Theory and Its Applications, Wiley (2000).
(5) B. E. Douglas and C. A. Hollingsworth, Symmetry in Bonding and Spectra, Academic Press (1985).
(6) R. L. DeKock and H. Gray, Chemical Structure and Bonding, Benjamin Cummings (1980).
(7) J. K. Burdett, Molecular Shapes, Wiley (1980).
(8) R. G. Pearson, Symmetry Rules for Chemical Reactions, Wiley Interscience (1976).
(9) R. J. Gillespie and I. Hargittai, The VSEPR Models of Molecular Geometry, Allyn and Bacon (1991).
(10) A. B. P. Lever, Inorganic Electronic Spectroscopy, Elsevier (1984).
(11) S. F. A. Kettle, Physical Inorganic Chemistry, Oxford (1998).
(12) J. E. Huheey, Inorganic Chemistry, Harper and Row (1983).
(13) B. E. Douglas, D. H. McDaniel and J. J. Alexander, Concepts and Models of Inorganic Chemistry, Wiley (1994).
(14) N. N. Greenwood and A. Earnshaw, Chemistry of the Elements, Pergamon Press (1984).

反応論関係
(15) J. H. Espenson, Chemical Kinetics and Reaction Mechanisms, McGraw-Hill (1981).
(16) R. G. Wilkins, Kinetics and Mechanisms of Reactions of Transition Metal Complexes, VCH (1991).
(17) M. Gerloch and E. C. Constable, Transition Metal Chemistry, VCH (1994).
(18) R. B. Jordan, Reaction Mechanisms of Inorganic and Organometallic Systems, Oxford (1998).

(19) D. T. Richens, The Chemistry of Aqua Ions, Wiley (1997).
(20) R. D. Cannon, Electron Transfer Reactions, Butterworths (1980).
(21) R. P. Bell, The Tunneling Effect in Chemistry, Chapman and Hall, London (1980).
(22) E. D. German, A. M. Kuznetsov and R. R. Dogonadze, J. Chem. Soc. Faraday II, 76, 1128 (1980).
(23) E. D. German and A. M. Kuznetsov, J. Chem. Soc. Faraday Trans. 1, 77, 397 (1996).
(24) K. S. Peters and A. A. Cashin, J. Amer. Chem Soc., 122, 107 (2000).
(25) C. P. Andrieux, J. Gamby, P. Hapiot and J. M. Saveant, J. Amer. Chem. Soc., 125, 10119 (2003).
(26) P. M. Kiefer and J. T. Hynes, J. Phys. Chem. A, 108, 11793 (2004).
(27) P. M. Kiefer and J. T. Hynes, J. Phys. Chem. A, 108, 11809 (2004).

核磁気共鳴関係
(28) J. Sandstrom, Dynamic NMR Spectroscopy, Academic Press (1984).
(29) R. K. Harris, Nuclear Magnetic Resonance Spectroscopy, Pitman (1983).
(30) S. F. Lincoln, "Kinetic Application of NMR Spectroscopy," in Prog. Reaction Kinetics, Vol. 9, Pergamon Press (1977).

溶液論関係
(31) R. A. Robinson and R. H. Stokes, Electrolyte Solutions, Butterworths (1959).
(32) Y. Marcus, Introduction to Liquid State Chemistry, Wiley (1977).

相対論関係
(33) R. E. Powell, J. Chem. Edu., 45, 558 (1968).
(34) A. Szabo, J. Chem. Edu., 46, 678 (1969).
(35) P. Pyykkö, Chem. Rev., 88, 563 (1988).

索　引

ア　行

アーベル群　287
アイリングの式　160
アキシャル位　103
アクア錯体　267
アクチノイド　315
アレニウスの式　160
アンチストークス線　63
鞍点法　194
イオン会合　138, 139
イオン強度　137, 150
イオンサイズパラメータ　138
イオン反応　232, 255
位数　5, 287
1次のヤーン-テラー効果　110
一重項　295
インターナショナル記号　3, 8
ウィルキンソン触媒　257
ウッドワード-ホフマン則　233
エカトリアル位　103
液体　131
温度ジャンプ法　155

カ　行

回映　5
外圏型電子移動反応（外圏機構）　171
外圏活性化自由エネルギー　171
会合機構　268
会合的交替機構　268
回転機構　226
回反　5
解離機構　268
解離的交替機構　268
化学反応速度論　149
化学量論　150
架橋配位子　171, 196
核因子　190
拡散係数　154
拡散律速反応　154
核トンネル効果　190, 194

過剰の自由エネルギー　137
活性化エンタルピー　160
活性化エントロピー　160, 270
活性化体積　270
活性化パラメータ　269
活動度　131, 137
活動度係数　141, 151
可約表現　14, 69
環境平均則　100
緩和過程　163
擬1次条件　151
擬回転　5
擬可逆　197
規格化　39
基準振動　61
基準振動モード　61, 66, 113, 318
軌道-軌道相互作用　90
軌道混合　113
軌道対称性禁制反応　209, 216, 219
軌道対称性に関わる禁制と許容　208
軌道の対称性の「和」　216
希薄溶液　135
逆旋　236
逆転領域　188, 203
既約表現　14
球面調和関数　324
狭義の回転　4
協奏的　214, 256, 271
協奏的反応　232, 253
強配位子場　94
共鳴ラマン　64
共役部分群　290
局在理論　107
局所濃度効果　146, 257, 259
キレート開環速度定数　147
キレート効果　143
禁制遷移　37
禁制反応　207
金属間結合　317
均等配位子場則　100
クラマースの反転領域　161

クラマースの理論　161
クロスカップリング反応　260
群　287
群軌道　19, 21, 24, 26
蛍光ラマン　64
結合性の軌道　19
結晶場　321
結晶場理論　107, 322
限界イオン半径　138
原子価殻電子対反発則　107
原子価結合理論　20, 107
項　84, 85, 296
高温近似限界　194
交換速度定数　267
広義の回転　5
後駆体　174
合成軌道角運動量　83
合成スピン角運動量　83
交替機構　268
混合のエントロピー　132

サ 行

酸化的付加反応　255
三重項　295
3 中心 2 電子結合　108
3 中心 4 電子結合　108
シグマトロピー転位　248
指標　11, 41, 43, 279
指標表　10
　C_2　227
　C_{2v}　11, 14, 18, 27, 35, 70
　C_{3v}　12, 29, 45, 46, 76, 213, 279
　C_4　42
　C_{4v}　40
　$C_{\infty v}$　212
　C_i　49
　C_s　210
　D_2　49, 230
　D_{2d}　230
　D_{2h}　50, 218, 230
　D_3　52, 55
　D_{3h}　18, 34
　D_4　54
　D_{4h}　23, 78
　D_5　55
　O　54, 58
　O_h　26, 58

T_d　24, 37
弱配位子場　92
写像　4
純粋回転群　50
詳細釣り合いの原理　156
状態の対称性　208
蒸発エネルギー密度　134
ショーンフリース記号　3, 8
振電相互作用　105, 264
ストークス線　63
スピン-軌道相互作用　104, 264, 315
スピン-スピン相互作用　90
スピン多重度　84, 296
スピン-ローテーション（sr）相互作用　163
スペクトル項　84, 85, 296
正規部分群　50, 291
正孔理論　313
正 4 面体型結晶場　325
正則溶液　133
正 8 面体型結晶場　323
赤外活性　64
赤外分光法　62
絶対反応速度論　141, 156, 158
摂動理論　299
遷移状態理論　156
遷移双極子モーメント　35, 286
遷移密度　114, 115
選択則　61, 64
線広幅化法　169
双極子遷移　284
双極子-双極子（d-d）緩和　163
双極子モーメント　284, 317
相似変換　287
相対論的効果　254, 310, 314
相対論的量子論　312
速度式　150
速度則　268

タ 行

対角成分　41, 70
対称性則　236
対称操作　4
対称要素　4
第二の周期律　315
多重度　17
脱離配位子　270
縦緩和時間　164

索引　333

多電子系　83
田辺-菅野のダイヤグラム　96
断熱過程　264
断熱曲面　187, 206
断熱性　206
力の定数　62, 184
置換活性　196
置換活性度　149
置換不活性　196, 268
中間配位子場　98
超交換反応機構　197
直積　14, 291
直交座標　73
直交性　39, 40
通常ラマン　64
ディラック方程式　313
デバイ-ヒュッケル理論　135
電解質溶液論　135
点群　3
電子移動反応　171
電子間反発　89
電子配置　175
透過係数　190, 192
等吸収点　152
同旋　236
透熱曲面　187, 206
特殊相対性理論　310, 314
トンネル効果　201

ナ　行

内圏型電子移動反応（内圏機構）　171, 196
内圏活性化エネルギー　184
内圏活性化自由エネルギー　171, 183
2次のヤーン-テラー効果　111, 209
二状態理論　186
熱異性化反応　226

ハ　行

配位子置換反応　269
配位子場安定化エネルギー　273
配位子場活性化エネルギー　272
配位子場分裂　98
配位子場理論　322
配位数　267
配置間相互作用　97, 105, 308, 322
パウリの排他原理　93, 293
ハッシュ　80

バルク　267
反結合性軌道　19
反転　4
反転機構　226
反転対称　13, 38
反転反対称　13, 38
バンドギャップ　316
反応確率　265
反応座標　206
反応次数　150
反応前駆体　174
反応速度　149
反応速度則　150
反応速度定数　150, 151
光化学反応　305
非局在理論　108
非結合性軌道　19
非交差則　96, 206, 209, 304
非交差の条件　206, 304
微視的可逆性の原理　156, 213
微視的状態　83
非相対論的量子論　90, 310
非対称伸縮モード　69
非断熱過程　264
非断熱的　200
比誘電率　138
表現　12
標準状態　142
ヒルベルト空間　286
頻度因子　161
フェルミ準位　316
不活性電子対効果　316
不完全遮蔽　200
不均整　8
部分群　49, 290
部分項　86
プランクの関係　311
ブレンステッド係数　187
ブロッホ式　164
プロジェクトオペレーター　279
プロトン移動反応　201
プロトンカップリング　203
分極率テンソル　65
分子軌道理論　20, 107
分子全体法　74
分子内座標　73, 74
分子の振動　61

分配関数　156, 157
ペリサイクリック反応　233
変分理論　323
ボーア半径　314
ボルン-オッペンハイマー近似　264
ポワソンの法則　135
本質的活性化障壁　187

マ 行

マーカシアンな挙動　195
マーカスの交差関係　188
マーカス理論　171, 173
マリケン記号　11
マリケン記号の約束　13
見かけの活性化エネルギー　265
水交換速度　267
無関係塩　138
無限希釈　135
無熱溶液　132
モル吸光係数　152
モル濃度　137

ヤ 行

ヤーン-テラー効果　110, 301
山寺理論　100
有効核電荷　200, 273
誘電飽和　172
ユニタリ行列　43, 286
溶解度パラメータ　134
溶媒交換反応　271
溶媒和イオン　267
溶媒和錯体　172
横緩和時間　164

ラ 行

ラジカル反応　232, 242, 255
ラポルテ禁制　37
ラマン活性　64
ラマン分光法　63
ランタノイド　315
ランタノイド収縮　317
ランバート-ベールの法則　152
理想混合　132
理想溶液　132
臨界圧力　131
臨界温度　131
類　4, 38, 290

レイリー散乱　63
連続電子移動機構　198
ローレンツ型関数　166

A–Z

Berry pseudo-rotation　124
Brønsted-Bjerrum-Christiansen の式　142
CF 理論　107
CFAE　272
CFSE　273
class の数　40
CT 摂動　200
d–d 遷移　37
EXAFS 法　267
fluxional な分子　126
FOJT　110
Fuoss の式　172, 186
Gate 反応系　199
gerade　13, 38
Guggenheim 法　153
Hartree-Fock-SCF　110
Heltzberg-Teller coupling　264
Hermann-Maguin symbol　3
Kezdy-Swinbourne 法　153
K_h 群　50
Kugel 群　49, 50
K 群　50
mer 型配置　101, 102
MSA　181
MO 理論　107
NMR 緩和法　163, 267
Orgel ダイヤグラム　98
PLM 原理　116, 211
Racah の電子間反発パラメータ　90
Rogers & Woodbrey の式　168
Russel-Saunders coupling スキーム　104
s バンド　316
saturation transfer 法　169
Slater-Condon パラメータ　90
SOJT　111
spin factoring　86
trans 型配置　100, 102
ungerade　13, 38
VB 理論　107
VSEPR 則　107
Walsh のダイヤグラム　108
Wigner-Witmer 則　205

《著者紹介》

高木　秀夫
（たかぎ　ひでお）

1954年	三重県に生まれる
1978年	東京工業大学理学部化学科卒業
1983年	東京工業大学大学院理工学研究科原子核工学専攻博士課程修了，工学博士
1993年	名古屋大学理学部化学科助教授
	配置換を経て
2020年	名古屋大学大学院理学研究科／物質科学国際研究センター・准教授を定年退職
主著書	スワドル『無機化学──基礎・産業・環境』（共訳，1999，東京化学同人）
	"Inorganic Chromotropism"（共著，2007，Kodansha-Springer）
	『基礎から学ぶ量子化学』（2012，三共出版）
	"Theories for Structures and Reactions : A Practical Guide to the Physical Theories in Chemistry"（2014, Ichiryu Shobow）

量子論に基づく無機化学　[増補改訂版]

2018年4月20日　初版第1刷発行
2022年4月30日　初版第2刷発行

定価はカバーに表示しています

著　者　　高　木　秀　夫
発行者　　西　澤　泰　彦

発行所　一般財団法人　名古屋大学出版会
〒464-0814　名古屋市千種区不老町1 名古屋大学構内
電話(052)781-5027／FAX(052)781-0697

ⓒ Hideo D. Takagi, 2018　　　　　　　Printed in Japan
印刷・製本 ㈱太洋社　　　　　　　ISBN978-4-8158-0907-2
乱丁・落丁はお取替えいたします。

JCOPY〈出版者著作権管理機構　委託出版物〉
本書の全部または一部を無断で複製（コピーを含む）することは，著作権法上での例外を除き，禁じられています。本書からの複製を希望される場合は，そのつど事前に出版者著作権管理機構（Tel：03-5244-5088, FAX：03-5244-5089, e-mail：info@jcopy.or.jp）の許諾を受けてください。

川邊岩夫著
希土類の化学
―量子論・熱力学・地球科学―
B5・448 頁
本体9,800円

高橋嘉夫編
分子地球化学
A5・444 頁
本体5,800円

富岡秀雄著
最新のカルベン化学
B5・356 頁
本体6,600円

伊澤康司著
やさしい有機光化学
A5・170 頁
本体2,800円

野依良治著
研究はみずみずしく
―ノーベル化学賞の言葉―
四六・218頁
本体2,200円

篠原久典・齋藤弥八著
フラーレンとナノチューブの科学
A5・374 頁
本体4,800円

谷村省吾著
量子力学10講
A5・200 頁
本体2,700円

大沢文夫著
大沢流 手づくり統計力学
A5・164 頁
本体2,400円

稲葉 肇著
統計力学の形成
A5・378 頁
本体6,300円

佐藤憲昭著
物性論ノート
A5・208 頁
本体2,700円

西澤邦秀・柴田理尋編
放射線と安全につきあう
―利用の基礎と実際―
B5・248 頁
本体2,700円